uni—texte

Studienbücher

K. Brinkmann, Einführung in die elektrische Energiewirtschaft
für Elektrotechniker, Maschinenbauer, Verfahrenstechniker, Wirtschaftsingenieure und Betriebswirtschaftler (im 2. Studienabschnitt)

G. Frühauf, Praktikum Elektrische Meßtechnik
für Elektrotechniker (3. und 4. Semester)

H. Gräser, Biochemisches Praktikum
für Biologen, Chemiker, Pharmazeuten und Mediziner (im 2. Studienabschnitt)

E. Henze / H. H. Homuth, Einführung in die Informationstheorie
für Mathematiker, Physiker und Elektrotechniker (3. Semester)

R. Jötten / H. Zürneck, Einführung in die Elektrotechnik I
für Elektrotechniker, Maschinenbauer und Wirtschaftsingenieure (1. bis 3. Semester)

G. Kempter, Organisch-chemisches Praktikum
für Chemiker, Biologen und Mediziner (3. Semester)

L. D. Landau / E. M. Lifschitz, Mechanik
für Mathematiker und Physiker (2. und 3. Semester)

W. Leonhard, Wechselströme und Netzwerke
für Elektrotechniker (3. Semester)

W. Leonhard, Einführung in die Regelungstechnik, Lineare Regelvorgänge
für Elektrotechniker, Physiker und Maschinenbauer (5. Semester)

W. Leonhard, Einführung in die Regelungstechnik, Nichtlineare Regelvorgänge
für Elektrotechniker, Physiker und Maschinenbauer (6. Semester)

K. Mathiak / P. Stingl, Gruppentheorie
für Chemiker, Physiko-Chemiker und Mineralogen (ab 5. Semester)

K.-A. Reckling, Mechanik I, II, III
für Studenten der Ingenieurwissenschaften (1. und 2. Semester)

K. Torkar / H. Krischner, Rechenseminar in Physikalischer Chemie
für Chemiker, Verfahrenstechniker und Physiker (ab 3. Semester)

M. Toussaint / K. Rudolph, Programmierte Aufgaben zur linearen Algebra und analytischen Geometrie
für Mathematiker und Physiker (ab 1. Semester)

Werner Leonhard

Wechselströme und Netzwerke

Studienbuch
für Elektrotechniker
ab 3. Semester

2., durchgesehene Auflage

Mit 182 Bildern

V

Friedr. Vieweg + Sohn
Braunschweig

uni-text

Verlagsredaktion: *Alfred Schubert*

ISBN-13: 978-3-528-13003-9 e-ISBN-13: 978-3-322-86414-7
DOI: 10.1007/978-3-322-86414-7

1972

Library of Congress Catalog Card No. 68-58273
Satz: Friedr. Vieweg + Sohn, Braunschweig
Schrift: Press Roman und Univers

Buchbinder: Langelüddecke, Braunschweig
Umschlaggestaltung: Peter Kohlhase

Vorwort

Die Netzwerkslehre ist eine Grundlage der gesamten Elektrotechnik. Umfangreiche Arbeitsgebiete der Nachrichten- und Energietechnik bauen darauf auf.

Die vorliegende einführende Darstellung behandelt die Erscheinungen in elektrischen Netzwerken, die aus konzentrierten Schaltelementen (Ohmwiderstand, Induktivität, Kapazität) zusammengesetzt sind. Dabei wird angenommen, daß der Stromfluß und die elektrischen und magnetischen Felder auf die entsprechenden Schaltelemente und ihre Verbindungsleitungen beschränkt sind. Die jede elektrische Strömung begleitenden elektrischen und magnetischen Streufelder in der Umgebung des Leiters werden nicht beachtet. Desgleichen werden Laufzeiteffekte, die durch die endliche Ausbreitungsgeschwindigkeit elektromagnetischer Felder bedingt sind, vernachlässigt.

Netzwerke mit konzentrierten Schaltelementen werden durch gewöhnliche Differentialgleichungen beschrieben, deren unabhängige Variable die Zeit ist. Falls die Schaltelemente nicht von Strom und Spannung abhängen und zeitlich konstant sind, erhält man lineare Differentialgleichungen mit konstanten Koeffizienten. Diese Annahme ist in vielen praktischen Fällen gegeben. Man bezeichnet solche Schaltungen auch als *lineare* Netzwerke.

Zunächst sollen Netzwerke im eingeschwungenen Zustand bei Anregung durch Gleichspannungen (-ströme) und Wechselspannungen (-ströme) betrachtet werden, danach folgt die Berechnung von Einschwingvorgängen. Dabei werden besonders zweckmäßige mathematische Hilfsmittel eingeführt. Räumlich verteilte elektromagnetische Felder, wie sie bei Leitungsvorgängen oder bei der Wellenausbreitung von Antennen vorliegen, führen auf partielle Differentialgleichungen. Solche Probleme werden in dieser einführenden Darstellung nicht behandelt.

Der Inhalt dieses Buches entspricht einer Vorlesung, die seit einigen Jahren an der Technischen Universität Braunschweig für Studenten der Elektrotechnik im 3. Semester gehalten wird. Dabei werden Kenntnisse vorausgesetzt, die in den Vorlesungen Grundlagen der Elektrotechnik I, II erworben wurden, z.B. [1, 2]. Die die Vorlesung begleitenden Rechenübungen sind in diesem Buch nicht enthalten.

Da der Inhalt dieser Vorlesung zum größten Teil seit Jahrzehnten zum technischen Allgemeingut gehört, wurde auf genaue Quellenangaben verzichtet. Die Zusammenstellung am Ende gibt Hinweise auf ergänzende und weiterführende Literatur. Die Darstellung in Abschnitt 6 erfolgte in Anlehnung an *W. Bader,* der in seinen Vorlesungen diese Fragen mit unübertrefflicher Klarheit behandelt.

Dieses Büchlein soll als Grundlage einer Vorlesungsmitschrift dienen, um die rein manuelle Schreibarbeit zu reduzieren. Eigene aktive Mitarbeit in den Vorlesungen und bei den Übungen läßt sich dadurch nicht ersetzen.

Herrn Dr. *K. Fieger* danke ich herzlich für seine Hilfe beim Lesen der Korrekturen.

W. Leonhard

Inhaltsverzeichnis

1. Das Zeigerdiagramm

1.1. Darstellung einer zeitlich sinusförmigen Größe durch einen Zeiger

Sinusförmige Vorgänge sind in der gesamten Technik von Bedeutung, da sich beliebige periodische Vorgänge auf Sinusschwingungen zurückführen lassen.

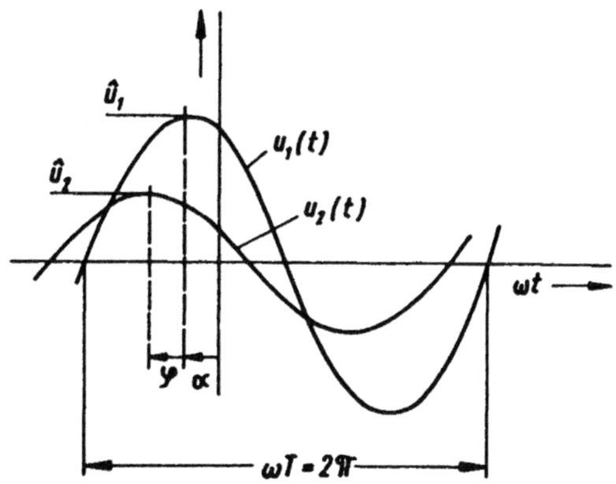

Bild 1.1

Eine sinusförmige Wechselspannung habe z. B. den Verlauf (Bild 1.1):

$$u_1(t) = \hat{u}_1 \cos(\omega t + \alpha) = \sqrt{2}\, U_1 \cos(\omega t + \alpha)\,.$$

Dabei bedeuten

t	die Zeit,
$u_1(t)$	den Augenblickswert der Spannung,
$\hat{u}_1$	den Scheitelwert (Amplitude),
U_1	den Effektivwert,
f	die Frequenz,
$T = \frac{1}{f}$	die Periodendauer,
$\omega = 2\pi f = \frac{2\pi}{T}$	die Kreisfrequenz und
α	einen in den meisten Fällen beliebigen sogenannten Nullphasenwinkel.

$$u_2(t) = \hat{u}_2 \cos(\omega t + \alpha + \varphi) = \sqrt{2}\, U_2 \cos(\omega t + \alpha + \varphi)$$

stellt demnach eine gleichfrequente sinusförmige Spannung dar, die der Spannung $u_1(t)$ um den Phasenwinkel φ voreilt. Wir kennzeichnen den so definierten Phasenwinkel manchmal auch präziser als $\varphi_{u_1 u_2}$. Falls u_2 gegenüber u_1 voreilt, ist $\varphi_{u_1 u_2}$ positiv, andernfalls negativ.

Ein zeitlich sinusförmiger Vorgang läßt sich bekanntlich durch Projektion eines mit der Winkelgeschwindigkeit ω auf einer Kreisbahn umlaufenden Punktes erzeugen. Man kann den beiden Spannungen $u_1(t)$, $u_2(t)$ also zwei in einer Ebene kreisförmig umlaufende Punkte zuordnen. Ihre Projektionen auf eine feste Bezugsachse sind ein Maß für die Augenblickswerte der Spannungen (Bild 1.2a).

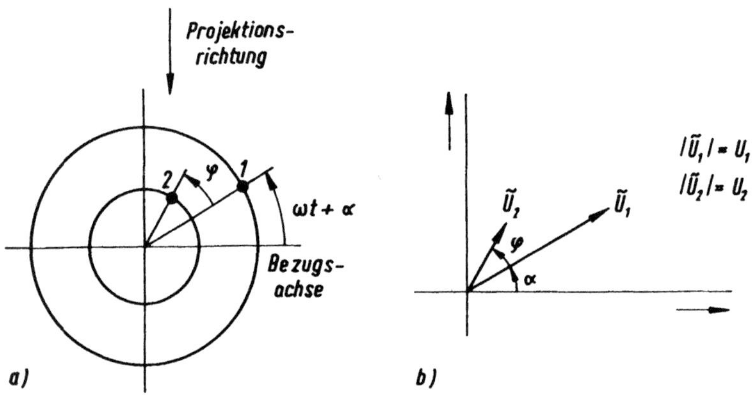

Bild 1.2

Da für die Kennzeichnung eines sinusförmigen Vorganges die Parameter Scheitelwert (oder Effektivwert), Frequenz (oder Kreisfrequenz oder Periodendauer) und Nullphasenwinkel genügen, ist die Vorstellung der Kreisbewegung entbehrlich. Es genügt vielmehr, die Lage der beiden Punkte 1 und 2 zu irgendeinem Zeitpunkt, z.B. $t = 0$, anzugeben. Mit der zusätzlichen Festlegung der Frequenz ist damit der zeitliche Verlauf von $u_1(t)$ und $u_2(t)$ vollständig bestimmt. Man markiert die Punkte 1 und 2 durch die Verbindungslinien vom Ursprung und bezeichnet diese gerichteten Geraden als „Zeiger" $\underset{\sim}{U}_1$ und $\underset{\sim}{U}_2$ der Spannungen u_1 und u_2 (Bild 1.2b). Es ist üblich, den Zeigern als Längen die Effektivwerte zuzuordnen.

Die beiden gleichfrequenten Spannungen werden somit durch eine ruhende geometrische Figur (Zeigerdiagramm) dargestellt. Dies wird sich bei der Behandlung sinusförmiger Vorgänge als wertvolle Vereinfachung erweisen, die zu besonders übersichtlichen Ergebnissen führt.

Mathematisch gesprochen, handelt es sich beim Zeigerdiagramm um eine spezielle Koordinatentransformation, durch die der zeitlich veränderliche Anteil eliminiert wird. Zeigerdiagramme werden auch in anderen Bereichen vielfach angewendet, z.B. bei mechanischen Schwingungsproblemen.

1.2. Zeigerdiagramm bei einfachen Schaltelementen

1.2.1. Ohmwiderstand (Bild 1.3)

Da jeder stromdurchflossene Leiter von einem elektromagnetischen Feld umgeben ist, stellt ein reiner Ohmwiderstand eine (praktisch bis zu hohen Frequenzen realisierbare) Näherung dar.

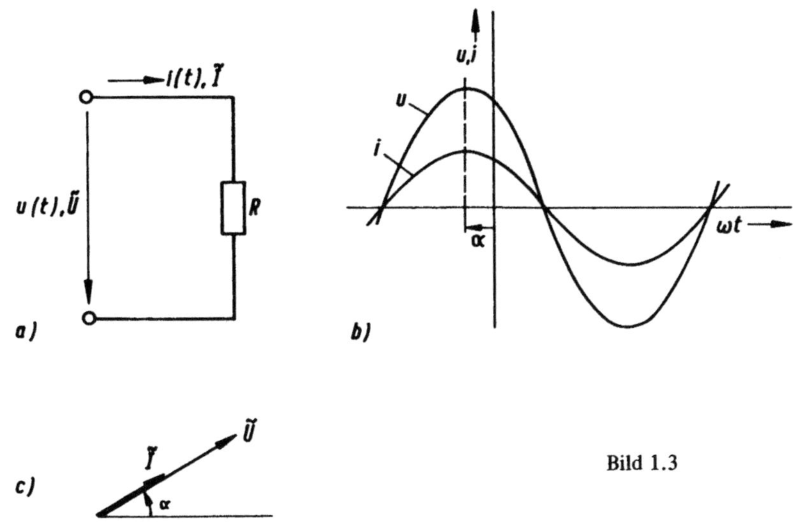

Bild 1.3

Es sei

$$u(t) = \hat{u}\cos(\omega t + \alpha) = \sqrt{2}\; U\cos(\omega t + \alpha)\,,$$

dann ist wegen des Ohmschen Gesetzes

$$i(t) = \frac{u(t)}{R} = \frac{\hat{u}}{R}\cos(\omega t + \alpha) = \hat{i}\cos(\omega t + \alpha) = \sqrt{2}\; I\cos(\omega t + \alpha)\,;$$

somit gilt

$$\hat{i} = \frac{\hat{u}}{R}\,, \qquad I = \frac{U}{R}\,, \qquad \varphi = 0\,.$$

Strom und Spannung sind einander proportional („in Phase").

Die Zeiger $\tilde{U}$ und $\tilde{I}$ liegen somit parallel. Dabei kann ein beliebiger Strom- und Spannungsmaßstab und ein beliebiger Nullphasenwinkel α gewählt werden. Anstelle der Augenblickswerte u, i kann man auch sofort die Zeiger $\tilde{U}$, $\tilde{I}$ in das Schaltbild eintragen.

1.2.2. Kondensator (Bild 1.4)

Auch die Annahme eines reinen Kondensators stellt eine Näherung dar, da jede Strombahn von einem Magnetfeld umgeben ist und die Zuleitungen des Kondensators einen (praktisch beliebig kleinen) Widerstand besitzen.

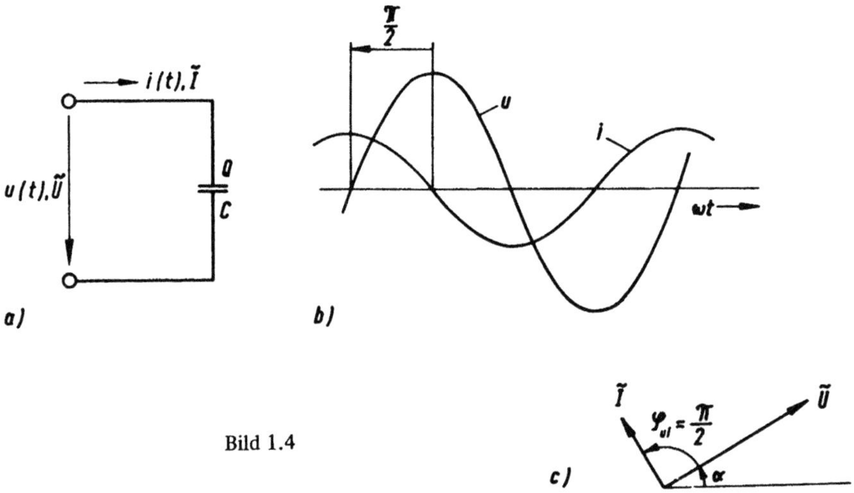

Bild 1.4

Es sei

$$u(t) = \sqrt{2}\ U \cos(\omega t + \alpha)\ .$$

Damit wird der Ladestrom (Verschiebungsstrom)

$$i(t) = \frac{dQ}{dt} = \frac{d(Cu)}{dt} = C\frac{du}{dt} + u\frac{dC}{dt}\ .$$

Für C = const ist

$$i(t) = C\frac{du}{dt} = -\sqrt{2}\ \omega C U \sin(\omega t + \alpha) = \sqrt{2}\ \omega C U \cos\left(\omega t + \alpha + \frac{\pi}{2}\right)\ .$$

Daraus folgt

$$\hat{i} = \omega C \cdot \hat{u}\ , \qquad I = \omega C \cdot U\ , \qquad \varphi_{ui} = \frac{\pi}{2}\ .$$

Der Strom eilt somit der Spannung um 90° voraus, sein Effektivwert steigt mit der Frequenz an.

Man bezeichnet einen derartigen phasenverschobenen Strom als „Blindstrom". Diese Bezeichnung hängt mit der im Mittel übertragenen Leistung zusammen; sie wird später begründet.

Man bezeichnet

$$\left|\frac{\tilde{U}}{\tilde{I}}\right| = \frac{U}{I} = \frac{1}{\omega C}$$

in Analogie zum Ohmschen Gesetz als Blindwiderstand (Reaktanz).

1.2.3. Drosselspule (Bild 1.5)

Hier werden das elektrische Feld (Zuleitungs- und Wicklungskapazität) und der Wicklungswiderstand vernachlässigt.

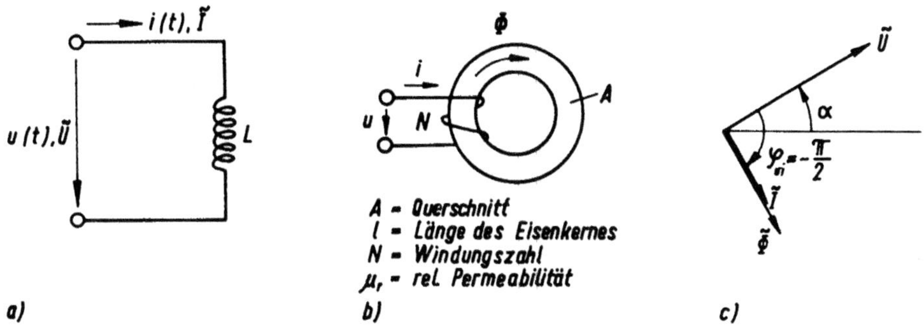

Bild 1.5

Wegen des Induktionsgesetzes

$$u = N \frac{d\Phi}{dt}$$

(gültig für die gezeichnete Zuordnung von magnetischem Fluß Φ und Spannung u) und des Durchflutungsgesetzes

$$\Phi = A \underbrace{\mu_0 \mu_r \underbrace{\frac{Ni}{l}}_{H}}_{B}$$

(gültig bei homogenem Magnetfeld und konstanter Permeabilität) gilt

$$u = \mu_r \mu_0 \frac{A}{l} N^2 \frac{di}{dt} = L \frac{di}{dt} .$$

L ist die Induktivität der Spule.

Bei sinusförmiger Spannung

$$u = \sqrt{2}\ U \cos(\omega t + \alpha)$$

folgt daraus der Strom

$$i = \sqrt{2}\ \frac{U}{\omega L} \cos\left(\omega t + \alpha - \frac{\pi}{2}\right) .$$

Die bei der Integration auftretende Konstante entspricht einem Gleichstromanteil, der bei widerstandsfreier Spule theoretisch möglich ist; er wird gleich Null gesetzt.

Der Strom folgt der Spannung also um 90° nach und es gilt

$$I = \frac{U}{\omega L} \qquad \text{und} \qquad \varphi_{ui} = -\frac{\pi}{2} .$$

Strom und Fluß sind in Phase.

Der (Magnetisierungs-) Strom einer Drosselspule ist also ebenfalls ein Blindstrom, allerdings mit umgekehrtem Vorzeichen. Der Blindwiderstand einer Spule

$$\frac{U}{I} = \omega L$$

steigt mit der Frequenz an.

1.2.4. Beispiele

Der Blindwiderstand eines Kondensators von $C = 1\ \mu F$ ist bei 50 Hz

$$\frac{1}{\omega C} = \frac{1}{2\pi f \cdot C} = \frac{1}{2\pi \cdot 50 \frac{1}{s} \cdot 10^{-6} \frac{As}{V}} = \frac{10^4}{\pi} \frac{V}{A} \approx 3\,180\ \Omega ,$$

bei 1 000 Hz = 1 kHz:

$$\frac{1}{\omega C} \approx 159\ \Omega .$$

Der Blindwiderstand einer Spule von $L = 1$ H ist bei 50 Hz:

$$\omega L = 2\pi f \cdot L = 2\pi\ 50 \frac{1}{s} \cdot 1 \frac{Vs}{A} \approx 314\ \Omega ,$$

bei 1 000 Hz:

$$\omega L \approx 6\,280\ \Omega .$$

1.3. Zeigerdiagramm bei zusammengesetzten Schaltungen

Hierbei wird der Vorteil der Zeigerdarstellung besonders deutlich.

1.3.1. Verknüpfungsgesetze

Die Kirchhoffschen Gesetze, d.h. Knotenpunkts- und Maschenregel, gelten für Augenblickswerte, d.h. bei beliebiger Kurvenform der Ströme und Spannungen. Sind die Ströme oder Spannungen gleichfrequente sinusförmige Größen, kann man die Knoten- und Maschenregel auch in den Zeigergrößen schreiben. Für den in Bild 1.6a gezeigten Knotenpunkt gilt somit die Knotenpunktregel

$$\tilde{I}_1 + \tilde{I}_2 + \tilde{I}_3 + \tilde{I}_4 = 0 \ .$$

Die Zeiger sind dabei geometrisch zu addieren. Da ihre Summe Null ist, müssen sie ein geschlossenes Polygon bilden (Bild 1.6 b).

Bild 1.6

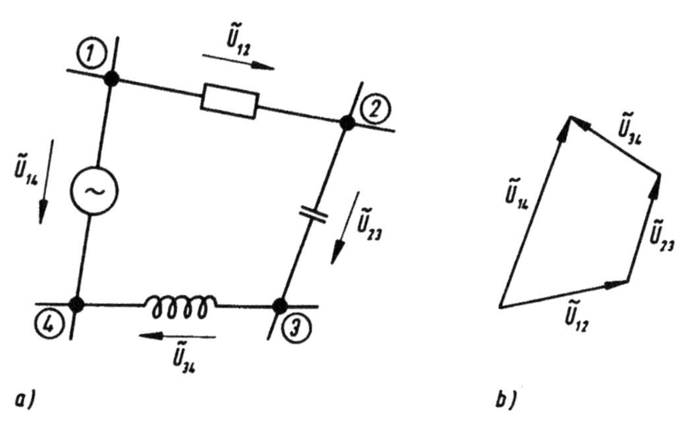

Bild 1.7

Die Begründung folgt sofort aus der Definition der Zeiger: Der Augenblickswert der Stromsumme ist nur dann identisch Null, wenn der zugehörige Zeiger die Länge Null hat.

Entsprechend gilt nach der Maschenregel (Bild 1.7)

$$\tilde{U}_{12} + \tilde{U}_{23} + \tilde{U}_{34} = \tilde{U}_{14} \,.$$

Beim Zeichnen der Zeigerdiagramme wurde die Tatsache berücksichtigt, daß der Nullphasenwinkel α im allgemeinen belanglos ist. Da es nur auf die Phasenrelationen untereinander ankommt, kann das Zeigerdiagramm beliebig gedreht werden.

1.3.2. Parallelschaltung G – C

Eine sinusförmige Wechselspannung liege an der Parallelschaltung eines Widerstandes (Leitwertes) und eines Kondensators (Bild 1.8).

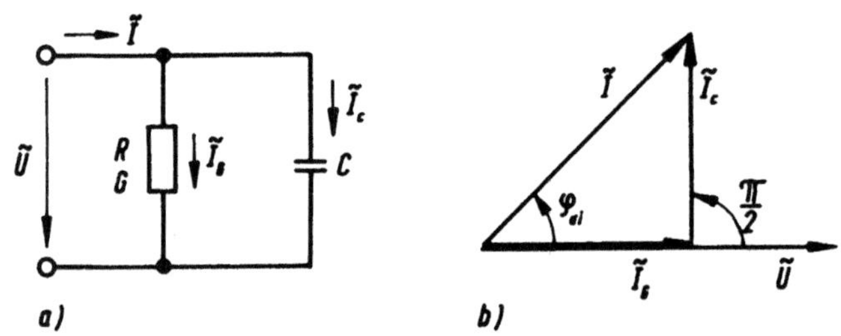

Bild 1.8

Es stellen sich zwei sinusförmige Teilströme mit den Zeigern $\tilde{I}_G$ und $\tilde{I}_C$ ein; der Zeiger des Summenstromes folgt durch geometrische Addition $\tilde{I} = \tilde{I}_G + \tilde{I}_C$.
Bei der Konstruktion des Zeigerdiagrammes beginnt man mit der gemeinsamen Größe, hier der gegebenen Spannung $\tilde{U}$. Ihr Nullphasenwinkel α wird zu Null angenommen.
Der Strom im Widerstand ist

$$|\tilde{I}_G| = I_G = \frac{U}{R} = GU = G\,|\tilde{U}|\,,$$

der Strom im Kondensator

$$|\tilde{I}_C| = I_C = \omega C U = \omega C\,|\tilde{U}|\,.$$

Außerdem gelten die vorher abgeleiteten Phasenbeziehungen. Damit folgt der Summenstrom $\tilde{I}$; aufgrund der Geometrie des Zeigerdiagrammes ist

$$I^2 = I_G^2 + I_C^2 = \left[G^2 + (\omega C)^2\right] U^2$$

oder

$$I = \sqrt{G^2 + (\omega C)^2}\; U = G_s U \,.$$

Man bezeichnet in Analogie zum Ohmschen Gesetz

$$G_s = \sqrt{G^2 + (\omega C)^2} = \sqrt{1 + \left(\frac{\omega C}{G}\right)^2}\; G$$

als Scheinleitwert der Parallelschaltung. Seine Abhängigkeit von der Frequenz ist in Bild 1.9 gezeigt.

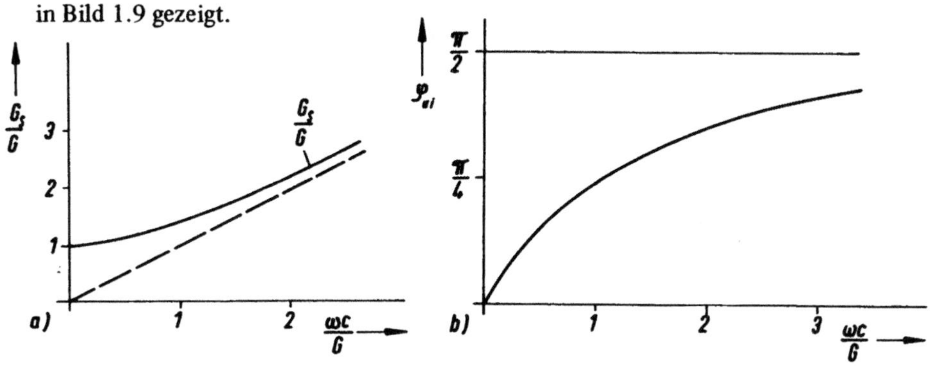

Bild 1.9

Die Phasenvoreilung des Summenstromes gegenüber der Spannung ist

$$\varphi_{ui} = \arctan \frac{I_C}{I_G} = \arctan \frac{\omega C}{G} \; .$$

$\omega C/G$ ist ein normierter (dimensionsloser) Frequenzparameter.

Bei zunehmender Frequenz wird das Verhalten des $G - C$ Zweipols mehr und mehr vom Kondensator bestimmt, d.h. es gilt für

$$\frac{\omega C}{G} \gg 1: \; G_s \approx \omega C \, , \qquad \varphi_{ui} \approx \frac{\pi}{2} \; .$$

1.3.3. Reihenschaltung R - L

Als nächstes werde die von einer sinusförmigen Wechselspannung gespeiste Reihenschaltung eines Widerstandes und einer Spule betrachtet (Bild 1.10). Im eingeschwungenen Zustand, d.h. längere Zeit nach dem Einschalten der Spannung verlaufen alle Größen sinusförmig (außerdem mit gleicher Frequenz). Man kann also ein Zeigerdiagramm zeichnen.

Der Strom $\underset{\sim}{I}$ und die Teilspannungen sind zunächst unbekannt. In solchen Fällen ist es manchmal vorteilhaft, die Konstruktion rückwärts durchzuführen. Man beginnt mit der gemeinsamen Größe, hier dem Strom, und zeichnet den Zeiger $\underset{\sim}{I}$ in einem zunächst unbekannten Maßstab, wobei der Nullphasenwinkel wieder zu Null angenommen wird (Bild 1.10).

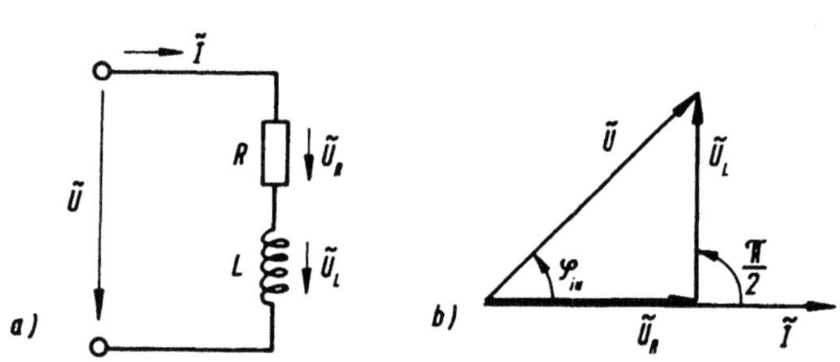

Bild 1.10

Der Spannungszeiger $\tilde{U}_R$ liegt parallel zu $\tilde{I}$; seine Länge ist

$$|\tilde{U}_R| = U_R = RI = R\,|\tilde{I}|,$$

also zunächst ebenfalls unbekannt.

Der Spannungszeiger $\tilde{U}_L$ eilt dem Strom um $\pi/2$ vor. Seine Länge

$$|\tilde{U}_L| = U_L = \omega LI = \omega L\,|\tilde{I}|$$

ist zwar ebenfalls unbekannt, jedoch steht sie in einem bekannten Verhältnis

$$\frac{U_L}{U_R} = \frac{\omega L}{R}$$

zur Länge des Zeigers $\tilde{U}_R$. Man kann also in einem zunächst noch unbekannten Maßstab die Zeiger $\tilde{U}_R$, $\tilde{U}_L$ und $\tilde{U}$ zeichnen. Da $U = |\tilde{U}|$ gegeben ist, läßt sich der Maßstab für Spannung und Strom dann rückwirkend berechnen.

Wegen der geometrischen Beziehungen gilt

$$U^2 = U_R^2 + U_L^2 = \left[R^2 + (\omega L)^2\right] I^2$$

oder bei vorgegebener Spannung

$$I = \frac{U}{\sqrt{R^2 + (\omega L)^2}} = \frac{U}{R_s} \quad .$$

Die Größe

$$R_s = \sqrt{R^2 + (\omega L)^2} = R\sqrt{1 + \left(\frac{\omega L}{R}\right)^2}$$

wird als Scheinwiderstand des Zweipols bezeichnet.

Die Phasenvoreilung der Spannung ist

$$\varphi_{iu} = \arctan\frac{U_L}{U_R} = \arctan\frac{\omega L}{R} \quad .$$

$\omega L/R$ ist wieder ein normierter Frequenzparameter.

Die Kurven für R_s/R bzw. φ_{iu} entsprechen denen für G_s/G bzw. φ_{ui} von Abschnitt 1.3.2. Bei hohen Frequenzen bestimmt die Spule das Verhalten der Schaltung:

$$\frac{\omega L}{R} \gg 1: \qquad R_s \approx \omega L. \qquad \varphi_{iu} \approx \frac{\pi}{2}.$$

1.3.4. Andere Schaltungen

In den eben betrachteten Beispielen war es ohne besondere Schwierigkeiten möglich, das Zeigerdiagramm zu konstruieren und damit die Teilspannungen und -ströme nach Betrag und Phase zu berechnen. Diese Möglichkeit besteht jedoch nur bei den einfachsten Schaltungen. Bei komplizierteren Netzwerken, wo Widerstände, Spulen und Kondensatoren in beliebiger Kombination vorkommen, führt dieses Verfahren nicht zum Ziel. Das Zeigerdiagramm könnte mit den bisher beschriebenen Hilfsmitteln dabei nur durch umständliches und zeitraubendes Probieren für bestimmte Werte der Schaltelemente gewonnen werden. Dieses Verfahren wäre für veränderte Parameterwerte jeweils zu wiederholen.

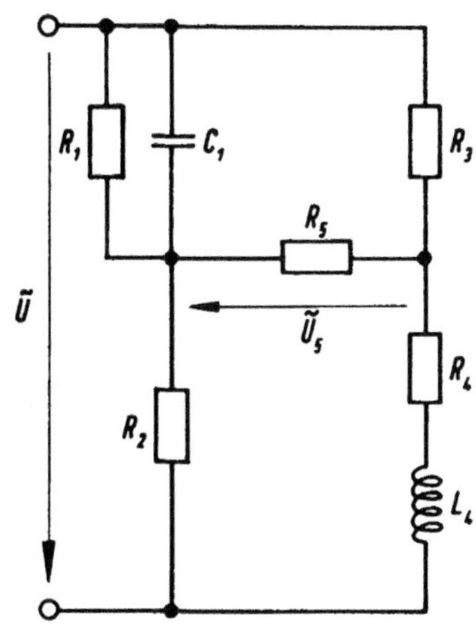

Bild 1.11

Als Beispiel möge die Wechselstrom-Meßbrücke (Maxwell-Brücke) dienen (Bild 1.11). Zur Bestimmung des Zeigerdiagrammes der belasteten ($R_5 \neq \infty$) und nicht abgeglichenen Brücke ist man ohne Kenntnis anderer Methoden auf Probierverfahren angewiesen. Übergeordnete Gesetzmäßigkeiten, z. B. das Verhalten bei beliebiger Belastung, sind nicht erkennbar.

In einem späteren Abschnitt wird in der komplexen Rechnung ein analytisches Verfahren abgeleitet, das bei beliebig komplizierten Netzen schlüssig, d.h. ohne Probieren, zum Ziele führt und allgemeine, an spezielle Probleme anpaßbare, Ergebnisse liefert.

2. Leistung bei Wechselstrom

2.1. Scheinleistung, Wirkleistung

2.1.1. Definition

Ein allgemeiner Verbraucher, der aus Widerständen, Spulen und Kondensatoren in beliebiger Kombination besteht, wird von der sinusförmigen Wechselspannung u der Frequenz f gespeist (Bild 2.1)

$$u = \sqrt{2}\, U \cos \omega t\,.$$

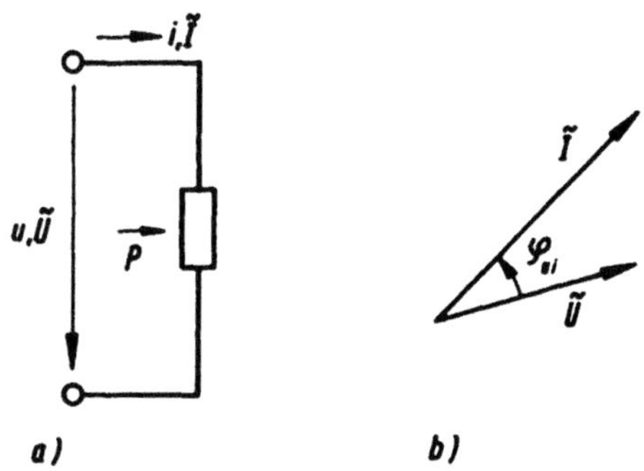

Bild 2.1

Der aufgenommene Strom ist im eingeschwungenen Zustand ebenfalls sinusförmig und von gleicher Frequenz. Er eile der Spannung um den Phasenwinkel φ_{ui} voraus

$$i = \sqrt{2}\, I \cos(\omega t + \varphi_{ui})\,.$$

(Falls in Wirklichkeit die Spannung voreilt, ist eben $\varphi_{ui} < 0$.) Damit wird der Augenblickswert der vom Verbraucher aufgenommenen Leistung

$$p(t) = u \cdot i = 2\, UI \cos\omega t \cdot \cos(\omega t + \varphi_{ui}) =$$
$$= UI \cos\varphi_{ui} + UI \cos(2\omega t + \varphi_{ui})\,.$$

Sie enthält eine Gleichkomponente (Mittelwert) und eine Wechselkomponente doppelter Frequenz (Bild 2.2).

Der Augenblickswert der Leistung ist Null, wenn u oder i Null ist. In den Abschnitten, in denen u und i verschiedene Vorzeichen haben, wird Leistung vom Verbraucher zur Spannungsquelle zurückgeliefert ($p < 0$). Diese Leistung wird den im Verbraucher enthaltenen Energiespeichern entnommen.

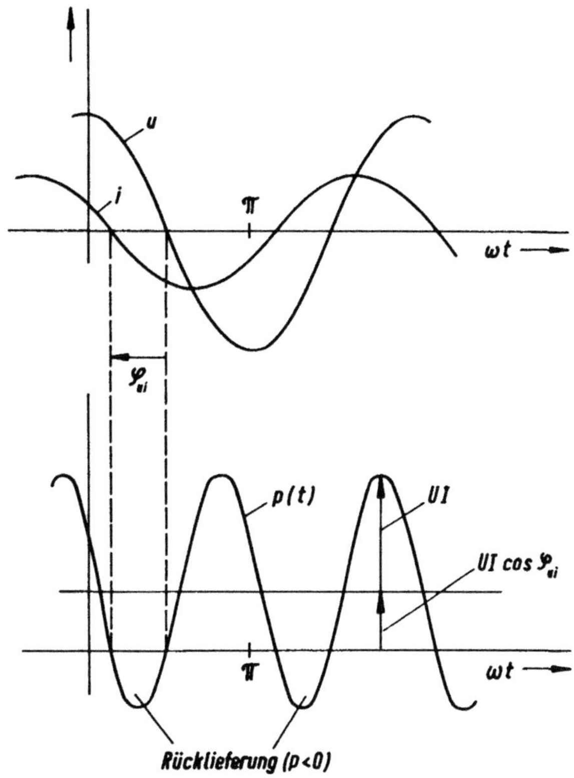

Bild 2.2

Man bezeichnet den Mittelwert der Leistung als Wirkleistung

$$P_w = UI \cos\varphi_{ui} \,.$$

Übliche Leistungsmesser (Wattmeter) oder Arbeitsmesser (Wattstundenzähler) zeigen die Wirkleistung bzw. das Integral der Wirkleistung an.

Der Scheitelwert der Wechselkomponente

$$P_s = UI$$

wird Scheinleistung genannt. Man findet sie aufgrund der Anzeigen eines Spannungsmessers und eines Strommessers. Den Faktor $\cos\varphi$ schließlich bezeichnet man als Leistungsfaktor. Da die Cosinusfunktion gerade ist, genügt die Angabe des Leistungsfaktors i.a. nicht. Zur Eindeutigkeit benötigt man die zusätzliche Angabe, ob der Strom vor- oder nacheilt, d.h. ob der Verbraucher überwiegend kapazitiv oder induktiv ist.

Bei passiven Verbrauchern, die nur aus R, L, C bestehen, gilt mit der verwendeten Definition des Leistungsflusses

$$P_w \geqslant 0\,, \qquad \text{d.h.} \qquad -\frac{\pi}{2} < \varphi_{ui} < \frac{\pi}{2}\,.$$

Diese Einschränkung entfällt bei aktiven Verbrauchern, die selbst Spannungs- und Stromquellen (gleicher Frequenz) enthalten können. Die Verhältnisse lassen sich am übersichtlichsten mit einem Zeigerdiagramm darstellen. Dabei wird $\tilde{U}$ als konstant angenommen, $\tilde{I}$ wird variiert (Bild 2.3). Bei aktiven Verbrauchern kann der Stromzeiger also auch im 2. oder 3. Quadranten liegen.

Der Verlauf der Leistung soll nun an einigen Sonderfällen deutlich gemacht werden.

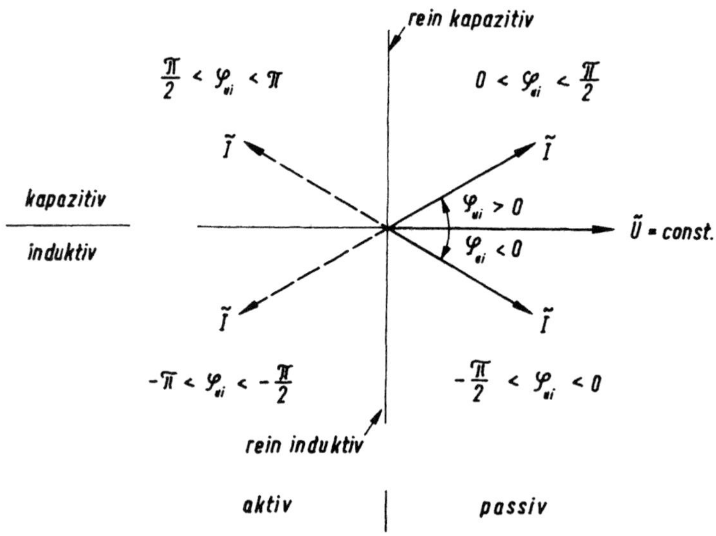

Bild 2.3

2.1.2. Ohmwiderstand

$$\varphi_{ui} = 0\,, \qquad p = UI(1 + \cos 2\omega t),$$

$$P_w = P_s = UI = \frac{U^2}{R} \geqslant 0\,.$$

Strom und Spannung sind in Phase. Die Leistung kann deshalb nicht negativ werden (Bild 2.4a). Eine Messung von U und I allein liefert bereits die Wirkleistung.

Der ideale Ohmwiderstand kann keine elektrische oder magnetische Energie speichern. Die zugeführte Leistung wird in Wärme umgewandelt.

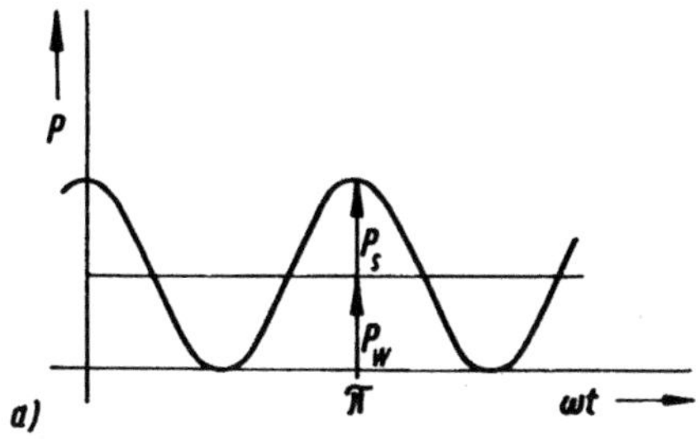

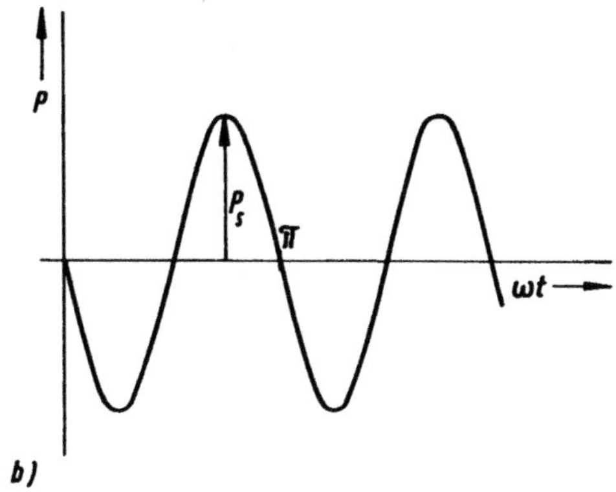

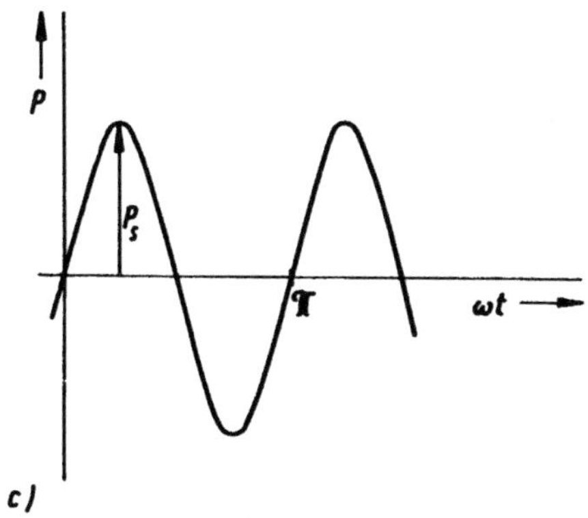

Bild 2.4

2.1.3. Kondensator

$$\varphi_{ui} = +\frac{\pi}{2}, \qquad p = UI \cos\left(2\omega t + \frac{\pi}{2}\right) =$$
$$= -UI \sin 2\omega t =$$
$$= -\omega C\, U^2 \sin 2\omega t$$
$$P_w = 0\,, \quad P_s = UI = \omega C\, U^2\,.$$

Der Mittelwert der Leistung ist Null. Der Kondensator liefert die in einem Zeitabschnitt aufgenommene Energie im nächsten Abschnitt an die Spannungsquelle zurück (Bild 2.4b).

2.1.4. Spule

$$\varphi_{ui} = -\frac{\pi}{2}, \qquad p = UI\cos\left(2\omega t - \frac{\pi}{2}\right) =$$
$$= UI \sin 2\omega t =$$
$$= \frac{U^2}{\omega L} \sin 2\omega t,$$

$$P_w = 0, \quad P_s = UI = \frac{U^2}{\omega L}.$$

Das beim Kondensator Gesagte gilt auch hier (Bild 2.4c).

L und C sind verlustfreie Energiespeicher. Die Energie pendelt zwischen Quelle und „Verbraucher" hin und her, ohne daß im Mittel Leistung übertragen wird (Blindstrom).

2.2. Wirkstrom und Blindstrom

Der von einem beliebigen Verbraucher (Bild 2.5) aufgenommene Strom $\tilde{I}$ kann in einen Wirkstrom $\tilde{I}_w$ (in Phase mit der Spannung) und in einen Blindstrom $\tilde{I}_b$ (senkrecht zur Spannung) zerlegt werden. Geometrische Addition der Zeiger $\tilde{I}_w$ und $\tilde{I}_b$ liefert den Summenstrom

$$\tilde{I} = \tilde{I}_w + \tilde{I}_b.$$

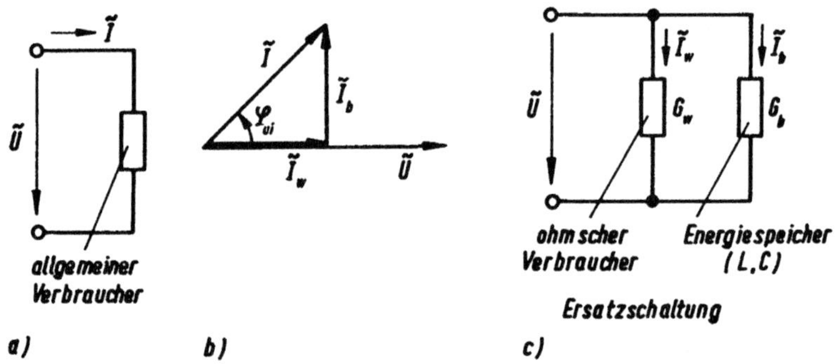

Bild 2.5

Die Wirkkomponente des Stromes ist aufgrund des Zeigerdiagrammes

$$I_w = I\cos\varphi_{ui};$$

entsprechend gilt für die Blindstromkomponente

$$I_b = I\sin\varphi_{ui}.$$

Dabei ist zu beachten, daß I_w und I_b als Stromkomponenten in Längs- und Querrichtung zum Spannungszeiger definiert sind und beide Vorzeichen annehmen können. Man bezeichnet $I_b > 0$ auch als kapazitiven und $I_b < 0$ als induktiven Blindstrom. Diese Festlegung weicht von der sonst verwendeten Definition ab, wonach die Effektivwerte, z.B. U oder I, positive Beträge sind.

Der Zerlegung des Stromes entspricht eine (von den Klemmen gesehen) gleichwertige Ersatzschaltung mit einem Wirkleitwert G_w und einem parallelgeschalteten Blindleitwert G_b (Bild 2.5c). G_w und G_b sind im allgemeinen nur gedachte Größen, sie hängen außerdem von der Frequenz ab.

Da nur der Wirkleitwert im Mittel Leistung aufnimmt, gilt für die Wirkleistung auch

$$P_w = UI \cos\varphi_{ui} = UI_w \text{ ,}$$

entsprechend für die sogenannte Blindleistung

$$P_b = UI \sin\varphi_{ui} = UI_b \text{ .}$$

Wegen

$$I = \sqrt{I_w^2 + I_b^2}$$

gilt auch

$$P_s = UI = U\sqrt{I_w^2 + I_b^2} = \sqrt{P_w^2 + P_b^2} \text{ .}$$

Die Anwesenheit von Blindleistung (Phasenverschiebung $\varphi_{ui} \neq 0$) äußert sich in einem größeren Strom, als zur Übertragung der Wirkleistung an sich erforderlich wäre. Als Folge erhöhen sich die Verlustleistungen in den Maschinen, Transformatoren und Leitungen. Außerdem verursacht der Blindstrom Spannungsschwankungen beim Verbraucher und u.U. Stabilitätsprobleme. Man strebt deshalb meistens eine angenähert blindstromfreie Übertragung ($\cos\varphi \approx 1$) an.

Anstelle der Zerlegung in Wirk- und Blindstrom ist auch eine gleichwertige Zerlegung der Spannung in Wirk- und Blindspannung möglich. Ihr entspricht eine Ersatzschaltung, bei der ein Wirk- und ein Blindwiderstand in Reihe geschaltet sind.

Blindleistung, d.h. oszillierende Leistung, tritt auch in anderen Bereichen der Physik, etwa in der Mechanik, auf. Z.B. ist die zur Beschleunigung eines Kolbens in einem Verbrennungsmotor erforderliche Leistung, abgesehen von Reibungsverlusten, Blindleistung. Bei der abwechselnden Beschleunigung und Verzögerung des Kolbens pendelt Leistung zwischen der Kurbelwelle und den Kolbenmassen ständig hin und her.

3. Beschreibung von Wechselstromschaltungen mit Hilfe der komplexen Rechnung

Im Abschnitt 1 wurde gezeigt, daß sich Wechselströme und -spannungen in linearen Netzwerken im eingeschwungenen Zustand mit Hilfe von Zeigerdiagrammen, d.h. ebenen geometrischen Figuren, darstellen lassen. Geometrische Zusammenhänge kann man aber mit den Hilfsmitteln der komplexen Rechnung auch analytisch beschreiben, was einen einfachen Zugang auch zu komplizierten Schaltungen eröffnet.

3.1. Komplexe Zahlen

Die Kenntnis der komplexen Zahlen wird vorausgesetzt; es soll hier lediglich an einige Grundtatsachen erinnert werden.
Imaginäre und komplexe Zahlen und die Rechnung damit sind seit etwa dem 16. Jahrhundert bekannt. *Gauß* gab eine geometrische Deutung in der komplexen Zahlenebene.

Eine komplexe Zahl

$$z = a + \sqrt{-1}\, b\,, \qquad a, b \text{ reell}$$

kann mit der imaginären Einheit

$$\sqrt{-1} = j$$

als

$$z = a + jb$$

geschrieben werden. Man kann diese Zahl durch einen Punkt in der komplexen Zahlenebene oder durch die Verbindungsgerade vom Ursprung zu diesem Punkt kennzeichnen (Bild 3.1). Wir werden diese Ebene deshalb auch z-Ebene nennen.

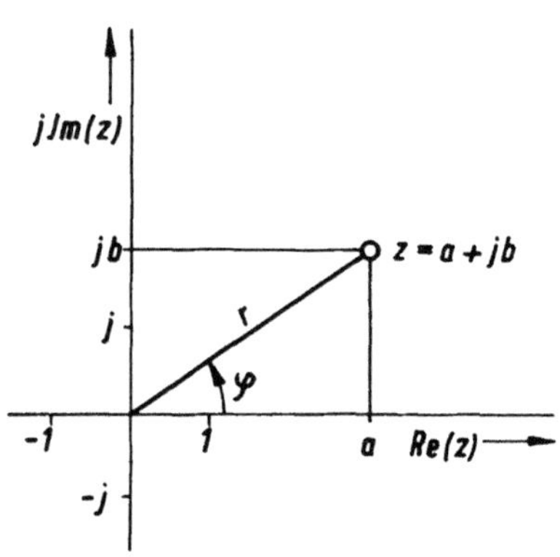

Bild 3.1

Die Größen

$a = \mathrm{Re}(z)$ (Realteil von z)
$b = \mathrm{Im}(z)$ (Imaginärteil von z)

sind die rechtwinkligen (Cartesischen) Koordinaten der komplexen Größe z.

Sie können wahlweise durch die Polarkoordinaten

$r = |z|$ (Betrag von z)
$\varphi = \arg(z)$ (Argument oder Winkel oder Phase von z)

ersetzt werden.

Wegen

$$a = r\cos\varphi\,, \qquad b = r\sin\varphi\,.$$

gelten die Beziehungen

$$z = a + jb = r\cos\varphi + jr\sin\varphi$$

Aufgrund der Geometrie folgt außerdem

$$r = \sqrt{a^2 + b^2}\,, \qquad \varphi = \arctan\frac{b}{a}\,.$$

Die Mehrdeutigkeit der arctan-Funktion ist zu beachten. Ein weiterer Zusammenhang zwischen den rechtwinkligen und den Polarkoordinaten wird durch die aus der Mathematik bekannten Eulerschen Formeln hergestellt

$$\cos\varphi = \frac{1}{2}\left(e^{j\varphi} + e^{-j\varphi}\right)$$

$$\sin\varphi = \frac{1}{j2}\left(e^{j\varphi} - e^{-j\varphi}\right)\,.$$

Somit ist

$$\cos\varphi + j\sin\varphi = e^{j\varphi}\,.$$

Der Betrag der komplexen Zahl $e^{j\varphi}$ ist

$$|e^{j\varphi}| = \sqrt{\mathrm{Re}^2(e^{j\varphi}) + \mathrm{Im}^2(e^{j\varphi})} = 1\,.$$

Der zu $e^{j\varphi}$ gehörige Punkt der komplexen Ebene liegt also auf dem Einheitskreis um den Ursprung und unter dem Winkel φ gegenüber der reellen Achse.

Daraus folgt eine neue Schreibweise für z,

$$z = r\cos\varphi + jr\sin\varphi = re^{j\varphi},$$

die den Polarkoordinaten besonders angepaßt ist. Insbesondere gilt auch

$$j = e^{j\frac{\pi}{2}}\,, \qquad -1 = e^{j\pi}\,, \qquad -j = e^{j\frac{3}{2}\pi} = e^{-j\frac{\pi}{2}}\,.$$

Die Rechnung mit komplexen Zahlen folgt den üblichen Rechenregeln. Mit

$$j = \sqrt{-1}$$

gilt

$$j^2 = -1 , \qquad j^3 = -j , \qquad j^4 = 1 , \qquad j^5 = j , \quad \text{usw.}$$

Die Addition der Zahlen

$$z_1 = a_1 + jb_1 = r_1 e^{j\varphi_1} , \qquad z_2 = a_2 + jb_2 = r_2 e^{j\varphi_2}$$

liefert nach Addition gleichartiger Anteile

$$z_1 + z_2 = a_1 + a_2 + j(b_1 + b_2) .$$

Dies entspricht der geometrischen Addition der beiden Strecken in Bild 3.2.

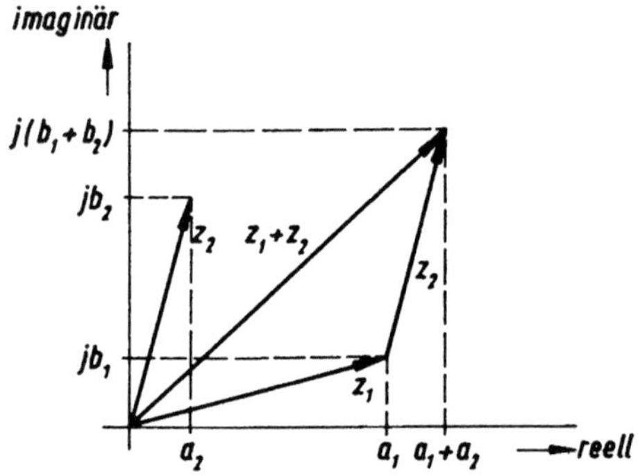

Bild 3.2

Die Multiplikation wird nach den gleichen Gesetzen ausgeführt

$$z_1 z_2 = (a_1 + jb_1)(a_2 + jb_2) = a_1 a_2 - b_1 b_2 + j(a_1 b_2 + a_2 b_1) .$$

Sie gestaltet sich besonders einfach in Polarkoordinaten

$$z_1 z_2 = r_1 e^{j\varphi_1} \cdot r_2 e^{j\varphi_2} = r_1 r_2 e^{j(\varphi_1 + \varphi_2)} .$$

Somit gilt

$$|z_1 z_2| = r_1 r_2 , \qquad \arg(z_1 z_2) = \varphi_1 + \varphi_2 .$$

Die Beträge werden also multipliziert, die Winkel addiert (Bild 3.3). Man bezeichnet dies auch als eine Drehstreckung von z_1 durch den komplexen Faktor z_2 und umgekehrt.

Entsprechend wird bei der Division zweier komplexer Zahlen verfahren:

$$\frac{z_1}{z_2} = \frac{r_1 e^{j\varphi_1}}{r_2 e^{j\varphi_2}} = \frac{r_1}{r_2} e^{j(\varphi_1 - \varphi_2)} .$$

Man erhält also den Quotienten der Beträge und die Differenz der Winkel.
Der Sonderfall $z_1 = 1$ liefert

$$\frac{1}{z_2} = \frac{1}{r_2}\, e^{-j\varphi_2} \quad .$$

Bei der Inversion wird also der Betrag invertiert und der Winkel umgekehrt.

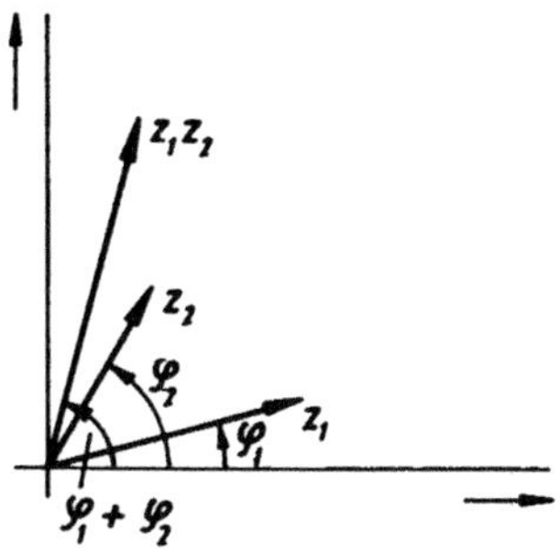

Bild 3.3

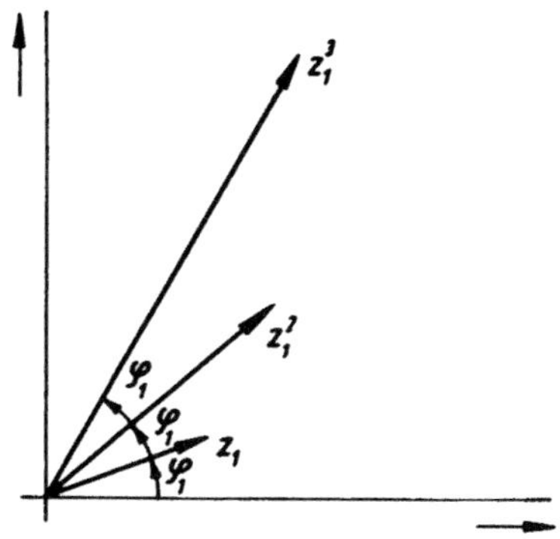

Bild 3.4

Die Potenz einer komplexen Zahl kann unter Beachtung der gewöhnlichen Rechenregeln ebenfalls ohne Schwierigkeit gewonnen werden.

Wenn a ganzzahlig und reell ist, gilt

$$z_1^a = (r_1 e^{j\varphi_1})^a = r_1^a e^{ja\varphi_1} \quad .$$

Man erhält also die a-te Potenz des Betrages und den a-fachen Winkel (Bild 3.4).

Beim Radizieren einer komplexen Zahl entstehen mehrere Lösungen. Da eine komplexe Zahl bei Multiplikation mit $e^{j2\pi}$ in sich selbst übergeht, kann man schreiben

$$z_1^{\frac{1}{a}} = \left(z_1 e^{jk2\pi}\right)^{\frac{1}{a}} = \left(r_1 e^{j\varphi_1}\, e^{jk\cdot 2\pi}\right)^{\frac{1}{a}} = r_1^{\frac{1}{a}}\, e^{j\frac{\varphi_1}{a}}\, e^{j\frac{k\cdot 2\pi}{a}} \quad .$$

Für $k = 0, 1, \ldots, a-1$ ergeben sich genau a verschiedene Lösungen. Die zugehörigen Punkte liegen auf den Eckpunkten eines regelmäßigen a-Eckes. Bild 3.5 zeigt das Ergebnis für $a = 3$. Die beschriebenen Operationen lassen sich auch auf komplexe Exponenten erweitern.

Ein häufig vorkommender Sonderfall sind Rechnungen mit konjugiert komplexen Zahlen. Man versteht darunter ein an der reellen Achse gespiegeltes Zahlenpaar (Bild 3.6).

$$z = a + jb = r e^{j\varphi}$$
$$\bar{z} = a - jb = r e^{-j\varphi} \quad .$$

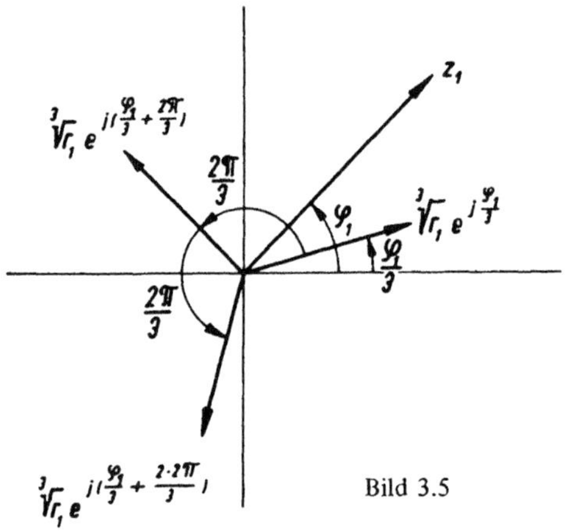

Bild 3.5

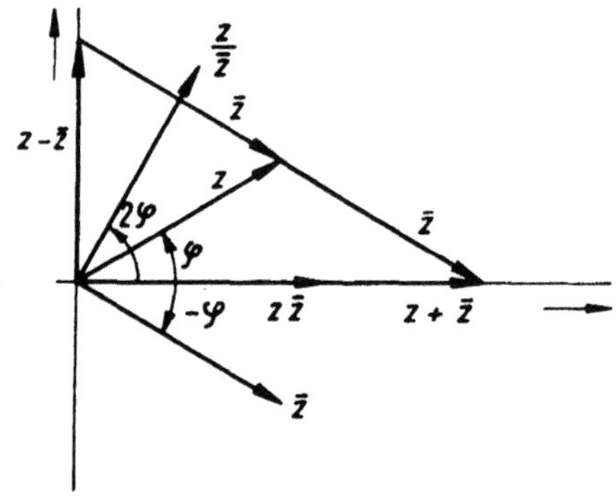

Bild 3.6

Daraus folgt sofort

$$z + \bar z = 2a \;= 2\,\mathrm{Re}(z)\,,$$
$$z - \bar z = j\,2b = j\,2\,\mathrm{Im}(z)\,,$$
$$\frac{z}{\bar z} = e^{j2\varphi}, \quad \left|\frac{z}{\bar z}\right| = 1\,,$$
$$z \cdot \bar z = r^2 \;.$$

3.2. Anwendung der komplexen Rechnung auf Wechselstromschaltungen

Der Augenblickswert einer sinusförmigen Wechselspannung mit dem Effektivwert U und der Kreisfrequenz ω war

$$u(t) = \sqrt{2}\; U \cos(\omega t + \alpha)\,.$$

Einsetzen der Eulerschen Formel

$$\cos(\omega t + \alpha) = \frac{1}{2}\left(e^{j(\omega t+\alpha)} + e^{-j(\omega t+\alpha)}\right)$$

liefert

$$u(t) = \frac{\sqrt{2}}{2}\left(U e^{j\alpha}\, e^{j\omega t} + U e^{-j\alpha}\, e^{-j\omega t}\right)$$

oder mit der Abkürzung

$$U e^{j\alpha} = \widetilde{U}\,, \qquad U e^{-j\alpha} = \overline{\widetilde{U}}$$
$$u(t) = \frac{\sqrt{2}}{2}\left(\widetilde{U} e^{j\omega t} + \overline{\widetilde{U}} e^{-j\omega t}\right).$$

$\tilde{U}$ ist eine komplexe Größe, identisch mit dem früher aufgrund geometrischer Überlegungen eingeführten Zeiger; $\tilde{\tilde{U}}$ ist der zugehörige konjugiert komplexe Wert. $\tilde{U}e^{j\omega t}$ ist demnach ein mit der Winkelgeschwindigkeit ω in positiver Richtung rotierender Zeiger, $\tilde{\tilde{U}}e^{-j\omega t} = \overline{\tilde{U}e^{j\omega t}}$ ist der in negativer Richtung rotierende konjugiert komplexe Zeiger (Bild 3.7). Die Summe der beiden Anteile ist in jedem Augenblick reell und gleich der Summe der Projektionen auf die reelle Achse.

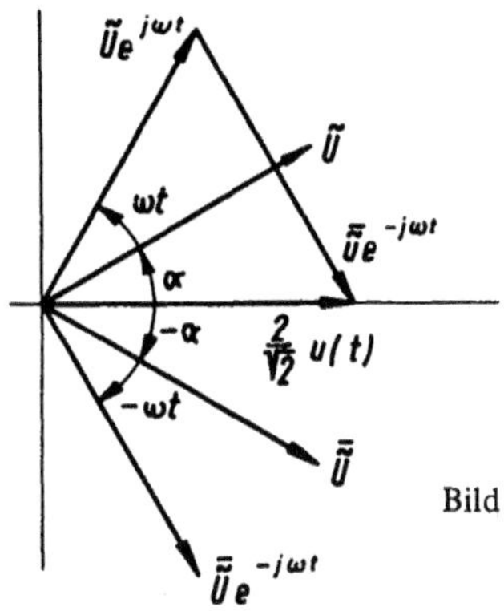

Bild 3.7

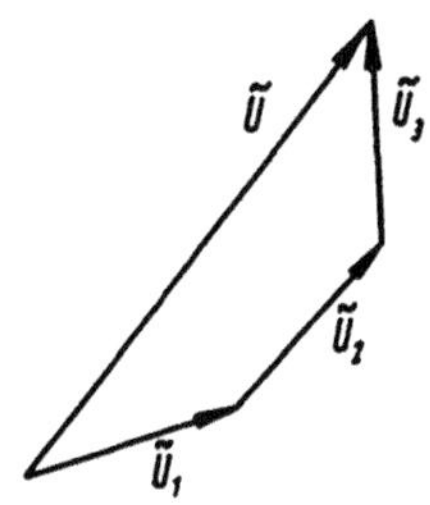

Bild 3.8

Man kann somit auch schreiben

$$u(t) = \sqrt{2}\ \mathrm{Re}(\tilde{U}e^{j\omega t}) .$$

u(t) ist als Augenblickswert einer Spannung natürlich eine reelle Größe.
Ist u(t) die Summe mehrerer gleichfrequenter Wechselspannungen

$$u(t) = u_1(t) + u_2(t) + u_3(t) ,$$

so lautet die entsprechende komplexe Schreibweise

$$u(t) = \frac{\sqrt{2}}{2}\left(\tilde{U}_1 e^{j\omega t} + \tilde{U}_2 e^{j\omega t} + \tilde{U}_3 e^{j\omega t} + \tilde{\tilde{U}}_1 e^{-j\omega t} + \tilde{\tilde{U}}_2 e^{-j\omega t} + \tilde{\tilde{U}}_3 e^{-j\omega t}\right) =$$

$$= \frac{\sqrt{2}}{2}\left[\left(\tilde{U}_1 + \tilde{U}_2 + \tilde{U}_3\right) e^{j\omega t} + \left(\tilde{\tilde{U}}_1 + \tilde{\tilde{U}}_2 + \tilde{\tilde{U}}_3\right) e^{-j\omega t}\right] =$$

$$= \frac{\sqrt{2}}{2}\left(\tilde{U}e^{j\omega t} + \tilde{\tilde{U}}e^{-j\omega t}\right) = \sqrt{2}\ \mathrm{Re}(\tilde{U}e^{j\omega t}) ,$$

wobei gilt (Bild 3.8).

$$\tilde{U} = \tilde{U}_1 + \tilde{U}_2 + \tilde{U}_3 , \qquad \tilde{\tilde{U}} = \tilde{\tilde{U}}_1 + \tilde{\tilde{U}}_2 + \tilde{\tilde{U}}_3$$

Der Zeiger der Summenspannung u(t) ist also die geometrische Summe der Zeiger der Teilspannungen. Die Gleichung für $\tilde{\tilde{U}}$ sagt nichts Neues aus; sie kann in Zukunft weggelassen werden. Entsprechende Beziehungen gelten bei der Knotenpunktsregel.

Durch die Interpretation der Zeiger als komplexe Größen lassen sich die in Kapitel 1 eingeführten geometrischen Beziehungen analytisch beschreiben.

Das Ohmsche Gesetz (Bild 1.3) lautet einfach $\tilde{U} = R\,\tilde{I}$. Da R ein reeller positiver Faktor ist, haben die komplexen Zeiger $\tilde{U}$ und $\tilde{I}$ gleiche Richtung.

Der Ladestrom eines Kondensators (Bild 1.4) ist

$$i = C\,\frac{du}{dt}\,.$$

Mit

$$u = \frac{\sqrt{2}}{2}\left(\tilde{U}e^{j\omega t} + \tilde{\tilde{U}}e^{-j\omega t}\right)$$

folgt

$$i = \frac{\sqrt{2}}{2}\left(j\omega C\,\tilde{U}e^{j\omega t} - j\omega C\,\tilde{\tilde{U}}e^{-j\omega t}\right) = \frac{\sqrt{2}}{2}\left(\tilde{I}e^{j\omega t} + \tilde{\tilde{I}}e^{-j\omega t}\right).$$

Dabei ist

$$\tilde{I} = j\omega C\,\tilde{U} = \omega C\,\tilde{U}e^{j\frac{\pi}{2}}\,,$$

$$\tilde{\tilde{I}} = -j\omega C\,\tilde{\tilde{U}} = \omega C\,\tilde{\tilde{U}}e^{-j\frac{\pi}{2}}\,.$$

Man erhält damit als Betrag des Stromes das früher abgeleitete Ergebnis

$$I = \omega C\,U\,.$$

Außerdem folgt, daß der Ladestrom der Spannung um $\pi/2$ vorauseilt (Bild 1.4).
In entsprechender Weise folgt für Strom und Spannung einer Spule (Bild 1.5)

$$\tilde{U} = j\omega L\,\tilde{I} = \omega L\,\tilde{I}e^{j\frac{\pi}{2}}\,,$$

oder

$$\tilde{I} = \frac{\tilde{U}}{j\omega L} = \frac{\tilde{U}}{\omega L}\,e^{-j\frac{\pi}{2}}\,.$$

Der Betrag des Stromes ist also

$$I = |\tilde{I}| = \frac{U}{\omega L}\,,$$

seine Phasenlage ist um $\pi/2$ nacheilend.

3.3. Komplexer Widerstand (Impedanz) und Leitwert (Admittanz)

Bei einem beliebig aus Widerständen, Spulen und Kondensatoren aufgebauten Zweipol (Bild 3.9) ist der Effektivwert des Stromes dem Effektivwert der angelegten

Bild 3.9

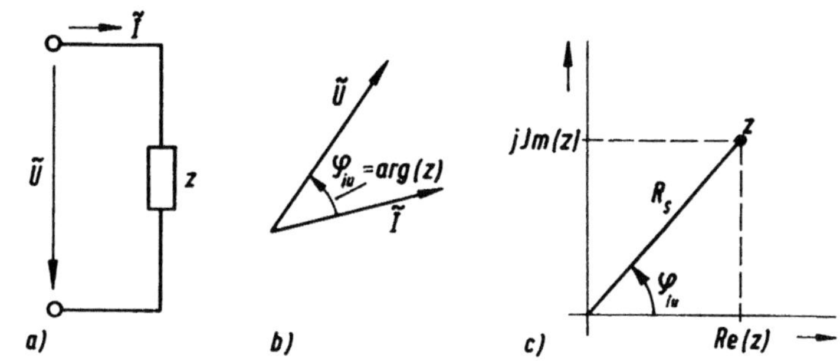

Spannung bei einer bestimmten Frequenz proportional (siehe auch Abschnitt 1.3.2 und 1.3.3). Man kann diesen Sachverhalt durch ein Zeigerdiagramm und die Beziehung

$$\tilde{U} = z\,\tilde{I}$$

kennzeichnen. Dabei ist z ein komplexer Faktor (kein Zeiger), den man wegen der Analogie zum Ohmschen Gesetz als komplexen Widerstand oder Impedanz bezeichnet. Er bewirkt eine Drehstreckung des $\tilde{I}$-Zeigers in Richtung zum $\tilde{U}$-Zeiger. Daraus folgt sofort

$$z = |z|\,e^{j\arg z} = \frac{\tilde{U}}{\tilde{I}} = \frac{U}{I}\,e^{j\varphi_{iu}} = R_s\,e^{j\varphi_{iu}}\ .$$

Der Betrag des komplexen Widerstandes entspricht also dem in Abschnitt 1.3.3 eingeführten Scheinwiderstand, sein Winkel der Phasenvoreilung der Spannung gegenüber dem Strom. R_s und φ_{iu} sind im allgemeinen frequenzabhängig.
z kann auch in Real- und Imaginärteil, d.h. in einen Wirkwiderstand R_w und einen Blindwiderstand R_b zerlegt werden

$$z = R_s\,e^{j\varphi_{iu}} = R_w + jR_b\ .$$

Dieser Zerlegung entspricht ein Ersatzschaltbild, wobei, ohne Rücksicht auf die tatsächliche Realisierung, R_w und jR_b in Reihe geschaltet sind (Bild 3.10).
Diese Aufspaltung ist mit einer Zerlegung in Wirk- und Blindspannungskomponente identisch

$$\tilde{U} = z\,\tilde{I} = (R_w + jR_b)\,\tilde{I} = R_w\,\tilde{I} + jR_b\,\tilde{I} = \tilde{U}_w + \tilde{U}_b\ .$$

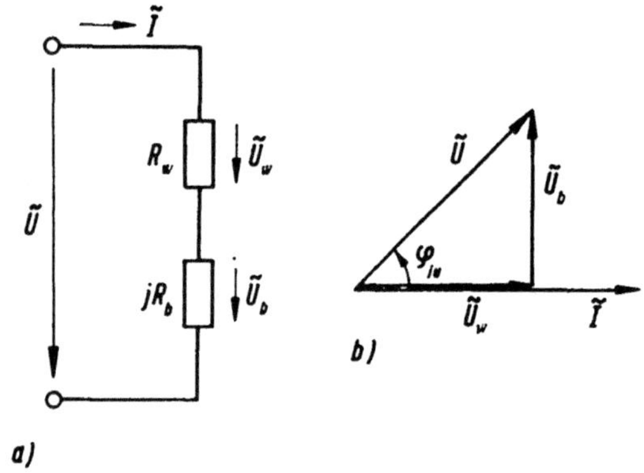

Bild 3.10

R_w und R_b sind im allgemeinen frequenzabhängig. Falls bei einer bestimmten Frequenz $R_b > 0$ ist, kann R_b durch eine Spule ($jR_b = j\omega L$), andernfalls durch einen Kondensator $\left(jR_b = \frac{1}{j\omega C} = -\frac{j}{\omega C}\right)$ verwirklicht werden.

Die Beziehung

$$\tilde{U} = z\tilde{I}$$

läßt sich auch als

$$\tilde{I} = y\tilde{U}$$

schreiben. Dabei ist $y = 1/z$ ein komplexer Faktor, der aufgrund der Analogie zum Ohmschen Gesetz als komplexer Leitwert oder Admittanz bezeichnet wird. Aus der Definition

$$y = |y|\, e^{j\varphi_{ui}} = \frac{\tilde{I}}{\tilde{U}} = G_s\, e^{j\varphi_{ui}}$$

folgt sofort

$$|y| = G_s = \frac{1}{R_s} \quad , \qquad \varphi_{ui} = \arg(y) = -\varphi_{iu} = -\arg(z)\,.$$

G_s ist der Scheinleitwert, φ_{ui} ist der Winkel der Admittanz. y bewirkt somit eine Drehstreckung des $\tilde{U}$-Zeigers zum $\tilde{I}$-Zeiger. Auch hier ist eine Zerlegung in Real- und Imaginärteil möglich

$$y = G_w + jG_b\,.$$

Dabei entstehen die bereits bekannten Größen Wirkleitwert und Blindleitwert.

Dieser Zerlegung entspricht das in Bild 2.5 gezeigte Ersatzschaltbild, in dem Wirk- und Blindleitwert parallelgeschaltet sind. Dabei entstehen gemäß

$$\tilde{I} = y\,\tilde{U} = (G_w + jG_b)\,\tilde{U} = G_w\tilde{U} + jG_b\tilde{U} = \tilde{I}_w + \tilde{I}_b$$

die Wirk- und Blindstromkomponenten $\tilde{I}_w$ und $\tilde{I}_b$. Auch G_w und G_b sind im allgemeinen frequenzabhängig. Falls bei einer bestimmten Frequenz $G_b > 0$ ist, entspricht dem ein Kondensator ($j\omega C$), andernfalls eine Spule ($1/j\omega L$).

3.4. Leistung in komplexer Schreibweise

Manchmal ist es von Vorteil, die Leistungen unmittelbar in den Zeigergrößen auszudrücken.

Aus

$$u(t) = \frac{\sqrt{2}}{2}\left(\tilde{U}e^{j\omega t} + \tilde{\tilde{U}}e^{-j\omega t}\right)$$

und

$$i(t) = \frac{\sqrt{2}}{2}\left(\tilde{I}e^{j\omega t} + \tilde{\tilde{I}}e^{-j\omega t}\right)$$

folgt der Augenblickswert der Leistung (Bild 3.11)

$$p(t) = u(t)\cdot i(t) = \frac{1}{2}\left(\tilde{\tilde{U}}\tilde{I} + \tilde{U}\tilde{\tilde{I}}\right) + \frac{1}{2}\left(\tilde{U}\tilde{I}e^{j2\omega t} + \tilde{\tilde{U}}\tilde{\tilde{I}}e^{-j2\omega t}\right) =$$
$$= UI\cos\varphi_{ui} + UI\cos(2\omega t + 2\alpha + \varphi_{ui}).$$

Der erste konstante Term entspricht der Wirkleistung, der zweite der pulsierenden Leistung.

Mit

$$\tilde{U} = Ue^{j\alpha}, \qquad \tilde{I} = Ie^{j(\alpha+\varphi_{ui})}$$

folgt

$$\tilde{\tilde{U}}\tilde{I} = UIe^{j\varphi_{ui}} = UI(\cos\varphi_{ui} + j\sin\varphi_{ui}) = P_w + jP_b\,.$$

Somit gilt auch

$$P_w = \mathrm{Re}\left(\tilde{\tilde{U}}\tilde{I}\right)$$
$$P_b = \mathrm{Im}\left(\tilde{\tilde{U}}\tilde{I}\right)$$
$$P_s = |\tilde{\tilde{U}}\tilde{I}|\,.$$

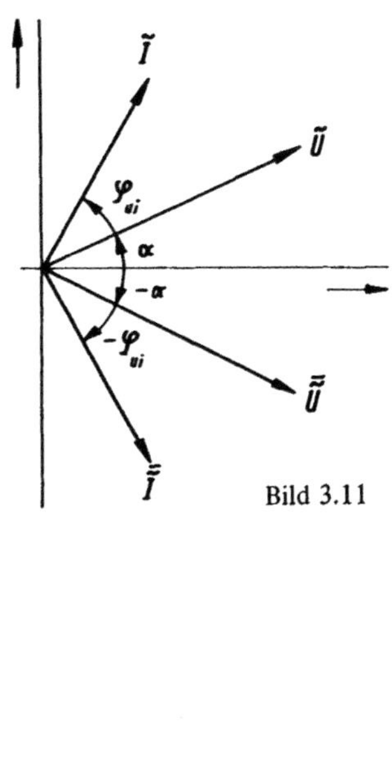

Bild 3.11

3.5. Berechnung einfacher Schaltungen

3.5.1. Parallelschaltung G – L

Die in Bild 3.12 gezeigte Schaltung liege an einer Wechselspannung $\tilde{U}$. Die Teilströme

$$\tilde{I}_G = G\,\tilde{U} \qquad \text{und} \qquad \tilde{I}_L = \frac{\tilde{U}}{j\omega L}$$

setzen sich zum Summenstrom

$$\tilde{I} = \tilde{I}_G + \tilde{I}_L = \left(G + \frac{1}{j\omega L}\right)\tilde{U}$$

zusammen.

Der komplexe Leitwert y des Zweipols ist somit

$$y = G + \frac{1}{j\omega L} = G_s\,e^{j\varphi_{ui}}\,.$$

Daraus folgt der Scheinleitwert

$$G_s = \sqrt{G^2 + \left(\frac{1}{\omega L}\right)^2} = G\sqrt{1 + \left(\frac{1}{\omega LG}\right)^2}$$

und der Winkel der Admittanz, d.h. die Phasenvoreilung des Stromes

$$\varphi_{ui} = \arctan\frac{\mathrm{Im}(y)}{\mathrm{Re}(y)} = \arctan\frac{-\frac{1}{\omega L}}{G} = -\arctan\frac{1}{\omega LG}\,.$$

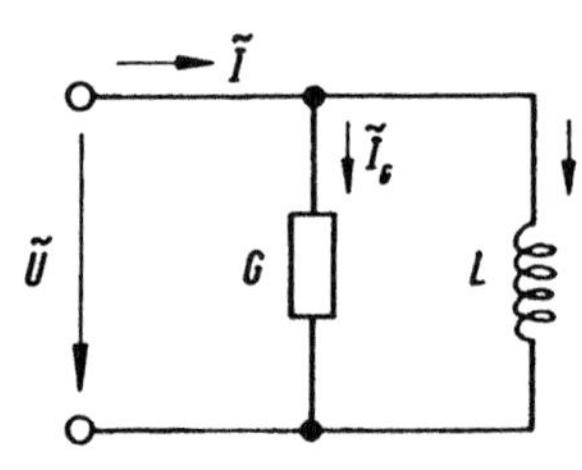

Bild 3.12

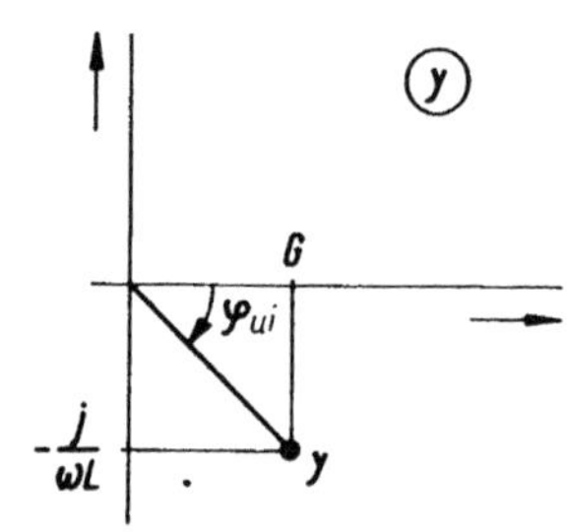

Bild 3.13

Da in diesem Fall $\varphi_{ui} < 0$ ist, eilt der Strom in Wirklichkeit der Spannung nach.

In Bild 3.13 ist die Admittanz in die komplexe Ebene eingetragen.

Die Polarkoordinaten G_s und φ_{ui} sind in Bild 3.14 als Funktionen der normierten Frequenz gezeichnet.

Mit zunehmender Frequenz wird die Spule wirkungslos, so daß der Zweipol schließlich nur noch durch den Wirkleitwert bestimmt wird.

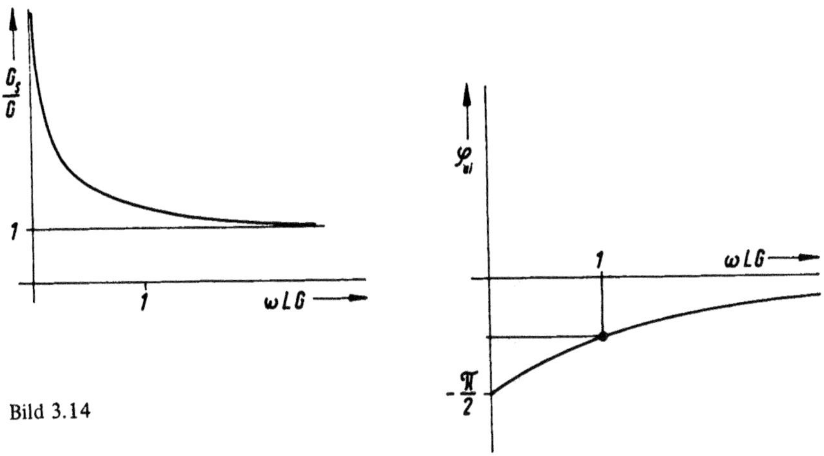

Bild 3.14

Die Impedanz der Parallelschaltung folgt durch Inversion

$$z = \frac{1}{y} = \frac{1}{G + \frac{1}{j\omega L}} = \frac{j\omega L}{1 + j\omega LG} \ .$$

Nach Erweiterung mit dem konjugiert komplexen Nenner entstehen Real- und Imaginärteil

$$z = \frac{j\omega L}{1 + j\omega LG} \cdot \frac{1 - j\omega LG}{1 - j\omega LG} = \frac{(\omega L)^2 G}{1 + (\omega LG)^2} + j\,\frac{\omega L}{1 + (\omega LG)^2} =$$

$$= R_w(\omega) + j R_b(\omega) \ .$$

Dieser Darstellung entspricht eine Ersatzschaltung, bestehend aus der Reihenschaltung eines Wirkwiderstandes (R_w) und eines Blindwiderstandes, hier wegen $R_b > 0$ einer Spule.

Wegen der Frequenzabhängigkeit von R_w und R_b gilt diese Übereinstimmung allerdings nur für jeweils eine bestimmte Frequenz.

3.5.2. Reihenschaltung R – C

Die Impedanz der in Bild 3.15 gezeichneten Reihenschaltung ist

$$z = R + \frac{1}{j\omega C} = R_s\, e^{j\varphi_{iu}} .$$

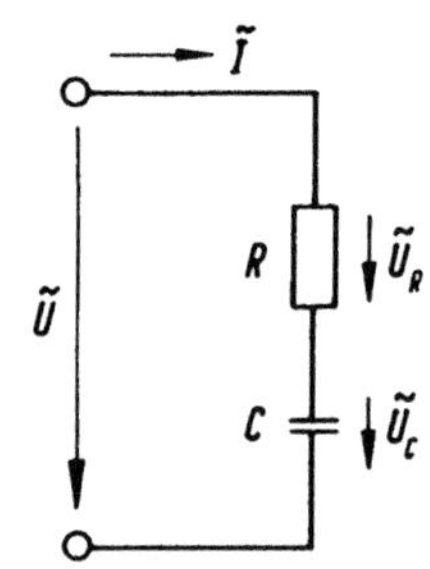

Bild 3.15

Daraus folgen der Scheinwiderstand

$$R_s = R\sqrt{1 + \left(\frac{1}{\omega CR}\right)^2}$$

und der Winkel der Impedanz

$$\varphi_{iu} = \arctan \frac{-\dfrac{1}{\omega C}}{R} = -\arctan \frac{1}{\omega CR} .$$

Dieser Funktionsverlauf wurde bereits in Bild 3.14 aufgetragen. Mit Hilfe der komplexen Rechnung lassen sich auch andere Größen unmittelbar bestimmen. Die Spannung am Kondensator folgt z.B. nach den Regeln der Spannungsteilung

$$\tilde{U}_C = \frac{\dfrac{1}{j\omega C}}{R + \dfrac{1}{j\omega C}}\, \tilde{U} = \frac{1}{1 + j\omega CR}\, \tilde{U} .$$

3.5.3. Abgleichbedingung der Maxwell-Brücke

Das in Abschnitt 1.3.4 erwähnte, dann aber zurückgestellte Problem der Wechselstrommeßbrücke soll nun erneut aufgegriffen werden (Bild 3.16). Die Schaltung ist eine Erweiterung der Wheatstoneschen Brückenschaltung. $\tilde{U}_0$ ist eine Wechselspannung der Kreisfrequenz ω. R_1, R_2, R_3 und C_1 sind genau bekannte Schaltelemente, L_4 und R_4 sind unbekannt. R_1 und C_1 sollen so lange verändert werden, bis die Brücke abgeglichen ist, d.h. bis die Brückenspannung $U_5 = |\tilde{U}_5|$ Null ist. U_5 wird mit einem Röhrenvoltmeter oder einem Elektronenstrahl-Oszillographen praktisch belastungsfrei gemessen, d.h. der Brückendiagonale wird kein Strom entnommen (Leerlauf).

Aus der Maschenregel folgt

$$\tilde{U}_5 = \tilde{U}_4 - \tilde{U}_2 . \qquad (1)$$

Die beiden Hälften der Brücke können als unbelastete Spannungsteiler berechnet werden.

$$\tilde{U}_4 = \frac{z_4}{R_3 + z_4}\, \tilde{U}_0 = \frac{R_4 + j\omega L_4}{R_3 + R_4 + j\omega L_4}\, \tilde{U}_0 , \qquad (2)$$

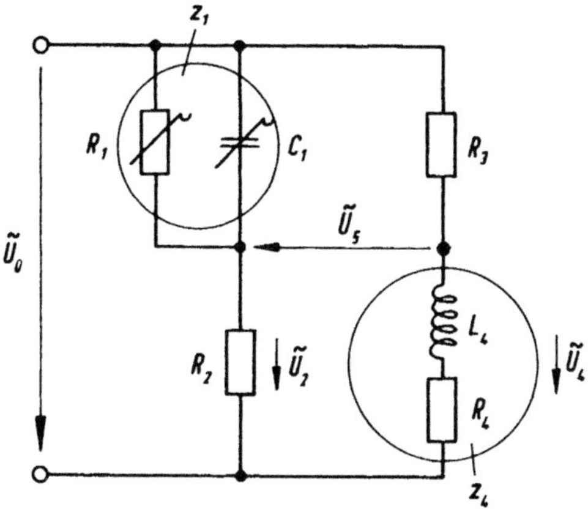

Bild 3.16

$$\tilde{U}_2 = \frac{R_2}{R_2 + z_1}\,\tilde{U}_0 = \frac{R_2}{R_2 + \dfrac{R_1 \dfrac{1}{j\omega C_1}}{R_1 + \dfrac{1}{j\omega C_1}}}\,\tilde{U}_0 = \frac{R_2(1 + j\omega C_1 R_1)}{R_1 + R_2(1 + j\omega C_1 R_1)}\,\tilde{U}_0\,. \qquad (3)$$

Durch Einsetzen von (2) und (3) in (1) folgt die auf $\tilde{U}_0$ bezogene Diagonalspannung

$$\frac{\tilde{U}_5}{\tilde{U}_0} = \frac{R_4 + j\omega L_4}{R_3 + R_4 + j\omega L_4} - \frac{R_2(1 + j\omega C_1 R_1)}{R_1 + R_2(1 + j\omega C_1 R_1)} = \frac{A}{B}\,.$$

Die beiden Brüche werden auf den gemeinsamen Nenner B gebracht. Die Abgleichbedingung $\tilde{U}_5 = 0$ ist dann für $A = 0, (B \neq 0)$ erfüllt. Dies führt auf zwei Gleichungen

$$\mathrm{Re}(A) = 0\,, \qquad \mathrm{Im}(A) = 0.$$

Nach einer Zwischenrechnung erhält man

$$\mathrm{Re}(A) = R_1 R_4 - R_2 R_3 = 0$$

$$\mathrm{Im}(A) = \omega R_1 (L_4 - C_1 R_2 R_3) = 0\,.$$

Die Abgleichbedingungen liefern also die unbekannten Größen

$$R_4 = \frac{R_2 R_3}{R_1}\,, \qquad L_4 = R_2 R_3 C_1\,.$$

Bei diesem Ergebnis ist vor allem interessant, daß die Frequenz in den Abgleich nicht eingeht. Es ist also nicht erforderlich eine Spannungsquelle mit besonders genauer Frequenz bereitzustellen. Für den Sonderfall $\omega = 0$, d.h. Gleichspannung, sind C_1 und L_4 wirkungslos und die Schaltung reduziert sich auf die bekannte Wheatstonesche Brücke.

Dieses Beispiel zeigt die Vorteile der komplexen Rechnung für Wechselstromprobleme besonders deutlich. Es wäre sehr umständlich und zeitraubend gewesen, die einfachen Abgleichbedingungen nur mittels des Zeigerdiagrammes abzuleiten.
Die Brückenschaltung stellt einen sogenannten Vierpol mit zwei Eingangs- und zwei Ausgangsklemmen dar. Solche Schaltungen werden uns noch mehrfach beschäftigen.

3.6. Zusammenfassung

Die stationären Spannungen und Ströme in linearen Wechselstromschaltungen lassen sich mit der komplexen Rechnung formal ebenso berechnen wie Gleichstromschaltungen. Die komplexe Schreibweise ist nur eine abgekürzte besonders zweckmäßige Form der reellen Rechnung.

Für

$$i(t) = \sqrt{2}\ I \cos(\omega t + \alpha)$$

schreibt man mit

$$\tilde{I} = I \cdot e^{j\alpha}$$

$$i(t) = \sqrt{2}\ \mathrm{Re}\,(\tilde{I} e^{j\omega t})$$

und für

$$u(t) = \sqrt{2}\ U \cos(\omega t + \alpha + \varphi_{iu})$$

schreibt man mit

$$\tilde{U} = U e^{j(\alpha + \varphi_{iu})}$$

$$u(t) = \sqrt{2}\ \mathrm{Re}(\tilde{U} e^{j\omega t}) \ .$$

Daraus entsteht der komplexe Widerstand

$$z = \frac{\tilde{U}}{\tilde{I}} = \frac{U}{I}\, e^{j\varphi_{iu}} = R_s\, e^{j\varphi_{iu}} \ .$$

Der Rest folgt durch konsequente Anwendung der bekannten Verknüpfungsgesetze und der Differentialgleichungen für den Ladestrom eines Kondensators und den Magnetisierungsstrom einer Spule.

4. Resonanzschaltungen

Durch Kombination von Wirkwiderständen und frequenzabhängigen Blindwiderständen beider Vorzeichen entstehen Schaltungen mit einer Vielfalt verschiedener Eigenschaften. Von besonderem Interesse sind Schaltungen mit Blindwiderständen verschiedenen Vorzeichens, die sich bei bestimmten Frequenzen in ihrer Wirkung aufheben.

4.1. Parallel- und Reihenschwingkreis

Schwingkreise stellen typische Resonanzschaltungen dar. Sie werden vor allem zur Aussiebung bestimmter Frequenzen aus Frequenzgemischen verwendet. Auch in der Starkstromtechnik gibt es Anwendungen, z.B. bei der Lichtbogenlöschung in Hochspannungsleitungen.

Die beiden Schwingkreise werden zunächst nebeneinander betrachtet, um ihre Verwandtschaft hervorzuheben (Bild 4.1).

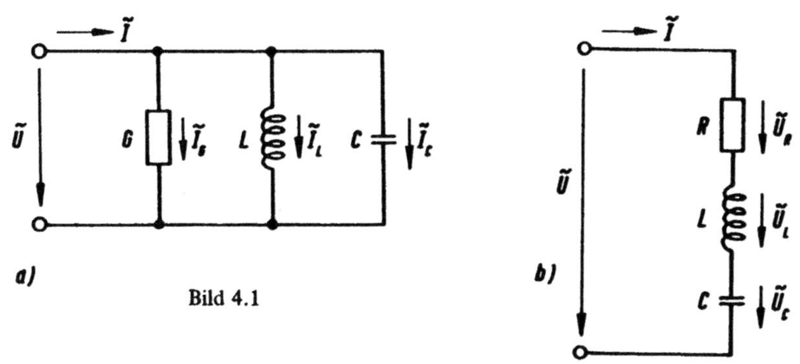

Bild 4.1

Knotenpunktregel:

$$\tilde{I} = \tilde{I}_G + \tilde{I}_L + \tilde{I}_C =$$
$$= \left(G + \frac{1}{j\omega L} + j\omega C\right) \tilde{U} =$$
$$= y\,\tilde{U}\,.$$

Maschenregel:

$$\tilde{U} = \tilde{U}_R + \tilde{U}_L + \tilde{U}_C =$$
$$= \left(R + j\omega L + \frac{1}{j\omega C}\right) \tilde{I} =$$
$$= z\,\tilde{I}\,.$$

ω ist die Kreisfrequenz der angelegten Wechselspannung $\tilde{U}$.

Admittanz:

$$y = G + \frac{1}{j\omega L} + j\omega C =$$
$$= G + j\left(\omega C - \frac{1}{\omega L}\right) =$$
$$= G_w + jG_b =$$
$$= G_s\, e^{j\varphi_{ui}} \quad .$$

Impedanz:

$$z = R + j\omega L + \frac{1}{j\omega C} =$$
$$= R + j\left(\omega L - \frac{1}{\omega C}\right) =$$
$$= R_w + jR_b =$$
$$= R_s\, e^{j\varphi_{iu}} \quad .$$

Scheinleitwert:

$$G_s = |y| = \sqrt{G_w^2 + G_b^2} =$$
$$= \sqrt{G^2 + \left(\omega C - \frac{1}{\omega L}\right)^2} \, ,$$

Scheinwiderstand:

$$R_s = |z| = \sqrt{R_w^2 + R_b^2} =$$
$$= \sqrt{R^2 + \left(\omega L - \frac{1}{\omega C}\right)^2} \, ,$$

Phase:

$$\varphi_{ui} = \arg(y) =$$
$$= \arctan \frac{\omega C - \frac{1}{\omega L}}{G} \quad .$$

$$\varphi_{iu} = \arg(z) =$$
$$= \arctan \frac{\omega L - \frac{1}{\omega C}}{R} \quad .$$

Die vorstehenden Beziehungen lassen sich auch aus den Zeigerdiagrammen ablesen. Diese dienen dem besseren Verständnis, sie werden für die Rechnung jedoch nicht mehr benötigt. Die Form der Zeigerdiagramme hängt stark von der gewählten Frequenz ab (Bild 4.2).

Man erkennt, daß die gegenübergestellten Beziehungen und die Zeigerdiagramme einander weitgehend entsprechen. Mit den Vertauschungen

$G \leftrightarrow R$
$L \leftrightarrow C$
$y \leftrightarrow z$
$I \leftrightarrow U$

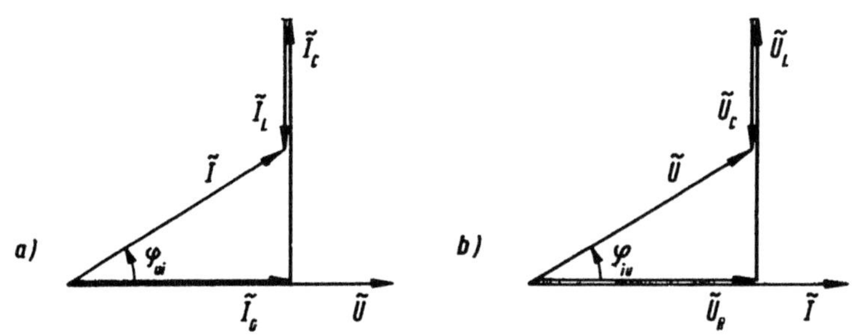

Bild 4.2

gehen die entsprechenden Ausdrücke ineinander über. Man bezeichnet solche Schaltungen als zueinander dual.

Es genügt also, weiterhin nur eine der beiden Schaltungen zu untersuchen. Die Ergebnisse für die andere Schaltung folgen dann durch Vertauschung.
Da der Parallelschwingkreis für die Anwendung besonders wichtig ist, werden wir uns auf diesen beschränken.

Die Admittanz

$$y = G + j\left(\omega C - \frac{1}{\omega L}\right) \qquad \text{ist reell für} \qquad \omega_0 C - \frac{1}{\omega_0 L} = 0\,.$$

Die zugehörige Kreisfrequenz

$$\omega_0 = \frac{1}{\sqrt{LC}} \qquad \text{bzw.} \qquad f_0 = \frac{\omega_0}{2\pi} = \frac{1}{2\pi\sqrt{LC}}$$

wird als Resonanzkreisfrequenz, f_0 als Resonanzfrequenz bezeichnet.

Die beiden Blindleitwerte $\omega_0 C$ und $-\dfrac{1}{\omega_0 L}$ sind bei Resonanzfrequenz entgegengesetzt gleich.

$$\omega_0 C = \frac{1}{\omega_0 L} = \sqrt{\frac{C}{L}} = y_0$$

wird als Schwingungsleitwert bezeichnet.

Die Resonanzbedingung $\omega = \omega_0$ äußert sich am Zeigerdiagramm in der Tatsache, daß die beiden Blindströme entgegengesetzt gleich sind, so daß $\tilde{I} = \tilde{I}_G$ wird. Der Betrag des als Kreisstrom über L und C fließenden Blindstromes kann ein Vielfaches des von außen zugeführten Stromes I sein.

Durch Normierung der Frequenz erhält man

$$y = G + j\left(\omega_0 C \frac{\omega}{\omega_0} - \frac{1}{\omega_0 L}\,\frac{\omega_0}{\omega}\right) = G + j y_0 \left(\frac{\omega}{\omega_0} - \frac{\omega_0}{\omega}\right)$$

oder mit den Abkürzungen

$$\frac{\omega}{\omega_0} = \lambda \qquad \text{normierte Frequenz,}$$

$$\frac{G}{2y_0} = D \qquad \text{Dämpfungsfaktor, oder}$$

$$\frac{y_0}{G} = \frac{1}{2D} = Q \qquad \text{Güte,}$$

$$y = G\left[1 + j\frac{1}{2D}\left(\lambda - \frac{1}{\lambda}\right)\right] = G\left[1 + jQ\left(\lambda - \frac{1}{\lambda}\right)\right]\,.$$

ω_0, D, y_0 sind Eigenschaften der Schaltung, d.h. sie sind durch die Schaltelemente bestimmt.

Der Scheinleitwert

$$G_s = |y| = G\sqrt{1 + Q^2\left(\lambda - \frac{1}{\lambda}\right)^2}$$

und der Phasenwinkel

$$\varphi_{ui} = \arctan Q\left(\lambda - \frac{1}{\lambda}\right)$$

haben die in Bild 4.3 gezeigte Frequenzabhängigkeit. Es gilt

$$G_s(\lambda) = G_s\left(\frac{1}{\lambda}\right) \qquad \text{und} \qquad \varphi_{ui}(\lambda) = -\varphi_{ui}\left(\frac{1}{\lambda}\right) .$$

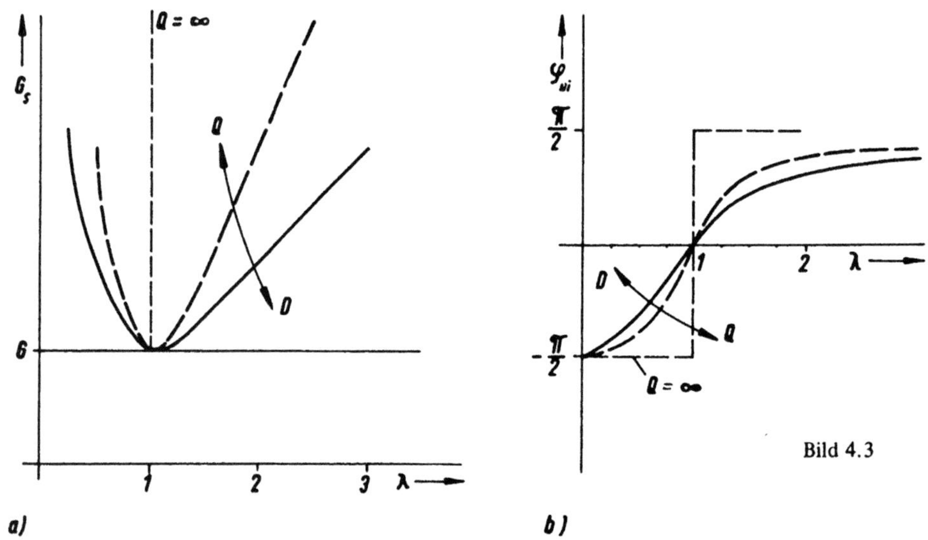

Bild 4.3

Je höher die Güte, desto schmaler ist das Betragsminimum und desto größer ist die Phasenänderung in der Umgebung der Resonanzfrequenz ($\lambda = 1$).

Die Abhängigkeit der Admittanz von der Frequenz läßt sich auch in einem einzigen Schaubild auftragen. Man zeichnet hierzu in einer y-Ebene den geometrischen Ort der komplexen Größe y für verschiedene Werte von λ; dies liefert eine geschlossene Kurve, eine sogenannte Ortskurve, die eine nichtlineare λ-Bezifferung trägt (Bild 4.4). Die komplexe Ortskurve $y(\lambda)$ ist wegen $\tilde{I} = y\tilde{U}$ gleichzeitig (in einem anderen Maßstab) der geometrische Ort für die Spitze des $\tilde{I}$-Zeigers bei Annahme eines konstanten (reellen) $\tilde{U}$-Zeigers, d.h. bei Speisung des Schwingkreises mit einer konstanten Spannung veränderlicher Frequenz.

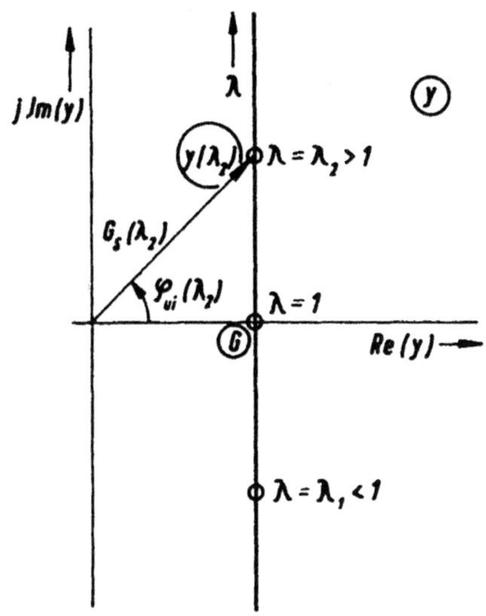

Bild 4.4

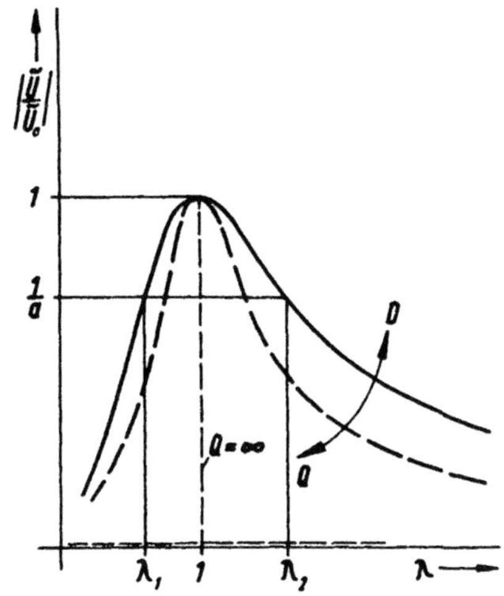

Bild 4.5

Parallelschwingkreise werden oft mit einem eingeprägten (d.h. von der Belastung unabhängigen) Wechselstrom gespeist. Eingeprägte Stromquellen können z.B. durch bestimmte Röhren- oder Transistorschaltungen realisiert werden. Die bei veränderlicher Frequenz am Schwingkreis entstehende Spannung ist dann

$$\tilde{U} = \frac{\tilde{I}}{y} = \frac{\tilde{I}}{G\left[1 + jQ\left(\lambda - \frac{1}{\lambda}\right)\right]} .$$

Bezieht man die Spannung auf den bei $\lambda = 1$ auftretenden Maximalwert, $\tilde{U}_0 = \frac{\tilde{I}}{G}$, so folgt

$$\frac{\tilde{U}}{\tilde{U}_0} = \frac{G\tilde{U}}{\tilde{I}} = \frac{1}{1 + jQ\left(\lambda - \frac{1}{\lambda}\right)} .$$

Bild 4.5 zeigt den Betrag dieser sogenannten Resonanzkurve

$$\left|\frac{\tilde{U}}{\tilde{U}_0}\right| = \frac{G}{G_s} = \frac{1}{\sqrt{1 + Q^2\left(\lambda - \frac{1}{\lambda}\right)^2}} ;$$

sie entspricht dem Reziprokwert der in Bild 4.3a gezeichneten Funktion.
Mit der Güte Q steigt wieder die Schärfe der Resonanzkurve, d.h. die Fähigkeit des Schwingkreises, einen bestimmten Frequenzbereich hervorzuheben.

Die Breite der Resonanzkurve läßt sich durch die Frequenzen λ_1 und $\lambda_2 = \frac{1}{\lambda_1}$ kennzeichnen, bei denen $\frac{U}{U_0} = \frac{1}{a} < 1$ geworden ist.
Durch Einsetzen folgt

$$1 + Q^2\left(\lambda - \frac{1}{\lambda}\right)^2 = a^2$$

oder

$$\lambda - \frac{1}{\lambda} = \pm \frac{1}{Q}\sqrt{a^2 - 1} = \pm 2\epsilon\,,$$

d.h. eine quadratische Gleichung in λ. Dabei ist $\epsilon > 0$ reell. Als Lösungen sind nur positive Werte sinnvoll

$$\lambda_1 = -\epsilon + \sqrt{1 + \epsilon^2}$$

$$\lambda_2 = \epsilon + \sqrt{1 + \epsilon^2} = \frac{1}{\lambda_1}$$

oder

$$\lambda_2 - \lambda_1 = 2\epsilon = \frac{1}{Q}\sqrt{a^2 - 1}\,.$$

Als Maß für die Resonanzbreite (Bandbreite) wird meistens

$$\frac{U}{U_0} = \frac{1}{\sqrt{2}}\,, \qquad \text{d.h.} \qquad a = \sqrt{2}$$

verwendet. Damit wird

$$\epsilon = \frac{1}{2Q} = D \qquad \text{und} \qquad \lambda_2 - \lambda_1 = \frac{1}{Q} = 2D = \frac{G}{y_0}\,.$$

Die so definierte Bandbreite ist also gleich der reziproken Güte des Schwingkreises.
Wegen

$$\lambda_2 - \frac{1}{\lambda_2} = \lambda_2 - \lambda_1 = \frac{1}{Q} \qquad \text{und} \qquad \lambda_1 - \frac{1}{\lambda_1} = \lambda_1 - \lambda_2 = -\frac{1}{Q}\,,$$

gilt

$$\varphi_{ui}(\lambda_1) = -\frac{\pi}{4} \qquad \text{und} \qquad \varphi_{ui}(\lambda_2) = \frac{\pi}{4}\,.$$

Die Phasenverschiebung des Stromes $\tilde{I}$ gegenüber der Spannung beträgt bei λ_1, λ_2 also gerade $\mp\frac{\pi}{4}$. Man bezeichnet diese beiden Frequenzen auch als Grenzfrequenzen des Schwingkreises. λ_1 und λ_2 sind in Bild 4.4 eingetragen.

Beispiel: Ein Parallelschwingkreis bestehe aus den Schaltelementen

$$G = 10^{-5}\,\frac{1}{\Omega},\ (R = 100\,\mathrm{k\Omega})\,, \qquad C = 10\,\mathrm{nF}\,, \qquad L = 10\,\mathrm{mH}\,.$$

Damit folgt

$$\omega_0 = \frac{1}{\sqrt{LC}} = \frac{1}{\sqrt{10^{-2}\,\frac{\mathrm{Vs}}{\mathrm{A}} \cdot 10^{-8}\,\frac{\mathrm{As}}{\mathrm{V}}}} = 10^5\,\frac{1}{\mathrm{s}}$$

oder

$$f_0 = \frac{\omega_0}{2\pi} \approx 16 \cdot 10^3\,\mathrm{Hz} = 16\,\mathrm{kHz}\,.$$

Der Schwingungsleitwert ist

$$y_0 = \sqrt{\frac{C}{L}} = \sqrt{\frac{10^{-8}\,\frac{\mathrm{As}}{\mathrm{V}}}{10^{-2}\,\frac{\mathrm{Vs}}{\mathrm{A}}}} = 10^{-3}\,\frac{1}{\Omega}\,.$$

Daraus folgt die Güte

$$Q = \frac{y_0}{G} = \frac{10^{-3}\,\frac{1}{\Omega}}{10^{-5}\,\frac{1}{\Omega}} = 10^2$$

und die Bandbreite

$$\lambda_2 - \lambda_1 = \frac{1}{Q} = 10^{-2}\,, \qquad f_2 - f_1 \approx 160\,\mathrm{Hz}\,.$$

Bei Resonanzfrequenz beträgt der über Spule und Kondensator fließende Kreisstrom das 100fache des aus der Spannungsquelle zufließenden Stromes.

Resonanzerscheinungen gibt es auch in anderen Bereichen der Physik, z.B. in der Mechanik. Die Rolle der Energiespeicher spielen dort Federn und träge Massen.

4.2. Blindstromkompensation

Bei der elektrischen Energieversorgung ist es oft wünschenswert, den von einem Verbraucher aufgenommenen Blindstrom durch Parallelschaltung einer Reaktanz teilweise oder ganz zu kompensieren, um dadurch die Übertragungsverluste zu verkleinern oder um die Stabilität einer Übertragungsleitung zu sichern. Bild 4.6 zeigt die Schaltung und das zugehörige Zeigerdiagramm.

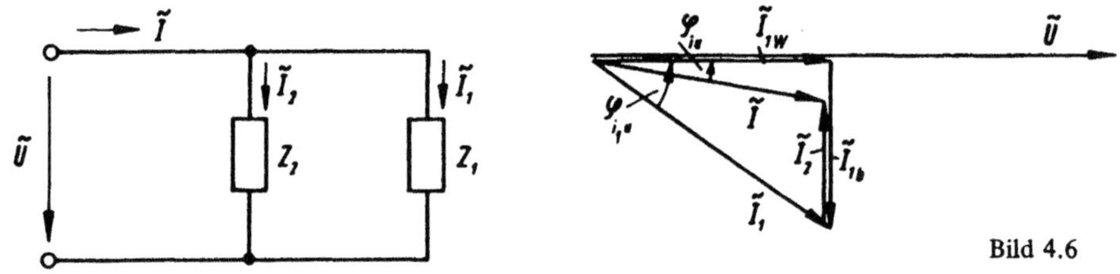

Bild 4.6

Der Verbraucher mit der Impedanz z_1 nehme neben dem Wirkstrom $\tilde{I}_{1w}$ den unerwünschten Blindstrom $\tilde{I}_{1b}$ auf. Für das Zeigerdiagramm ist der häufige Fall eines induktiven Verbrauchers, z.B. eines Motors, angenommen. Der Verbraucher kann auch kapazitiv sein, z.B. wenn es sich um ein unbelastetes Kabelnetz oder eine leerlaufende Hochspannungsleitung handelt.

Durch Parallelschaltung einer Reaktanz z_2 soll die Blindstrombilanz verbessert werden. Falls der Verbraucher induktiv ist, wird hierfür ein Kondensator benötigt.

Der Einfachheit halber wird $\tilde{U} = U$, reell, angenommen.

Dann gilt

$$\tilde{I}_1 = \tilde{I}_{1w} + \tilde{I}_{1b} = I_1 \cos\varphi_{ui_1} + j\, I_1 \sin\varphi_{ui_1}$$

$$\tilde{I}_2 = j\, I_{2b}\ .$$

Der Gesamtstrom ist

$$\begin{aligned}\tilde{I} &= \tilde{I}_1 + \tilde{I}_2 = \\ &= I_1 \cos\varphi_{ui_1} + j(I_1 \sin\varphi_{ui_1} + I_{2b}) = \\ &= I_{1w} + j\, I_b\ .\end{aligned}$$

Dabei sind I_1 und I als Beträge, I_w, I_b, I_{1w}, I_{1b} und I_{2b} als vorzeichenbehaftete Komponenten aufzufassen. Das Minimum für I ist erreicht, wenn der Blindstrom vollständig kompensiert ist,

$$I_b = I_1 \sin\varphi_{ui_1} + I_{2b} = 0$$

oder

$$I_{2b\,opt} = -\, I_1 \sin\varphi_{ui_1} = I_1 \sin\varphi_{i_1u}\ .$$

Wird I_{2b} über diesen Wert hinaus vergrößert, so steigt der Strom in der Zuleitung wieder an (Überkompensation).

Der resultierende Strom I hat den Betrag

$$I = \sqrt{I_{1w}^2 + I_b^2} = \sqrt{I_1^2 + I_{2b}^2 + 2\, I_1 I_{2b} \sin\varphi_{ui_1}}$$

und die Phasenverschiebung

$$\varphi_{ui} = \arctan \frac{I_b}{I_{1w}} = \arctan\left(\tan\varphi_{ui_1} + \frac{I_{2b}}{I_{1w}}\right) \quad .$$

Daraus folgt der für eine gewünschte Phasenverschiebung φ_{ui} erforderliche Kompensationsblindstrom

$$\frac{I_{2b}}{I_{1w}} = \tan\varphi_{ui} - \tan\varphi_{ui_1} \quad .$$

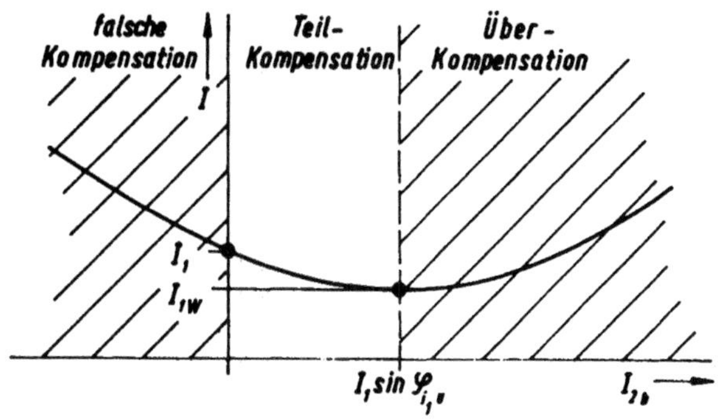

Bild 4.7

In Bild 4.7 ist der resultierende Strom I abhängig vom Kompensationsstrom für den Fall eines induktiven Verbrauchers aufgetragen. In der Nähe des Minimums ist bei einer Erhöhung von I_{2b} nur noch eine geringfügige Reduktion des Stromes in der Zuleitung festzustellen. Da die Kosten für die Kompensationselemente (L, C) mit $|I_{2b}|$ anwachsen, begnügt man sich meist mit einer Teilkompensation, z.B. $\cos\varphi_{ui} = 0{,}9$.

Bei vollständiger Kompensation besteht eine Resonanzbedingung zwischen dem Verbraucher und dem Kompensations-Schaltelement. Dabei ist es im Prinzip gleichgültig, ob der Verbraucher eine Parallelschaltung R–L, eine Reihenschaltung R–L oder eine andere kompliziertere Schaltung ist, die auch Kondensatoren enthalten kann.

Beispiel: Induktions-Ofen.

$P_{w1} = 100$ kW , $\quad U = 380$ V , $\quad \cos\varphi_{ui_1} = 0{,}5$, induktiv, d.h. $\varphi_{ui_1} < 0$,

$$P_{s1} = \frac{P_w}{\cos\varphi_{ui_1}} = 200 \text{ kVA}$$

$$I_1 = \frac{P_s}{U} = 525 \text{ A} , \qquad I_{1w} = I_1 \cos\varphi_{ui_1} = 262 \text{ A}$$

$$I_{1b} = I_1 \sin\varphi_{ui_1} = -455 \text{ A}.$$

Verschiedene Kompensationsgrade:

$\cos\varphi_{ui}$	= 0,50	0,80	0,90	1,0
I	= 525 A	330 A	290 A	262 A
I_{2b}	= 0	255 A	325 A	455 A
$P_{b2} = U\ I_{2b}$	= 0	97 kVA	124 kVA	172 kVA .

Es ist im Prinzip möglich, die Kompensation auch durch Reihenschaltung einer Reaktanz, d.h. durch Blindspannungskompensation herbeizuführen. Bei Hochspannungsleitungen wird davon gelegentlich Gebrauch gemacht. Bei normalen Verbrauchern ist eine Reihenkompensation meistens nicht zulässig, da sich die Verbraucherspannung dabei möglicherweise stark ändert.

5. Der Transformator

Der Transformator (in der Nachrichtentechnik Übertrager genannt) dient zur Kopplung verschiedener Stromkreise mit Hilfe eines zeitlich veränderlichen magnetischen Feldes. Die Spannungen bzw. Ströme in den Stromkreisen können unabhängig gewählt werden, z.B. Hoch- und Niederspannung, da keine elektrische Verbindung zwischen den Stromkreisen besteht. Transformatoren zählen zu den wichtigsten elektrotechnischen Geräten. Sie werden von kleinsten (< 1 W) bis zu größten (> 500 MW) Leistungen gebaut. Gestalt und Aufbau sind durch Leistung und Verwendungszweck bestimmt und können völlig verschieden sein.

Hier werden nur die allen Transformatoren gemeinsamen physikalischen Grundlagen betrachtet. Berechnung und Konstruktion von Transformatoren ist Gegenstand weiterführender Vorlesungen.

5.1. Magnetische Kopplung zweier Stromkreise

Ein Eisenkern, in dem sich ein magnetischer Fluß auf einer geschlossenen Bahn ausbilden kann, sei von zwei Drahtwicklungen mit dem in Bild 5.1 gezeichneten Wickelsinn umgeben. Im Bild sind die Wicklungen aus zeichnerischen Gründen auf zwei gegenüberliegenden Schenkeln eines rechteckförmigen Eisenkernes angebracht. Bei ausgeführten Transformatoren sind die Wicklungen meist anders angeordnet. Die

Wicklung mit der Windungszahl N_1 wird Primär-, die andere Sekundärwicklung (N_2) genannt. Die Widerstände der Stromkreise einschließlich der Wicklungswiderstände sind R_1 und R_2. Die an den Wicklungsenden angelegten bzw. entstehenden Spannungen seien u_1 und u_2. Bezüglich ihres zeitlichen Verlaufes werden später noch Einschränkungen notwendig.

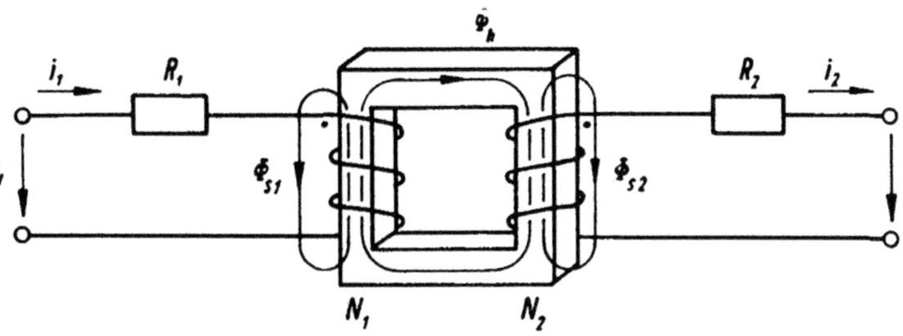

Bild 5.1

Für beide Stromkreise gilt zunächst die Maschenregel. Die induzierte Spannung folgt aus dem Induktionsgesetz mit der in Bild 1.5 erläuterten Zuordnung. Der Wicklungssinn ist dabei durch Punkte angedeutet. (Für den Augenblickswert des magnetischen Flusses wird die Bezeichnung $\phi(t)$ gewählt, da φ üblicherweise die Phasenverschiebung kennzeichnet.)

$$u_1(t) = R_1 i_1 + N_1 \frac{d}{dt}(\phi_h + \phi_{s1}) = R_1 i_1 + N_1 \frac{d\phi_1}{dt}$$

$$u_2(t) = -R_2 i_2 + N_2 \frac{d}{dt}(\phi_h - \phi_{s2}) = -R_2 i_2 + N_2 \frac{d\phi_2}{dt} \quad .$$

Die magnetischen Flüsse in den Wicklungen, ϕ_1 und ϕ_2, sind dabei in je zwei Anteile aufgespalten. ϕ_h ist der beiden Wicklungen gemeinsame Hauptfluß, ϕ_{s1} und ϕ_{s2} sind die sogenannten Streuflüsse, die nur die jeweilige Wicklung induzieren. Die eigentliche Transformatorwirkung kommt durch den Hauptfluß zustande; die Streuflüsse sind in vielen Fällen unerwünscht, sie sind aber unvermeidbar.

Zum magnetischen Fluß ϕ gehört eine magnetische Durchflutung Θ. Der Zusammenhang zwischen Θ und ϕ wird durch das Durchflutungsgesetz vermittelt. Für einen magnetischen Kreis mit der Induktion B, der konstanten Permeabilität $\mu_0\mu_r$, dem Querschnitt A und der Länge l gilt mit der Voraussetzung eines homogenen Feldes

$$\phi = AB = \frac{A\mu_0\mu_r}{l} Ni = \Lambda \cdot \Theta , \qquad \Theta = Ni \; .$$

Λ wird in Analogie zum Ohmschen Gesetz als magnetischer Leitwert, Θ als magnetische Spannung bezeichnet.

Diese Beziehung $\phi = \Lambda \cdot \Theta$ gilt auch bei beliebig inhomogenen Feldern, solange nur die Permeabilität unabhängig von der Durchflutung ist. Durch Anwendung auf die drei Flüsse erhält man

$$\phi_h = \Lambda_h (N_1 i_1 - N_2 i_2) = \Lambda_h N_1 \left(i_1 - \frac{N_2}{N_1} i_2\right) = \Lambda_h N_1 i_{m1}$$

$$\phi_{s1} = \Lambda_{s1} N_1 i_1$$

$$\phi_{s2} = \Lambda_{s2} N_2 i_2 \quad .$$

Dabei wurde der sogenannte primäre Magnetisierungsstrom $i_{m1} = i_1 - \frac{N_2}{N_1} i_2$ eingeführt, der, in der Primärwicklung fließend, die gleiche Durchflutung zur Folge hätte, wie Primär- und Sekundärstrom in der wirklichen Schaltung. Der Magnetisierungsstrom ist nur eine gedachte Größe.

Da die Streufelder nur zum Teil im Eisenkern verlaufen und eine komplizierte Form haben, ist die Berechnung der Streuleitwerte Λ_{s1}, Λ_{s2} meistens nur näherungsweise möglich.

Einsetzen dieser Definitionen in die Spannungsgleichungen liefert

$$u_1 = R_1 i_1 + \Lambda_h N_1^2 \frac{di_{m1}}{dt} + \Lambda_{s1} N_1^2 \frac{di_1}{dt}$$

$$u_2 = -R_2 i_2 + \Lambda_h N_1 N_2 \frac{di_{m1}}{dt} - \Lambda_{s2} N_2^2 \frac{di_2}{dt} \quad .$$

Mit den Abkürzungen

$\Lambda_h N_1^2 = L_{h1}$	auf Primärwicklung bezogene Hauptinduktivität
$\Lambda_h N_1 N_2 = M$	Gegeninduktivität
$\Lambda_{s1} N_1^2 = L_{s1}$, $\Lambda_{s2} N_2^2 = L_{s2}$	primäre und sekundäre Streuinduktivität

erhält man schließlich die für die weiteren Betrachtungen erforderlichen Gleichungen in folgender Form,

$$u_1 = R_1 i_1 + L_{h1} \frac{di_{m1}}{dt} + L_{s1} \frac{di_1}{dt} \tag{1}$$

$$u_2 = -R_2 i_2 + M \frac{di_{m1}}{dt} - L_{s2} \frac{di_2}{dt} \tag{2}$$

$$i_{m1} = i_1 - \frac{N_2}{N_1} i_2 \tag{3}$$

$$\phi_h = \frac{L_{h1}}{N_1} i_{m1} \quad . \tag{4}$$

Bei üblichen Transformatoren ist wegen des Eisenkernes $\mu_r \gg 1$. Daraus folgt

$$\phi_{s1,2} \ll \phi_h \quad \text{und} \quad L_{s1} \ll L_{h1}\,, \quad L_{s2} \ll \left(\frac{N_2}{N_1}\right)^2 L_{h1} = L_{h2}\,.$$

Der Transformator kann im stationären Zustand nicht mit Gleichspannung gespeist werden. Der Primärstrom würde allmählich auf den (thermisch unzulässigen) Endwert $\frac{u_1}{R_1}$ ansteigen, der Fluß würde seinen Sättigungswert annehmen und die Transformatorwirkung würde wegen $\frac{d\phi}{dt} = 0$ zum Erliegen kommen.

5.2. Ersatzschaltbild und Zeigerdiagramm

Für die weiteren Überlegungen ist es vorteilhaft, sich auch von dem in Bild 5.1 noch enthaltenen vereinfachten gerätemäßigen Aufbau zu lösen und eine abstrakte Ersatzschaltung zu verwenden, die den durch die Gleichungen 1...4 gegebenen Sachverhalt illustriert. Eine solche Ersatzschaltung ist in Bild 5.2 dargestellt.

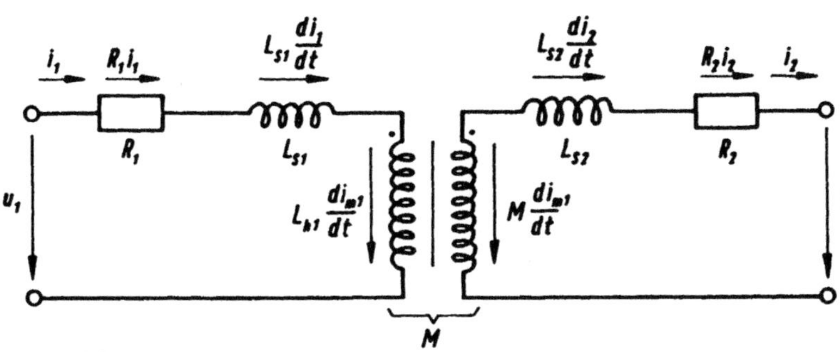

Bild 5.2

Die Kopplung wird nun durch einen idealisierten Transformator bewirkt, der keinen Streufluß besitzt und dessen Wicklungen widerstandsfrei sind (festgekoppelter Transformator).

Für den Fall stationären Wechselstrombetriebes lassen sich die Gleichungen wieder komplex schreiben. Falls sich alle Größen sinusförmig und mit gleicher Frequenz verändern, liefert ein komplexer Ansatz

$$u_1(t) = \frac{\sqrt{2}}{2}\left(\tilde{U}_1 e^{j\omega t} + \tilde{\tilde{U}}_1 e^{-j\omega t}\right)$$

und entsprechend für die anderen Größen, die Gleichungen

$$\tilde{U}_1 = R_1\tilde{I}_1 + j\omega L_{h1}\tilde{I}_{m1} + j\omega L_{s1}\tilde{I}_1 \tag{1a}$$

$$\tilde{U}_2 = -R_2\tilde{I}_2 + j\omega M\tilde{I}_{m1} - j\omega L_{s2}\tilde{I}_2 \tag{2a}$$

$$\tilde{I}_{m1} = \tilde{I}_1 - \frac{N_2}{N_1}\tilde{I}_2 \tag{3a}$$

$$\tilde{\phi}_h = \frac{L_{h1}}{N_1}\tilde{I}_{m1} \quad . \tag{4a}$$

Die Größe ωL_{h1} bezeichnet man manchmal als Haupt-Blindwiderstand und die Größe $j\omega L_{h1}\tilde{I}_{m1}$ als Zeiger der Hauptfeldspannung $\tilde{U}_{h1}$ (sie entspricht der vom Hauptfluß in der Primärwicklung induzierten Spannung). Entsprechendes gilt bei den Streugrößen. In Bild 5.3 sind die Zeigergrößen in das Ersatzschaltbild eingetragen. Falls der Transformator auf der Sekundärseite durch einen Verbraucher mit der Impedanz z_2 belastet wird, kommt zu den Gln. (1a ... 4a) noch die Beziehung

$$\tilde{U}_2 = z_2\tilde{I}_2 \tag{5}$$

hinzu.

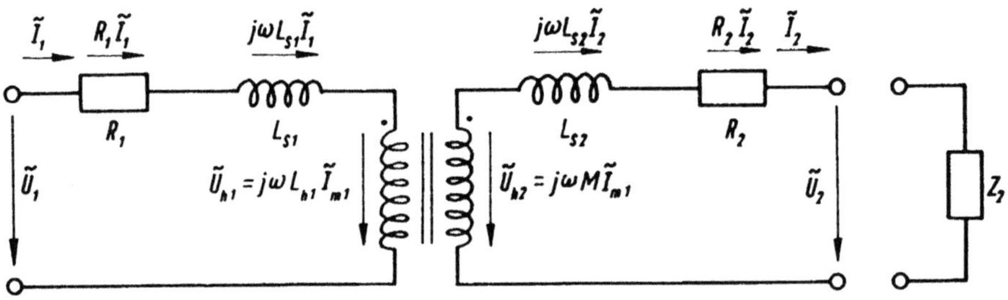

Bild 5.3

Zum besseren Verständnis soll nun ein Zeigerdiagramm des Transformators bei Speisung mit der Wechselspannung $\tilde{U}_1$ entwickelt werden. Aus Gründen der deutlichen Darstellung werden dabei die bei einem Transformator üblicher Bauart auftretenden Größenverhältnisse stark verzerrt gezeichnet (Bild 5.4).

Man beginnt am besten mit den reell angenommenen Zeigern $\tilde{\phi}_h$ und $\tilde{I}_{m1}$ in zunächst beliebigen Maßstäben. Anschließend wird die primäre Hauptspannung $\tilde{U}_{h1} = j\omega L_{h1}\tilde{I}_{m1}$ in einem ebenfalls beliebigen Maßstab, um $\pi/2$ gegen $\tilde{I}_{m1}$ voreilend, eingetragen. Die zugehörige Sekundärspannung

$$\tilde{U}_{h2} = j\omega M\tilde{I}_{m1} = \frac{N_2}{N_1}\tilde{U}_{h1}$$

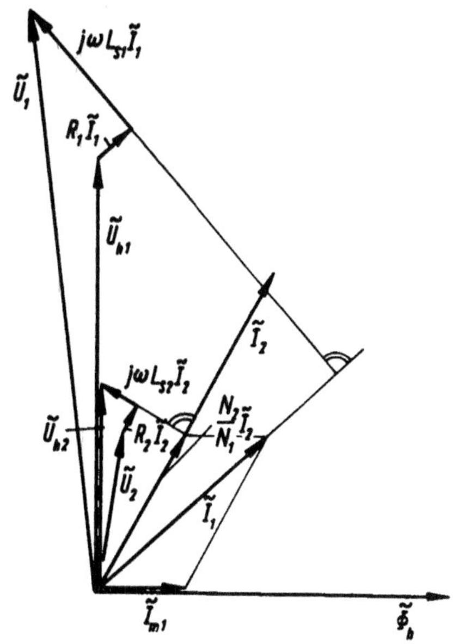

Bild 5.4

unterscheidet sich von $\tilde{U}_{h1}$ nur durch das Windungszahlverhältnis. (Im Bild ist $\frac{N_2}{N_1} = 0{,}5$ angenommen.) Aus den Gln. (2a) und (5) folgt

$$\tilde{I}_2 = \frac{\tilde{U}_{h2}}{R_2 + j\omega L_{s2} + z_2} \quad ;$$

der entsprechende Zeiger wird in dem vorher angenommenen Maßstab aufgetragen. Für das Zeigerdiagramm wurde eine induktive Phasenverschiebung des Stromes $\tilde{I}_2$ zugrundegelegt.

Gl. (3a) liefert als nächstes den zu $\tilde{I}_{m1}$ und $\tilde{I}_2$ gehörenden Primärstrom $\tilde{I}_1$. Durch geometrische Addition der vom Hauptfluß induzierten Spannungen und der ohmschen (R_1, R_2) und induktiven (L_{s1}, L_{s2}) Streuspannungsanteile erhält man schließlich die anzulegende Speisespannung $\tilde{U}_1$ und die Ausgangsspannung $\tilde{U}_2$. Nachträglich kann man nun die Spannungs- und Strommaßstäbe festlegen.

Bei praktischen Transformatoren ist bei Betrieb mit Nennleistung

$$I_{m1} < (0{,}05 \div 0{,}10)\, I_1 \quad ;$$

$\tilde{I}_1$ und $\tilde{I}_2$ sind dann nahezu in Phase.

Außerdem ist bei größeren Transformatoren

$$R_1 I_1 \ll \omega L_{s1} I_1 < (0{,}02 \div 0{,}1)\, U_1 \,,$$
$$R_2 I_2 \ll \omega L_{s2} I_2 < (0{,}02 \div 0{,}1)\, U_2 \,.$$

Die Spannungskomponenten an den Wicklungswiderständen und den Streuinduktivitäten sind also nur kleine Bruchteile der Speisespannung bzw. der nutzbaren Ausgangsspannung.

Der Hauptfluß und der zugehörige Magnetisierungsstrom werden damit im wesentlichen durch die Speisespannung bestimmt. Um Fluß und Magnetisierungsstrom auch bei Belastung, d.h. bei Auftreten einer Sekundärdurchflutung, aufrechterhalten zu können, muß auch der Primärstrom seine Größe und Richtung ändern; auf diese Weise wird der sekundäre Laststrom auf die Primärseite übertragen.

5.3. Vereinfachtes Ersatzschaltbild

Der in Bild 5.3 enthaltene festgekoppelte widerstandsfreie Transformator kann gemäß Bild 5.5 auch als sogenannter idealer Transformator in Verbindung mit einer Magnetisierungsinduktivität L_{h1} dargestellt werden. Ein idealer Transformator entsteht aus einem festgekoppelten Transformator, wenn zusätzlich der Magnetisierungsstrom zu Null angenommen wird; dieser erscheint nun in der gedachten Magnetisierungsinduktivität.

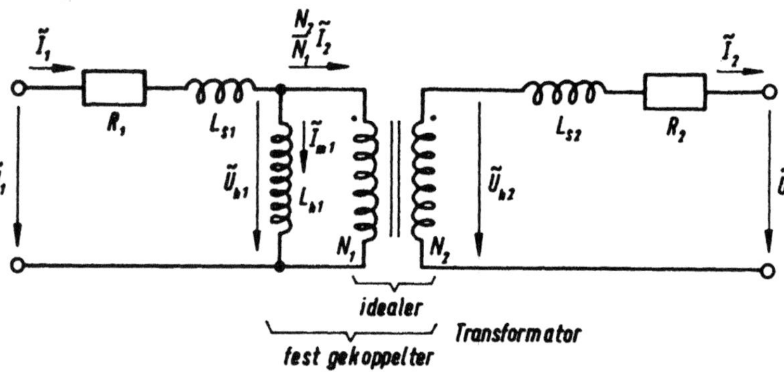

Bild 5.5

Durch Einführung der auf die Primärseite umgerechneten Sekundärgrößen

$$\tilde{U}_2' = \frac{N_1}{N_2}\tilde{U}_2 \,, \qquad \tilde{I}_2' = \frac{N_2}{N_1}\tilde{I}_2 \,,$$

$$R_2' = \left(\frac{N_1}{N_2}\right)^2 R_2 \,, \quad L_{s2}' = \left(\frac{N_1}{N_2}\right)^2 L_{s2} \,, \qquad z_2' = \left(\frac{N_1}{N_2}\right)^2 z_2$$

läßt sich schließlich auch der ideale Transformator eliminieren. Die magnetische Kopplung wird so durch eine galvanische Kopplung ersetzt (Bild 5.6). Dieses vereinfachte Ersatzschaltbild ist bezüglich des Klemmenverhaltens dem ursprünglichen Schaltbild gleichwertig. Der Übergang zum vereinfachten Ersatzschaltbild läßt sich auch formal begründen. Multipliziert man Gl. (2a) und Gl. (5) mit N_1/N_2 und führt die eben definierten Abkürzungen ein, so folgt

$$\widetilde{U}_1 = R_1\widetilde{I}_1 + j\omega L_{s1}\widetilde{I}_1 + j\omega L_{h1}\widetilde{I}_{m1} \qquad (1a)$$

$$\widetilde{U}'_2 = - R'_2\widetilde{I}'_2 - j\omega L'_{s2}\widetilde{I}'_2 + j\omega L_{h1}\widetilde{I}_{m1} \qquad (2b)$$

$$\widetilde{I}_{m1} = \widetilde{I}_1 - \widetilde{I}'_2 \ . \qquad (3b)$$

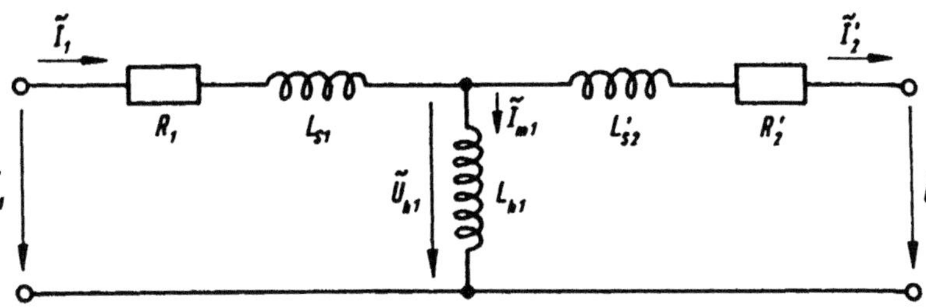

Bild 5.6

Man erkennt, daß das vereinfachte Ersatzschaltbild (Bild 5.6) diese Zusammenhänge zutreffend wiedergibt.

5.4. Einige Sonderfälle

5.4.1. Leerlaufender Transformator

Aus dem vereinfachten Ersatzschaltbild folgt für

$$\widetilde{I}'_2 = 0 \,, \qquad \text{d.h.} \qquad \widetilde{I}_2 = 0 \,, \qquad \widetilde{I}_1 = \widetilde{I}_{m1}$$

und durch Ansatz der Beziehung für einen Spannungsteiler

$$\widetilde{U}'_2 = \widetilde{U}_{h1} = \frac{j\omega L_{h1}}{R_1 + j\omega(L_{h1} + L_{s1})}\,\widetilde{U}_1 \ .$$

$R_1 \ll \omega(L_{h1} + L_{s1})$ liefert die Näherung

$$\frac{\widetilde{U}_2}{\widetilde{U}_1} = \frac{N_2}{N_1}\,\frac{\widetilde{U}'_2}{\widetilde{U}_1} \approx \frac{N_2}{N_1}\,\frac{1}{1 + \dfrac{L_{s1}}{L_{h1}}} \ .$$

Diese Betriebsweise ist bei der Anwendung als Meßtransformator (Spannungswandler) zur Messung hoher Wechselspannungen von Bedeutung; Spannungswandler dürfen nur schwach, d.h. durch einen großen Widerstand, belastet werden, damit durch den Laststrom entstehende Übersetzungsfehler innerhalb enger Toleranzen bleiben.

5.4.2. Sekundär kurzgeschlossener Transformator

Durch Kurzschluß der Sekundärklemmen wird $U_2 = 0$ erzwungen. Falls U_1 unverändert aufrechterhalten wird, fließt in beiden Wicklungen ein Kurzschlußstrom, der das 10 ... 20fache des Nennstromes beträgt. Der Kurzschlußstrom wird nur durch die Streuinduktivitäten und die Wicklungswiderstände begrenzt.

Wird dagegen die Primärspannung soweit abgesenkt, daß trotz des Kurzschlusses nur Nennstrom fließt, dann kann man diesen Betriebszustand beliebig lange aufrechterhalten. Der magnetische Fluß ist dann stark reduziert.

Dem vereinfachten Ersatzschaltbild läßt sich eine Beziehung für die Stromteilung entnehmen

$$\frac{\tilde{I}_2'}{\tilde{I}_1} = \frac{N_2}{N_1}\,\frac{\tilde{I}_2}{\tilde{I}_1} = \frac{j\omega L_{h1}}{R_2' + j\omega(L_{h1} + L_{s2}')} .$$

Mit $R_2' \ll \omega(L_{h1} + L_{s2}')$ folgt daraus die Näherung

$$\frac{\tilde{I}_2}{\tilde{I}_1} \approx \frac{N_1}{N_2}\,\frac{1}{1 + \dfrac{L_{s2}'}{L_{h1}}} .$$

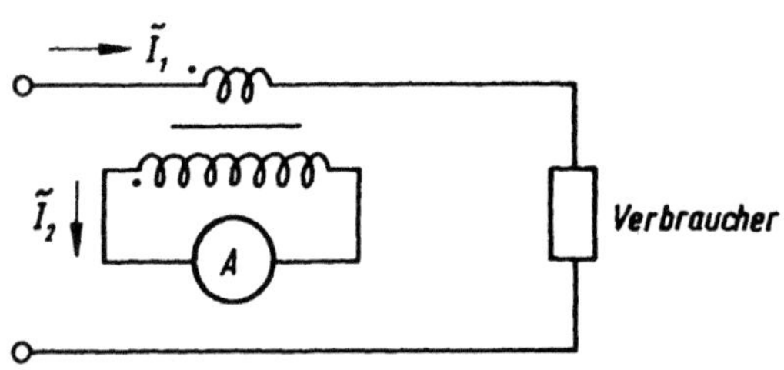

Bild 5.7

Bei der Messung großer Wechselströme werden Meßtransformatoren (Stromwandler) in dieser Betriebsweise verwendet (Bild 5.7). Der Stromwandler muß möglichst im Kurzschluß betrieben werden, um den Magnetisierungsstrom und damit den Strom-Übersetzungsfehler (Betrag und Phase) klein zu halten.

Die Primärwicklung besteht dabei manchmal aus einer einzigen Windung, indem das Hochstromkabel einmal durch die Öffnung des Eisenkernes gesteckt wird.

Vor Entfernen des Strommessers müssen die Sekundärklemmen des Stromwandlers kurzgeschlossen werden, um zu vermeiden, daß hohe Spannungen induziert werden, die zum Durchschlag der Isolation führen können.

5.4.3. Idealer Transformator

Ein sogenannter festgekoppelter Transformator ist widerstandslos und ohne Streufeld; beim idealen Transformator ist außerdem der Magnetisierungsstrom Null ($L_{h1} = \infty$).

Damit gilt

$$\tilde{U}_2 = \frac{N_2}{N_1} \tilde{U}_1$$

$$\tilde{I}_2 = \frac{N_1}{N_2} \tilde{I}_1 \quad .$$

Daraus folgt auch

$$\overset{\approx}{U}_2 \tilde{I}_2 = \overset{\approx}{U}_1 \tilde{I}_1 \quad .$$

Beim idealen Transformator wird die zugeführte Leistung also vollständig und unverzögert auf die Lastseite übertragen. Außerdem gilt

$$\frac{\tilde{U}_1}{\tilde{I}_1} = \left(\frac{N_1}{N_2}\right)^2 \left(\frac{\tilde{U}_2}{\tilde{I}_2}\right) = \left(\frac{N_1}{N_2}\right)^2 z_2 \quad .$$

Eine Impedanz z_2 wird durch einen idealen Transformator also quadratisch mit dem Windungszahlverhältnis auf die Primärseite übertragen. Diese beiden Eigenschaften ermöglichen einfache Leistungsanpassung bei Wechselspannung mit Hilfe von Transformatoren.

Bei wirklichen Transformatoren (mit Verlusten, Streufeldern und Magnetisierungsstrom) gelten diese Ergebnisse bei entsprechender Auslegung angenähert.

6. Allgemeine Verfahren zur Berechnung linearer Netzwerke

6.1. Aufgabenstellung und Lösungsweg

Ein elektrisches Netzwerk bestehe gemäß Bild 6.1 aus P Knotenpunkten und Z Zweigen, die jeweils zwei Knotenpunkte miteinander verbinden. Der zwischen den Knotenpunkten μ und ν liegende Zweig enthalte eine eingeprägte bekannte Spannung $e_{\mu\nu}(t)$ in Reihe mit dem Ohmwiderstand $R_{\mu\nu}$; entsprechendes gilt für die anderen Zweige. Außerdem werden in die Knotenpunkte eingeprägte, d.h. von den auftretenden Spannungen unabhängige bekannte Ströme $i_\mu(t)$ eingespeist.

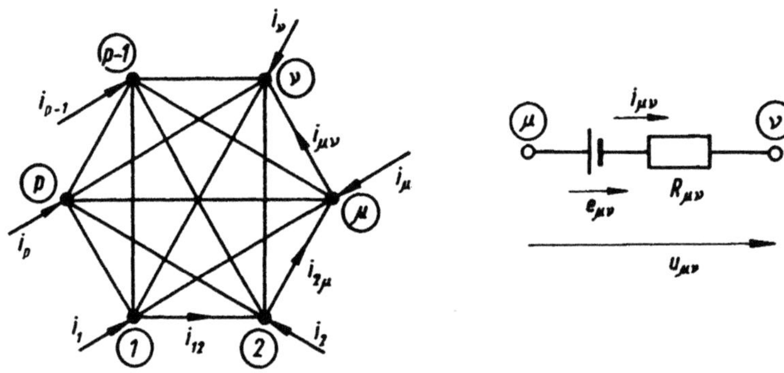

Bild 6.1

In den Zweigen des Widerstandsnetzwerkes fließen als Folge der eingeprägten Spannungen und Ströme die unbekannten Zweigströme $i_{\mu\nu}(t)$. Die ebenfalls unbekannten Zweigspannungen

$$u_{\mu\nu}(t) = e_{\mu\nu}(t) + R_{\mu\nu}\, i_{\mu\nu}(t)$$

folgen aus den Zweigströmen.

Die Aufgabe besteht darin, die Zweigströme $i_{\mu\nu}(t)$ und die Zweigspannungen $u_{\mu\nu}(t)$ zu ermitteln.
Der Einfachheit halber ist zunächst ein Widerstandsnetzwerk angenommen. Die Ergebnisse werden später ohne Schwierigkeiten auf beliebige lineare Netzwerke erweitert.

Ein Netzwerk, in dem jeder Knotenpunkt mit jedem anderen Knotenpunkt durch genau einen Zweig verbunden ist, stellt den allgemeinsten Fall eines Netzwerkes dar. Sind nämlich zunächst zwei Knotenpunkte durch zwei oder mehrere parallele Zweige verbunden, so lassen sich ohne Schwierigkeit zusätzliche Knotenpunkte definieren, so daß die Parallelzweige verschwinden. Wenn andererseits ein Zweig $\mu-\nu$ fehlt, kann man sich diesen Zweig mit der Annahme $R_{\mu\nu} = \infty$ hinzugefügt denken; der zugehörige Strom $i_{\mu\nu}$ ist dann in jedem Betriebszustand Null, d.h. das Netzwerk ist unverändert.

Ein Netzwerk, in dem jeder der P Knotenpunkte mit jedem anderen durch genau einen Zweig verbunden ist, hat Z_{max} Zweige. Man findet Z_{max} durch systematischen Aufbau des Netzwerkes. Beginnend mit den Knotenpunkten 1 und 2, wird ein Knotenpunkt nach dem anderen hinzugefügt und jeweils mit allen bereits vorhandenen verbunden.

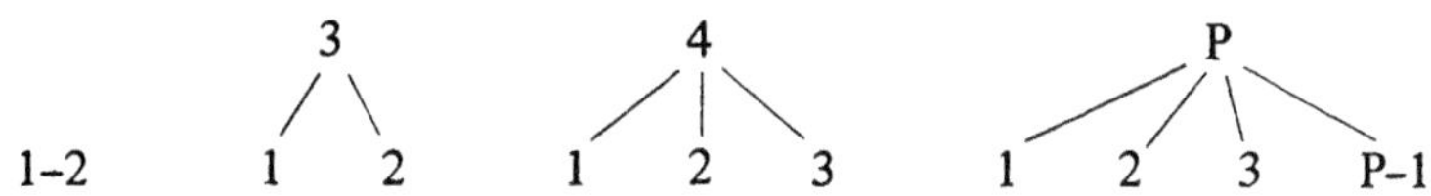

Die Zahl der Zweige ist somit

$$Z_{max} = 1 + 2 + 3 + \ldots + (P-1) = \frac{1}{2} P (P-1) .$$

Dies entspricht gerade der Anzahl der unbekannten Zweigströme $i_{\mu\nu}$. Um diese Unbekannten berechnen zu können, ist eine entsprechende Zahl von unabhängigen Gleichungen erforderlich. Hierfür stehen die Kirchhoffschen Sätze zur Verfügung.

Die *Knotenpunktsregel* läßt sich, z.B. für den Knotenpunkt μ, auf folgende Form bringen (Bild 6.2)

$$i_{\mu 1} + i_{\mu 2} + \ldots + i_{\mu\nu} + \ldots + i_{\mu p} = i_\mu .$$

Bild 6.2

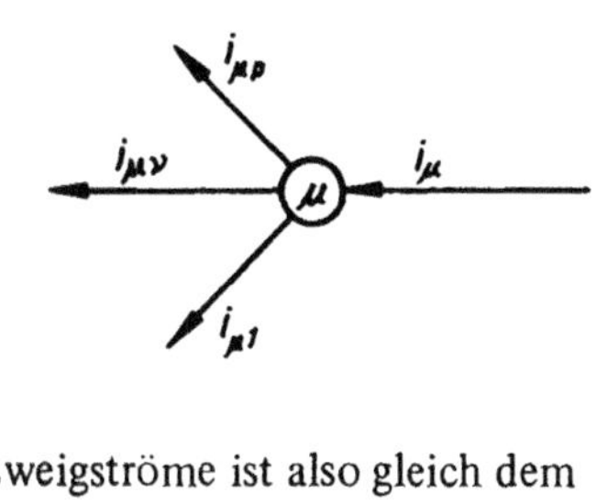

Die Summe der vom Knotenpunkt μ abfließenden Zweigströme ist also gleich dem am Knotenpunkt μ eingespeisten eingeprägten Strom. Setzt man dieses Stromgleichgewicht für jeden Knotenpunkt an, so folgt

$$\begin{aligned}
1: &\quad 0 + i_{12} + i_{13} + \ldots + i_{1p} = i_1 \\
2: &\quad i_{21} + 0 + i_{23} + \ldots + i_{2p} = i_2 \\
&\vdots \\
P: &\quad i_{p1} + i_{p2} + i_{p3} + \ldots + 0 = i_p .
\end{aligned}$$

Dabei kommt jeder Strom genau zweimal vor, denn es gilt $i_{\mu\nu} = -i_{\nu\mu}$.
Durch Addition aller P Gleichungen ergibt sich auf der linken Seite die Summe Null. Damit ist auch

$$i_1 + i_2 + i_3 + \ldots + i_p = 0 \ .$$

Dies ist einleuchtend, da man sich um das gesamte Netzwerk eine geschlossene Hülle gelegt denken kann, die nur von den eingeprägten Strömen durchstoßen wird.

Die Gleichung P ist also die Summe aller übrigen Gleichungen (1, 2, ... , P−1) und kann fortgelassen werden. Die Knotenpunktsregel liefert somit nur P−1 unabhängige Gleichungen.

Die *Maschenregel* sagt aus, daß die Summenspannung auf einem beliebigen geschlossenen Umlauf Null ist, z.B. (Bild 6.3):

$$u_{12} + u_{23} + u_{34} + u_{41} = 0.$$

Dabei gilt wieder

$$u_{\mu\nu} = -u_{\nu\mu}.$$

Diese Aussagen sind nicht für beliebig viele Umläufe voneinander unabhängig, da ein beliebig gewählter Umlauf in früher angenommenen Umläufen enthalten sein kann.

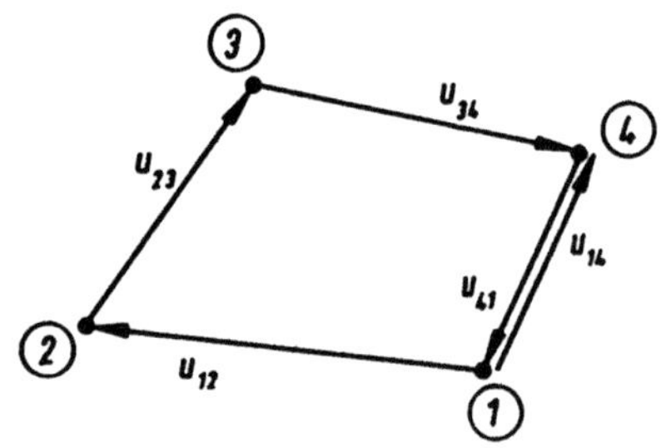

Bild 6.3

Man findet die Zahl M der durch die Maschenregel gelieferten unabhängigen Gleichungen am einfachsten wieder durch systematischen Aufbau eines allgemeinen Netzwerkes: Man wählt zunächst einen beliebigen Zweig, z.B. 1 − 2, und zeichnet sämtliche möglichen Umläufe, die diesen Zweig und einen einzigen weiteren Knotenpunkt enthalten. Dies gibt genau P − 2 Umläufe:

$$1-2-3-1\,,\quad 1-2-4-1\,,\quad 1-2-5-1\,,\quad 1-2-(P-1)-1\,,$$
$$1-2-P-1\,.$$

Anschließend wählt man einen der bereits belegten Zweige, z. B. den Nachbarzweig 2 − 3, und zeichnet alle möglichen Umläufe, die einen einzigen weiteren Knotenpunkt und mindestens einen noch nicht belegten Zweig enthalten. Dies ergibt genau P − 3 neue Umläufe

$$2-3-4-2\,,\quad 2-3-5-2\,,\ldots\ 2-3-(P-1)-2\,,\quad 2-3-P-2\,.$$

Dieses Verfahren wird fortgesetzt, bis zum Schluß nur noch ein einziger Umlauf $(P-2)-(P-1)-P-(P-2)$ möglich ist, der den einzigen noch unbelegten Zweig $(P-1)-P$ enthält.

Auf diese Weise entstehen

$$M = (P-2) + (P-3) + \ldots + 1 = \frac{1}{2}(P-1)(P-2) \text{ Gleichungen.}$$

Sie sind voneinander unabhängig, da bei jedem Umlauf mindestens ein neuer Zweig hinzukam.

Die Gesamtanzahl der aus den Kirchhoffschen Sätzen folgenden unabhängigen Gleichungen ist somit

$$P - 1 + \frac{1}{2}(P-1)(P-2) = \frac{1}{2}P(P-1).$$

Sie entspricht genau der Anzahl der unbekannten Zweigströme. Das gestellte Problem ist daher in jedem Falle und ohne zusätzliche Einschränkungen lösbar.

Die meisten Netzwerke enthalten nicht alle möglichen Zweige. Dadurch reduziert sich die Anzahl der Unbekannten und in entsprechender Weise die der unabhängigen Gleichungen.

6.2. Berechnung des Netzwerkes durch Ansatz von Kreisströmen (Maxwell)

6.2.1. Begründung

Im vorigen Abschnitt wurde gezeigt, daß die Berechnung der Z Zweigströme auf ein System von Z linearen Gleichungen führt, wobei $P - 1$ Gleichungen aus der Knotenpunktsregel und $M = Z - P + 1$ Gleichungen aus der Maschenregel folgen. Das Berechnungsverfahren läßt sich vereinfachen, wenn man anstelle der Z Zweigströme als neue Unbekannte $M = Z - P + 1$ sogenannte Kreisströme verwendet, die in geschlossenen Bahnen fließen sollen. Wegen der Geschlossenheit der angenommenen Strombahnen ist die Knotenpunktsregel von selbst erfüllt, so daß nur noch die M Maschengleichungen für die M Kreisstrombahnen anzusetzen sind. Dies bedeutet eine erhebliche Vereinfachung der Rechnung. Die gesuchten Zweigströme entstehen dann durch lineare Kombination aus den vorher berechneten Kreisströmen. Die zugehörigen Koeffizienten sind entweder ± 1 oder 0; sie lassen sich unmittelbar aus der Schaltung ablesen.

Die Wahl der Kreisstrombahnen ist an sich beliebig, jedoch ist darauf zu achten, daß keine abhängigen Maschengleichungen entstehen und daß das Netzwerk hinreichend beschrieben wird. Es gibt für die Wahl der Kreisstrombahnen neben dem

in Abschnitt 6.1 beschriebenen ein schlüssiges topologisches Verfahren („vollständiger Baum und System der unabhängigen Zweige"), das in einer anderen Vorlesung behandelt wird. Hier genüge der Hinweis, daß
a) beim schrittweisen Ansatz der Kreisströme (Maschen) jede Masche wenigstens einen einzigen neuen und bisher unbelegten Zweig enthalten muß und daß
b) zum Schluß jeder Zweig mindestens einen Kreisstrom führen muß.
Wenn eingeprägte Ströme vorhanden sind, ist noch eine weitere Regel zu beachten, die anschließend behandelt wird.

Das Berechnungsverfahren mit Kreisströmen ist, mathematisch gesehen, eine Transformation auf spezielle, besonders günstige Koordinaten, durch die sich die Zahl der Variablen reduziert. Dies entspricht z.B. der Anwendung von Kugelkoordinaten (φ,ϑ) anstelle von cartesischen Koordinaten (x, y, z) zur Beschreibung der Lage eines Punktes auf einer Kugel.

Die Anwendung des Verfahrens wird am besten durch ein einfaches Beispiel erläutert.

6.2.2. Beispiel und Verallgemeinerung

Bild 6.4 zeigt ein vollständiges Viereck mit P = 4 Knotenpunkten und Z = 6 Zweigen. Jeder der Zweige enthalte gemäß Bild 6.1 eine eingeprägte Spannung $e_{\mu\nu}$ und einen Widerstand $R_{\mu\nu}$.

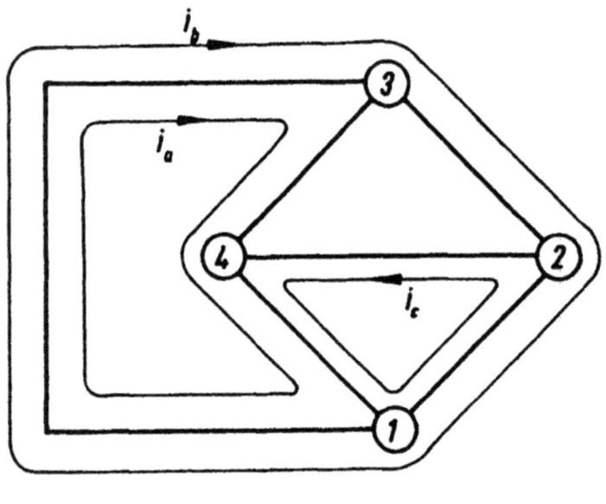

Bild 6.4

Die Knotenpunktsregel liefert P – 1 = 3 Gleichungen, so daß M = Z – P + 1 = 3 Kreisströme und 3 Maschengleichungen erforderlich sind.

Aufgrund der Hinweise lassen sich in der Schaltung z.B. folgende Kreisströme definieren:

i_a auf Bahn 1 – 3 – 4 – 1
i_b auf Bahn 1 – 3 – 2 – 1
i_c auf Bahn 1 – 2 – 4 – 1 .

Die Maschengleichung für die Bahn, z.B. des Kreisstromes i_a, lautet mit den zunächst unbekannten Kreisströmen und mit $R_{\mu\nu} = R_{\nu\mu}$

$$u_{13} + u_{34} + u_{41} = R_{13}(i_a + i_b) + R_{34} i_a + R_{14}(i_a + i_c) + e_{13} + e_{34} + e_{41} = 0$$

oder

$$(R_{13} + R_{34} + R_{14}) i_a + R_{13} i_b + R_{14} i_c = -(e_{13} + e_{34} + e_{41}) .$$

Entsprechende Gleichungen gelten für die Bahnen b und c. Man erhält auf diese Weise folgendes Gleichungssystem

$$(R_{13} + R_{34} + R_{14}) i_a + R_{13} i_b + R_{14} i_c = -(e_{13} + e_{34} + e_{41})$$

$$R_{13} i_a + (R_{12} + R_{23} + R_{13}) i_b - R_{12} i_c = -(e_{13} + e_{32} + e_{21})$$

$$R_{14} i_a - R_{12} i_b + (R_{12} + R_{24} + R_{14}) i_c = -(e_{12} + e_{24} + e_{41}) .$$

Der prinzipielle Aufbau des Gleichungssystems ist leicht zu erkennen. In der Hauptdiagonale der linken Seite stehen die positiven Eigenwiderstände der Kreisströme, außerhalb der Diagonale die Kopplungswiderstände. Bei gleichsinnigem Stromfluß im Koppelwiderstand erscheint dessen Wert positiv, andernfalls negativ. Da sich eine Kopplung in beiden Maschen in gleicher Weise auswirkt, sind die Koeffizienten der linken Seite zur Hauptdiagonale symmetrisch. Auf der rechten Seite stehen die negativen Summen der in der jeweiligen Masche eingeprägten Spannungen (in Umlaufrichtung positiv definiert).

Aufgrund dieses übersichtlichen Aufbaues ist es möglich, das Gleichungsschema nach Festlegung der Kreisströme sofort anzuschreiben. Die Auflösung nach den unbekannten Kreisströmen erfolgt im allgemeinen durch schrittweise Elimination. Für die vorliegenden allgemeinen Betrachtungen ist jedoch das Cramersche Verfahren übersichtlicher.

Das Gleichungssystem lautet in abgekürzter Form

$$R_{aa} i_a + R_{ab} i_b + R_{ac} i_c = -e_a$$

$$R_{ab} i_a + R_{bb} i_b + R_{bc} i_c = -e_b$$

$$R_{ac} i_a + R_{bc} i_b + R_{cc} i_c = -e_c \quad .$$

Dabei sind die Abkürzungen

$$R_{13} + R_{34} + R_{14} = R_{aa} \quad \text{usw.}$$

und

$$e_{13} + e_{34} + e_{41} = e_a \quad \text{usw.}$$

eingeführt.

Das Ergebnis, z.B. für den Strom i_a, lautet in Determinantenform

$$i_a = \frac{\begin{vmatrix} -e_a & R_{ab} & R_{ac} \\ -e_b & R_{bb} & R_{bc} \\ -e_c & R_{bc} & R_{cc} \end{vmatrix}}{\begin{vmatrix} R_{aa} & R_{ab} & R_{ac} \\ R_{ab} & R_{bb} & R_{bc} \\ R_{ac} & R_{bc} & R_{cc} \end{vmatrix}} = \frac{D_{1a}}{D}(-e_a) + \frac{D_{2a}}{D}(-e_b) + \frac{D_{3a}}{D}(-e_c) .$$

D ist die Nenner-Determinante und $D_{1a} \div D_{3a}$ sind die bei Entwicklung nach der ersten Spalte entstehenden Unterdeterminanten einschließlich der durch die Zeilennummer bestimmten alternierenden Vorzeichen.

Da die Spannungen e_a, e_b und e_c Kombinationen aller eingeprägten Spannungen sind, folgt schließlich das Ergebnis

$$i_a = a_{12}e_{12} + a_{23}e_{23} + a_{34}e_{34} + \ldots = \sum_{\mu < \nu} a_{\mu\nu}e_{\mu\nu} .$$

Entsprechende Ausdrücke gelten für die anderen Kreisströme. Die Kreisströme sind also Linearkombinationen aller eingeprägten Spannungen. In Sonderfällen können einzelne der Einflußfaktoren Null sein.

Nachdem die Kreisströme bekannt sind, können auch die Zweigströme ohne Schwierigkeiten bestimmt werden. Aufgrund der Schaltung findet man sofort die Zweigströme

$$\begin{aligned} i_{12} &= \quad\; - i_b + i_c \\ i_{23} &= \quad\; - i_b \\ i_{34} &= i_a \\ i_{14} &= -i_a \qquad - i_c \\ i_{24} &= \qquad\qquad i_c \\ i_{13} &= i_a + i_b \end{aligned}$$

Hieraus ist ersichtlich, daß die Knotenpunktsregel durch den Ansatz der Kreisströme in der Tat von selbst erfüllt ist; z.B. gilt

$$i_{13} + i_{43} + i_{23} = i_a + i_b - i_a - i_b = 0 .$$

Auch die Zweigströme sind also Linearkombinationen aller eingeprägten Spannungen. Dieses Ergebnis erinnert z.B. an die Bestimmung der Stabkräfte in Fachwerken, wo jede Stabkraft eine Linearkombination sämtlicher von außen angreifenden Kräfte ist.

Hinweise:

a) Die Kreisströme können auch in einem unvollständigen Vieleck angesetzt werden. Bei der in Bild 6.5 gezeichneten Schaltung gilt

$P = 6, \qquad Z = 9, \qquad M = Z - P + 1 = 4 .$

Als Kreisströme können dann z B. gewählt werden

i_a 1 – 2 – 3 – 6 – 1
i_b 1 – 2 – 3 – 4 – 1
i_c 1 – 2 – 5 – 6 – 1
i_d 1 – 2 – 3 – 4 – 5 – 6 – 1 .

b) Die vorher abgeleitete Anzahl M von Kreisströmen gilt auch bei Netzwerken mit Parallelzweigen. Für das in Bild 6.6 gezeigte Netzwerk ist

$P = 2, \quad Z = 3, \quad M = Z - P + 1 = 2 .$

Das gleiche Ergebnis für M würde man nach Definition von zusätzlichen Knotenpunkten 3 und 4 erhalten

$P = 4, \quad Z = 5, \quad M = 2 .$

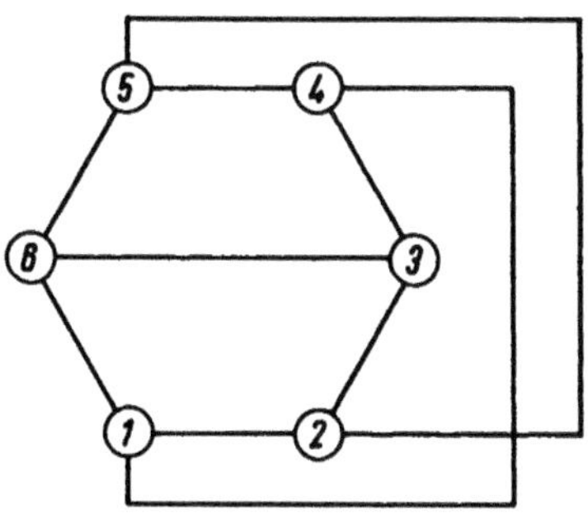

Bild 6.5

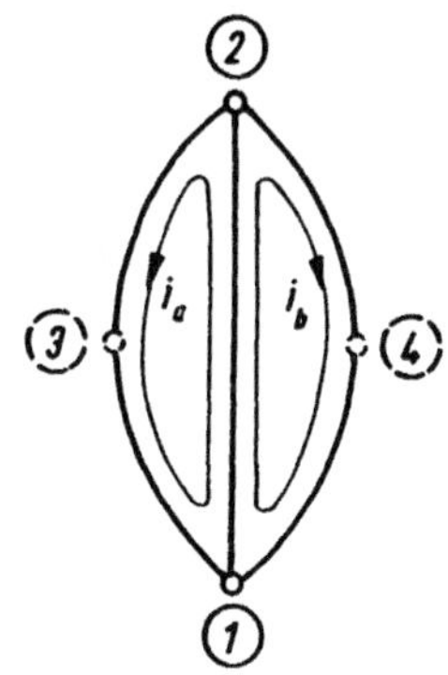

Bild 6.6

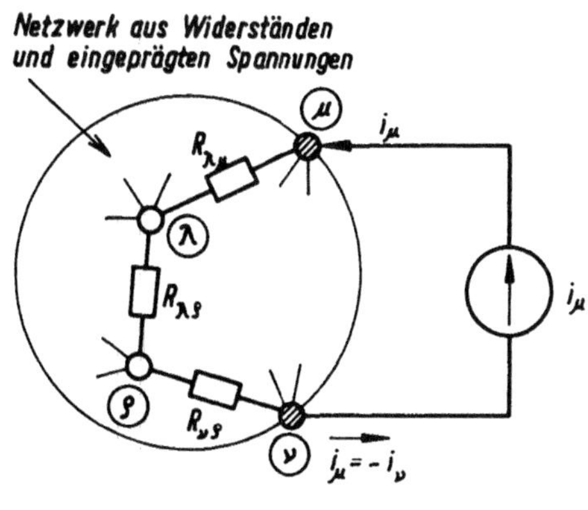

Bild 6.7

c) Wenn eingeprägte Ströme in die Knotenpunkte eingespeist werden, ist folgendermaßen zu verfahren:
Der durch eine Stromquelle zwischen den Knotenpunkten μ und ν (Bild 6.7) eingeprägte Strom i_μ kann im Netzwerk über einen beliebigen Weg zum Knotenpunkt ν fließend angenommen werden. Die als Folge des eingeprägten Stromes an den Zweigwiderständen auftretenden Spannungen $R_{\lambda\mu} i_\mu$, $R_{\lambda\rho} i_\mu$, $R_{\nu\rho} i_\mu$ sind dann in den betroffenen Zweigen wie zusätzliche eingeprägte Spannungen zu behandeln.

Das Berechnungsverfahren mit Kreisströmen ist allgemein und läßt sich in jedem Fall anwenden. Spezielle Methoden werden es uns aber später ermöglichen, in nicht zu komplizierten Fällen mit einem Bruchteil des für das Kreisstromverfahren nötigen Arbeitsaufwandes auszukommen.

6.2.3. Beispiel: Berechnung der Vierpol-Eigenschaften einer Brückenschaltung

Die in Bild 6.8 gezeigte Brückenschaltung aus vier Widerständen wird mit der eingeprägten Spannung e_{31} gespeist. Die Eigenschaften bei Belastung der Brückendiagonale, d.h. vor allem die Ausgangsspannung u_{24} und der aufgenommene Strom i_{13}, sollen als Funktion des Belastungsstromes i_{24} berechnet werden. Diese Betriebsweise läßt sich auch vereinfacht durch das Schaltbild eines sogenannten Vierpols wiedergeben. Das Widerstandsnetzwerk ist dabei in dem Kästchen enthalten zu denken; es ist nur an den zwei herausgeführten Klemmenpaaren zugänglich.

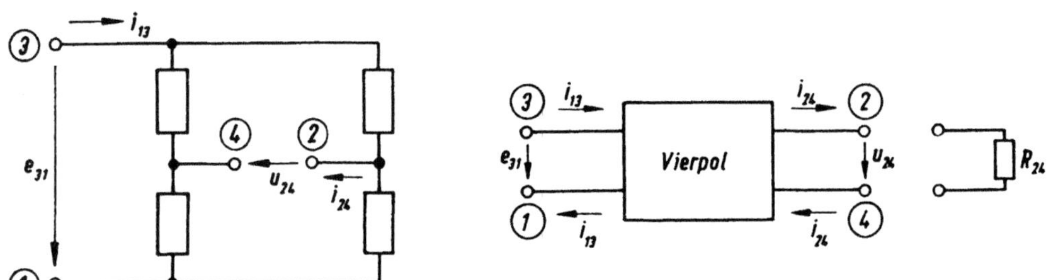

Bild 6.8

Später werden Verfahren beschrieben, mit denen sich einfache Aufgaben dieser Art ohne größere Rechnung sofort lösen lassen. Im vorliegenden Fall soll jedoch das Kreisstromverfahren demonstriert werden.

Die Art der Belastung der Brückendiagonale ist in der Aufgabenstellung zunächst offen gelassen. Es kann sich dabei um einen einfachen Widerstand oder um ein komplizierteres Belastungsnetzwerk handeln, das auch eingeprägte Spannungen oder

Ströme enthalten kann. Man berücksichtigt diese Tatsache am einfachsten dadurch, daß man die Spannung u_{24} oder den Strom i_{24} (aber nicht beide) als willkürlich veränderliche eingeprägte Größen einführt. Falls nachher eine einfache Ohmsche Belastung vorliegt, kann mit $u_{24} = R_{24} i_{24}$ eine der beiden Größen sofort eliminiert werden.

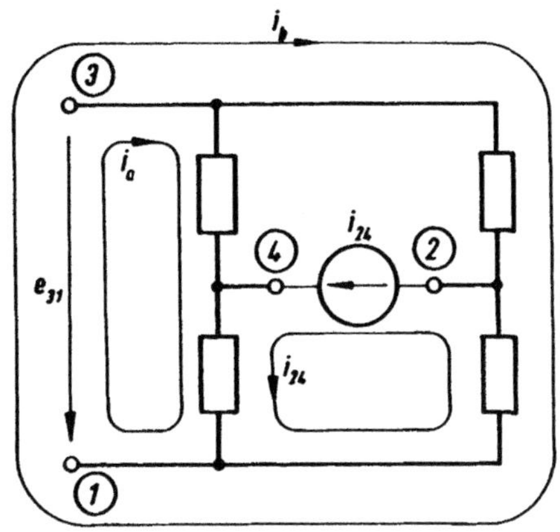

Bild 6.9

Nimmt man i_{24} als eingeprägten Strom an, so erhält die Schaltung die in Bild 6.9 gezeigte Form. Da der Zweig 2 – 4 über eine Stromquelle geschlossen wird, ist er außerhalb des Netzwerkes liegend zu denken. Damit ist Z = 5, P = 4. Man benötigt also M = Z – P + 1 = 2 Maschengleichungen, d.h. zwei Kreisströme i_a und i_b. Der eingezeichnete Verlauf ist besonders günstig, da der Zweig 1 – 3 widerstandsfrei ist und die Kreisströme daher nicht gekoppelt sind.
Der eingeprägte Strom i_{24} kann beliebig, z.B. in der gezeichneten Art über das Netzwerk geführt werden.
Die beiden Maschengleichungen werden wegen der Entkopplung sehr einfach

$$(R_{14} + R_{34}) i_a = e_{31} - R_{14} i_{24}$$
$$(R_{12} + R_{23}) i_b = e_{31} + R_{12} i_{24} .$$

Daraus folgen die Kreisströme i_a und i_b. Damit wird der Eingangsstrom

$$i_{13} = i_a + i_b = \left(\frac{1}{R_{12} + R_{23}} + \frac{1}{R_{14} + R_{34}}\right) e_{31} + \left(\frac{R_{12}}{R_{12} + R_{23}} - \frac{R_{14}}{R_{14} + R_{34}}\right) i_{24} .$$

Die Ausgangsspannung u_{24} ist wegen der Maschenregel

$$u_{24} = R_{34} i_a - R_{23} i_b$$

oder mit den oben berechneten Kreisströmen und einer einfachen Zwischenrechnung

$$u_{24} = \left(\frac{R_{12}}{R_{12} + R_{23}} - \frac{R_{14}}{R_{14} + R_{34}}\right) e_{31} - \left(\frac{R_{14} R_{34}}{R_{14} + R_{34}} + \frac{R_{12} R_{23}}{R_{12} + R_{23}}\right) i_{24} .$$

Beide Größen, i_{13} und u_{24}, sind also Linearkombinationen der eingeprägten, bzw. als eingeprägt angenommenen Größen e_{31} und i_{24}.

Der Ausdruck für die Ausgangsspannung läßt sich auch in der Form

$$u_{24} = u_{24L} - R_i i_{24}$$

schreiben. Dabei wird

$$u_{24L} = \left(\frac{R_{12}}{R_{12} + R_{23}} - \frac{R_{14}}{R_{14} + R_{34}}\right) e_{31}$$

als Leerlaufspannung und

$$R_i = \frac{R_{14} R_{34}}{R_{14} + R_{34}} + \frac{R_{12} R_{23}}{R_{12} + R_{23}}$$

als Innenwiderstand bezeichnet.

Bei Ohmscher Belastung der Brücke wird wegen

$$u_{24} = R_{24} i_{24}$$

die Ausgangsspannung

$$u_{24} = u_{24L} - \frac{R_i}{R_{24}} u_{24}$$

oder

$$u_{24} = \frac{R_{24}}{R_{24} + R_i} u_{24L} .$$

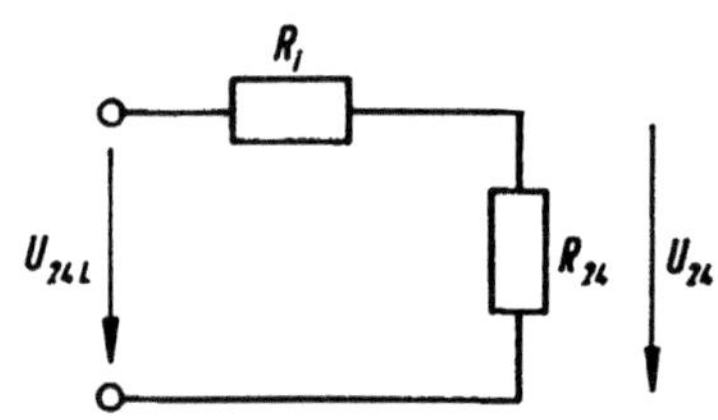

Bild 6.10

Dieser Ausdruck erinnert an die Gleichung eines Spannungsteilers (Bild 6.10). Wir werden auf diese Frage zu einem späteren Zeitpunkt zurückkommen.

Im Fall der abgeglichenen Brücke,

$$\frac{R_{12}}{R_{23}} = \frac{R_{14}}{R_{34}}$$

wird $u_{24L} = 0$, d.h. die Ausgangsspannung u_{24} wird unabhängig von der eingeprägten Spannung e_{31}. Gleichzeitig wird auch der Eingangsstrom i_{13} unabhängig vom Strom i_{24} in der Brückendiagonale. Der Abgleichzustand der Brückenschaltung gilt also in beiden Richtungen.

6.2.4. Erweiterung des Kreisstromverfahrens auf Wechselstrom

Das Berechnungsverfahren mit Hilfe von Kreisströmen beruht auf der Anwendung der Kirchhoffschen Sätze; es kann auch zur Berechnung von Wechselstromschaltungen herangezogen werden. Das Netzwerk besteht dabei aus Widerständen, Kondensatoren, Induktivitäten und Transformatoren; die Anregung erfolgt durch sinusförmige Wechselspannungen und sinusförmige Ströme gleicher Frequenz.

Die komplexe Schreibweise für die Zweigströme lautet

$$i_{\mu\nu}(t) = \frac{\sqrt{2}}{2}\left(\widetilde{I}_{\mu\nu} \cdot e^{j\omega t} + \overline{\widetilde{I}}_{\mu\nu} \cdot e^{-j\omega t}\right) .$$

$\widetilde{I}_{\mu\nu}$ ist wieder der Zeiger des Zweigstromes. Entsprechende Ansätze gelten für die eingeprägten Spannungen und Ströme; an die Stelle der Widerstände treten die komplexen Impedanzen.

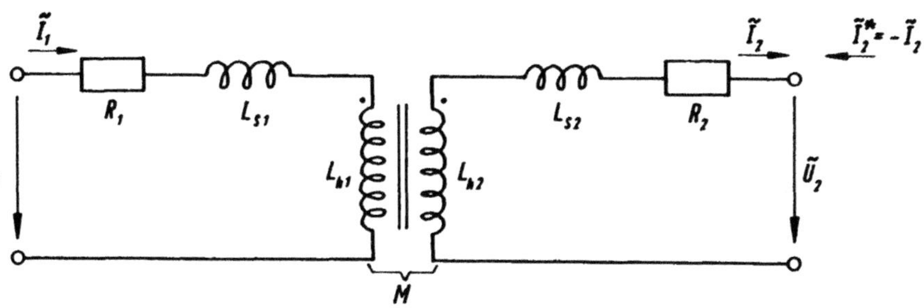

Bild 6.11

Die in Abschnitt 5.2 abgeleiteten Transformatorgleichungen werden dabei zur einfacheren Handhabung noch etwas umgeschrieben. Nach Bild 6.11 gelten mit

$$L_{h1} = \Lambda_h N_1^2 , \qquad L_{h2} = \Lambda_h N_2^2 , \qquad M = \Lambda_h N_1 N_2$$

und

$$L_1 = L_{h1} + L_{s1} , \qquad L_2 = L_{h2} + L_{s2}$$

die Spannungsgleichungen

$$\widetilde{U}_1 = (R_1 + j\omega L_1)\widetilde{I}_1 - j\omega M \widetilde{I}_2$$

$$\widetilde{U}_2 = j\omega M \widetilde{I}_1 - (R_2 + j\omega L_2)\widetilde{I}_2 .$$

Wählt man den symmetrischen Ansatz $\widetilde{I}_2^* = -\widetilde{I}_2$, so lauten die Gleichungen

$$\widetilde{U}_1 = (R_1 + j\omega L_1)\widetilde{I}_1 + j\omega M \widetilde{I}_2^*$$

$$\widetilde{U}_2 = j\omega M \widetilde{I}_1 + (R_2 + j\omega L_2)\widetilde{I}_2^* .$$

Ein Ausschnitt eines Wechselstromnetzwerkes mit Kreisströmen kann z.B. die in Bild 6.12 gezeigte Form haben.

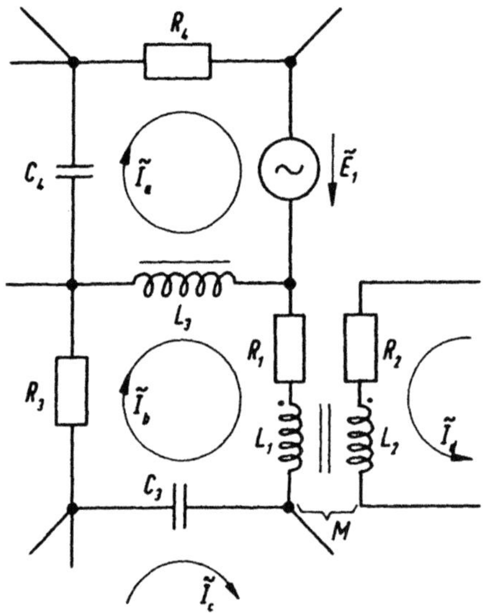

Bild 6.12

Die zugehörigen unvollständigen Maschengleichungen lauten:

$$\left(R_4 + j\omega L_3 + \frac{1}{j\omega C_4}\right)\tilde{I}_a - j\omega L_3 \tilde{I}_b = -\tilde{E}_1$$

$$-j\omega L_3 \tilde{I}_a + \left(R_1 + R_3 + j\omega(L_1 + L_3) + \frac{1}{j\omega C_3}\right)\tilde{I}_b - \frac{1}{j\omega C_3}\tilde{I}_c + j\omega M \tilde{I}_d = 0$$

$$-\frac{1}{j\omega C_3}\tilde{I}_b \qquad + \left(\frac{1}{j\omega C_3} + \ldots\right)\tilde{I}_c + \ldots \quad = \ldots$$

$$j\omega M \tilde{I}_b \qquad + (R_2 + j\omega L_2 + \ldots)\tilde{I}_d = \ldots$$

Die Lösung dieser Gleichungen geschieht wie vorher, z.B. durch schrittweise Elimination.

6.3. Berechnung der Zweigströme mit Hilfe der Knotenpunktsspannungen

6.3.1. Begründung

Beim vorher erläuterten Verfahren wurden geschlossene Kreisströme eingeführt, um zu erreichen, daß die Knotenpunktsgleichungen in jedem Fall erfüllt sind. Bei dem nun zu besprechenden Verfahren werden die Unbekannten so gewählt, daß die Maschengleichungen von selbst erfüllt sind; übrig bleiben dann die P − 1 Knotenpunktsgleichungen.

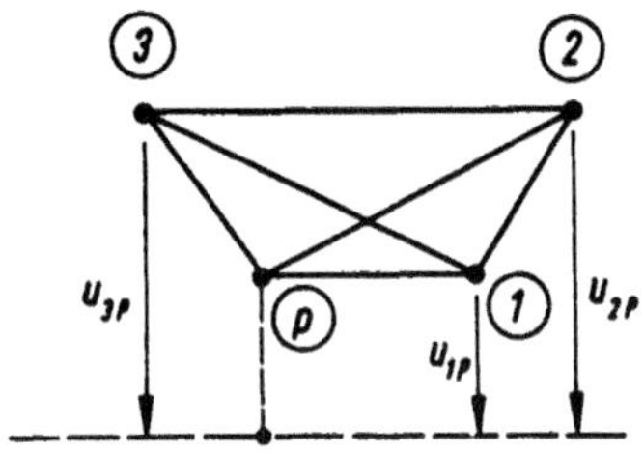

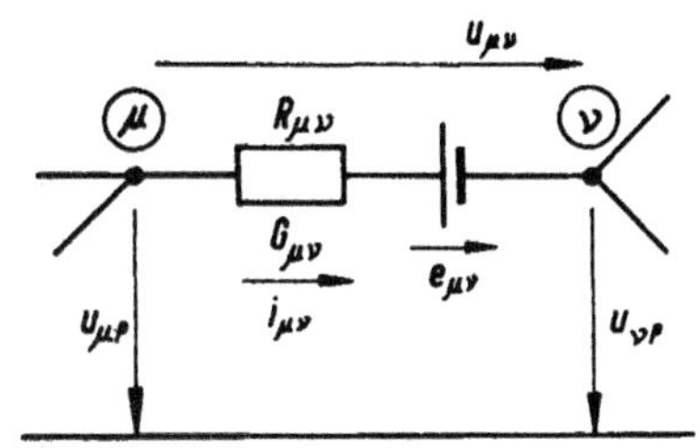

Bild 6.13

Als Hilfsgrößen werden gemäß Bild 6.13 die Spannungen der Knotenpunkte 1, 2, ... , P − 1 gegenüber dem als Bezugspunkt verwendeten Knotenpunkt P definiert.

Die Spannung $u_{\nu p}$ kann auch als Potentialdifferenz

$$u_{\nu p} = \varphi_\nu - \varphi_p$$

geschrieben werden. Setzt man willkürlich $\varphi_p = 0$, so ist $u_{\nu p} = \varphi_\nu$. Man bezeichnet $u_{\nu p}$ deshalb auch als Knotenpunktspotential. Das Verfahren wird zunächst wieder für ein Widerstandsnetzwerk mit eingeprägten Spannungen und Strömen erläutert. Anschließend kann man die Ergebnisse wieder auf Wechselstromschaltungen erweitern.

Die Maschenregel wird unter Verwendung der Knotenpunktsspannungen für jeden Zweig angesetzt (Bild 6.13)

$$u_{\mu\nu} = u_{\mu p} - u_{\nu p} = e_{\mu\nu} + R_{\mu\nu} i_{\mu\nu}$$

und mit

$$G_{\mu\nu} = \frac{1}{R_{\mu\nu}}$$

nach dem Zweigstrom aufgelöst

$$i_{\mu\nu} = G_{\mu\nu}(u_{\mu p} - u_{\nu p} - e_{\mu\nu})\,. \tag{1}$$

Diese Ausdrücke werden in die P − 1 Knotenpunktsgleichungen für die Knotenpunkte 1, 2, ... , P − 1 eingesetzt. Für den Knotenpunkt μ gilt dann entsprechend Bild 6.2

$$i_{\mu 1} + i_{\mu 2} + \ldots + i_{\mu\, p-1} + i_{\mu p} = i_\mu \ .$$

Dabei ist i_μ wieder der von außen in den Knotenpunkt μ eingeprägte Strom. Mit den Ausdrücken für die Zweigströme erhält diese Gleichung folgende Form

$$G_{\mu 1}(u_{\mu p} - u_{1p}) + G_{\mu 2}(u_{\mu p} - u_{2p}) + \ldots + G_{\mu, p-1}(u_{\mu p} - u_{p-1,p}) + G_{\mu p}(u_{\mu p} - 0)$$

$$= \sum_{\nu=1}^{p} G_{\mu\nu} e_{\mu\nu} + i_\mu \ .$$

Diese Gleichungen werden nun für $\mu = 1, 2, \ldots, P-1$ angeschrieben und nach den unbekannten Knotenpunktsspannungen geordnet.

Dadurch entsteht ein System von P − 1 linearen Gleichungen für die P − 1 unbekannten Knotenpunktsspannungen.

u_{1p}	$u_{\mu p}$	$u_{p-1,p}$	
$\sum\limits_{\nu=2,3,..}^{p} G_{1\nu}$	$-G_{1\mu}$	$-G_{1,p-1}$	$\sum\limits_{\nu=2}^{p} G_{1\nu} e_{1\nu} + i_1$
$-G_{\mu 1}$	$\sum\limits_{\nu=1,2,..;\ \neq \mu}^{p} G_{\mu\nu}$	$-G_{\mu,p-1}$	$\sum\limits_{\nu=1,2,..;\ \neq \mu}^{p} G_{\mu\nu} e_{\mu\nu} + i_\mu$
$-G_{p-1,1}$	$-G_{p-1,\mu}$	$\sum\limits_{\nu=1,2,..;\ \neq p-1}^{p} G_{p-1,\nu}$	$\sum\limits_{\nu=1,2,..;\ \neq p-1}^{p} G_{p-1,\nu} e_{p-1,\nu} + i_{p-1}$

Wegen $G_{\mu\nu} = G_{\nu\mu}$ sind die Koeffizienten zur Hauptdiagonale symmetrisch. Sobald dieses Gleichungssystem gelöst ist und die Knotenpunktsspannungen bekannt sind, folgen aus Gl. (1) auch die Zweigströme.

Während die Anordnung der Kreisströme beim ersten Berechnungsverfahren einige Überlegung erforderte, ist das Verfahren mit Knotenpunktsspannungen völlig schematisch aufgebaut. Es eignet sich daher besonders gut zur Bearbeitung mit dem Digitalrechner. Das Gleichungssystem wird dabei als Matrizengleichung formuliert; nach Eingabe der Koeffizienten läuft die Matrizeninversion (Auflösung des Gleichungssystems) völlig selbständig nach Programmen ab, die in jedem Rechenzentrum fertig vorliegen.

Die Erweiterung auf Wechselstromschaltungen ist hier in gleicher Weise wie beim Kreisstromverfahren möglich. An die Stelle des Leitwertes $G_{\mu\nu}$ tritt die entsprechende komplexe Admittanz $y_{\mu\nu}$. Besondere Überlegungen sind nur bei Anwesenheit von Transformatoren erforderlich, da wegen der galvanisch getrennten Stromkreise nicht alle Knotenpunktsspannungen definiert sind. Wie das vereinfachte Ersatzschaltbild des Transformators (Bild 5.6) zeigt, erfordert ein Transformator wegen des Durchflutungsgesetzes eine zusätzliche Knotenpunktsbedingung, d.h. er hat eine zusätzliche Gleichung zur Folge.

Man wird also zunächst versuchen, vorhandene Transformatoren durch ihre vereinfachten Ersatzschaltungen zu ersetzen (Bild 6.14). Anstelle der magnetischen entsteht dabei eine galvanische Kopplung und die Knotenpunktsspannungen sind eindeutig definiert. Die Größen der einen Seite müssen dabei gemäß Abschnitt 5.3 auf die andere Seite umgerechnet werden.

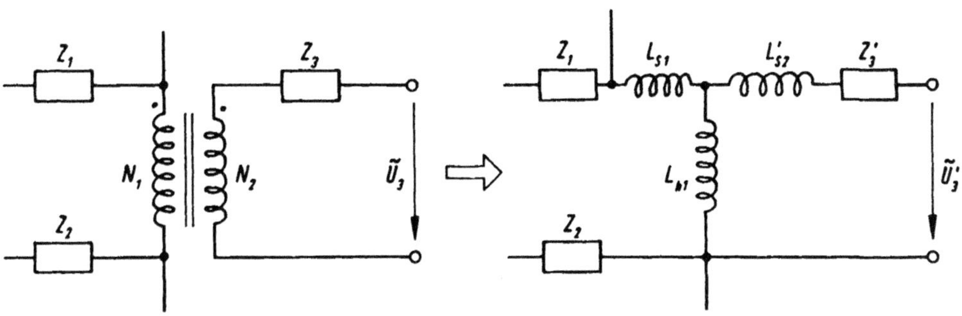

Bild 6.14

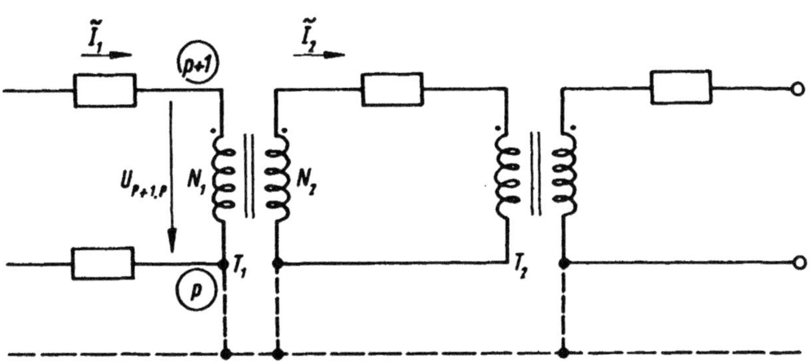

Bild 6.15

Falls diese Umformung wegen mehrfacher Kopplung unübersichtlich oder unmöglich ist, kann man sich jeden der magnetisch gekoppelten aber galvanisch getrennten Stromkreise an einem Punkt mit dem Bezugspunkt verbunden denken, wodurch die Knotenpunktsspannungen wieder eindeutig definiert werden (Bild 6.15).

Für jeden Transformator muß dann eine weitere vom Durchflutungsgesetz herrührende Knotenpunktsgleichung angesetzt werden. Für den streuungsfrei angenommenen Transformator T_1 gilt z.B.

$$\tilde{I}_1 - \frac{N_2}{N_1}\tilde{I}_2 = \tilde{I}_{m1} = \frac{\tilde{U}_{p+1,p}}{j\omega L_{h1}} .$$

Auch hierbei erhöht sich die Zahl der Unbekannten um eine je Transformator ($\tilde{U}_{p+1,p}$).

6.3.2. Beispiel: Messung der induzierten Spannung einer Gleichstrommaschine

Die in Bild 6.16 gezeigte Schaltung gestattet es, die bei Belastung wegen des Ankerwiderstandes nicht unmittelbar zugängliche induzierte Spannung E einer Gleichstrommaschine zu messen.

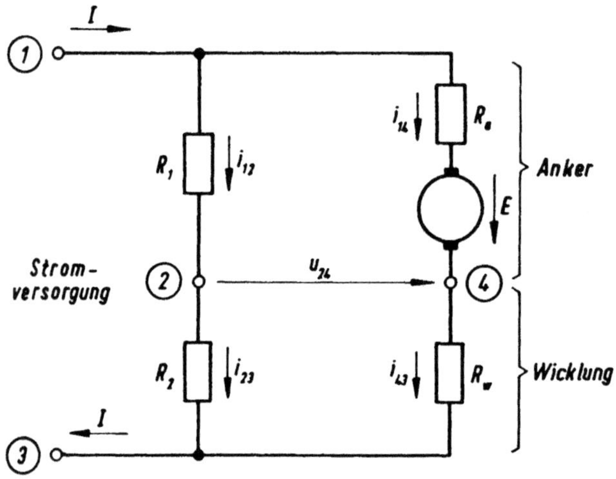

Bild 6.16

R_a ist der im Anker der Maschine verteilte Ankerwiderstand, E verkörpert die induzierte Spannung und R_w ist der Widerstand einer Wendepol-, Reihenschluß- oder Kompensationswicklung. R_1 und R_2 sind zwei hochohmige Meßwiderstände.
I ist der von der Stromversorgung zugeführte Strom, der im wesentlichen über den Ankerkreis fließt. Da die Schaltung von den eingeprägten Größen E und I angeregt wird, ist jede abhängige Größe, darunter auch u_{24}, eine lineare Kombination von E und I.

Gesucht ist die Bedingung, unter der die Ausgangsspannung u_{24} von I, d.h. von der Belastung des Motors unabhängig wird. Die Berechnung erfolgt über die Knotenpunktsspannungen. Auch hier handelt es sich nur um eine Demonstration der Berechnungsmethode. Mit später zu besprechenden einfachen Verfahren läßt sich das Ergebnis sofort anschreiben.

Der Knotenpunkt 4 wird als Bezugspunkt verwendet. Die Maschengleichungen liefern

$$i_{12} = \frac{1}{R_1}(u_{14} - u_{24}), \qquad i_{14} = \frac{1}{R_a}(u_{14} - E),$$

$$i_{23} = \frac{1}{R_2}(u_{24} - u_{34}), \qquad i_{43} = -\frac{1}{R_w} u_{34} .$$

Die Knotenpunktsgleichungen für die $P - 1 = 3$ Knotenpunkte 1,2,3 lauten für den Fall des Leerlaufs ($i_{24} = 0$)

$$i_{12} + i_{14} = I, \qquad i_{23} - i_{12} = 0, \qquad i_{23} + i_{43} = I .$$

Damit erhält man ein Gleichungssystem für die unbekannten Knotenpunktsspannungen.

$$\left(\frac{1}{R_1} + \frac{1}{R_a}\right) u_{14} - \frac{1}{R_1} u_{24} = \frac{E}{R_a} + I$$

$$-\frac{1}{R_1} u_{14} + \left(\frac{1}{R_1} + \frac{1}{R_2}\right) u_{24} - \frac{1}{R_2} u_{34} = 0$$

$$-\frac{1}{R_2} u_{24} + \left(\frac{1}{R_2} + \frac{1}{R_w}\right) u_{34} = -I .$$

Nach einer Zwischenrechnung folgt daraus

$$u_{24} = \frac{(R_2 + R_w)E + (R_a R_2 - R_1 R_w)I}{R_1 + R_2 + R_a + R_w} .$$

Man erhält also, wie erwartet, eine lineare Kombination aus E und I.

Bei Abgleich der Widerstandsbrücke, d.h. für

$$\frac{R_1}{R_2} = \frac{R_a}{R_w} ,$$

verschwindet der Einfluß des Ankerstromes und nach einer Zwischenrechnung erhält man

$$u_{24} = \frac{R_w}{R_a + R_w} E .$$

Die Schaltung gestattet dann die Messung der induzierten Spannung unabhängig vom Ankerstrom, d.h. bei beliebiger Belastung der Maschine.

6.4. Das Überlagerungsverfahren

6.4.1. Begründung

Bei der Berechnung von linearen Netzwerken mit Kreisströmen und Knotenpunktsspannungen entstand jeweils ein lineares Gleichungssystem, das auf der linken Seite die unbekannten Spannungen und Ströme (x_ν) und auf der rechten Seite die eingeprägten oder als eingeprägt angenommenen Größen (y_μ) enthielt.

$$a_{11}x_1 + a_{12}x_2 + \dots + a_{1\nu}x_\nu + \dots + a_{1n}x_n = \sum_1^m b_{1\mu}y_\mu$$

$$a_{21}x_1 + a_{22}x_2 + \dots + a_{2\nu}x_\nu + \dots + a_{2n}x_n = \sum_1^m b_{2\mu}y_\mu$$

$$\vdots$$

$$a_{n1}x_1 + a_{n2}x_2 + \dots + a_{n\nu}x_\nu + \dots + a_{nn}x_n = \sum_1^m b_{n\mu}y_\mu \,.$$

Die Koeffizienten $a_{i\nu}$ sind von den Schaltungselementen und ihrer Verknüpfung abhängig. Die m eingeprägten Größen y_μ (Spannungen und Ströme) treten in beliebigen Linearkombinationen auf. Meistens sind viele der a- und b-Koeffizienten Null.

Nach der Cramerschen Regel kann man z.B. für x_ν die Lösung in Determinantenform schreiben

$$x_\nu = \frac{\begin{vmatrix} a_{11} \cdots & \sum\limits_1^m b_{1\mu}y_\mu & a_{1n} \\ \vdots & & \\ a_{n1} \cdots & \sum\limits_1^m b_{n\mu}y_\mu & a_{nn} \end{vmatrix}}{\begin{vmatrix} a_{11} \cdots & a_{1\nu} & a_{1n} \\ \vdots & & \\ a_{n1} \cdots & a_{n\nu} & a_{nn} \end{vmatrix}}$$

Entwickelt man den Zähler nach der Spalte, die die rechte Seite enthält, so folgt

$$x_\nu = \frac{D_{1\nu}}{D} \sum_1^m b_{1\mu} y_\mu + \dots + \frac{D_{n\nu}}{D} \sum_1^m b_{n\mu} y_\mu \,.$$

Dabei ist D die Nenner-Determinante und die $D_{1\nu} \dots D_{n\nu}$ sind die bei der Entwicklung des Zählers entstehenden Unterdeterminanten einschließlich der entsprechenden Vorzeichen. Alle diese Größen sind nur von den Schaltelementen abhängig und als Konstante anzusehen.

Der Ausdruck läßt sich durch Zusammenfassung nach den Größen y_μ ordnen.

$$x_\nu = c_{\nu 1} y_1 + c_{\nu 2} y_2 + \dots + c_{\nu m} y_m = \sum_{\mu=1}^m c_{\nu\mu} y_\mu \,.$$

Die Koeffizienten $C_{\nu\mu}$ sind von der Schaltung abhängige Konstanten. Die von den einzelnen eingeprägten Spannungen und Strömen herrührenden Anteile können somit linear überlagert werden.

Mit

$$x_{\nu\mu} = c_{\nu\mu} y_\mu$$

gilt auch

$$x_\nu = \sum_{\mu=1}^m c_{\nu\mu} y_\mu = \sum_1^m x_{\nu\mu} \,, \qquad \nu = 1, 2, \dots, n \,.$$

Die Berechnung wird manchmal wesentlich vereinfacht, wenn man die einzelnen Beiträge $x_{\nu\mu}$ getrennt ermittelt und zur Gesamtlösung x_ν überlagert. Um z.B. $x_{\nu i}$ zu berechnen, ist es erforderlich, alle y_μ mit Ausnahme von y_i gleich Null anzunehmen. Dies bedeutet, daß die Klemmen, zwischen denen eingeprägte Spannungen angreifen, kurzgeschlossen und daß Leitungen, in denen eingeprägte Ströme fließen, geöffnet zu denken sind. Bild 6.17 zeigt die zugehörige Schaltung.

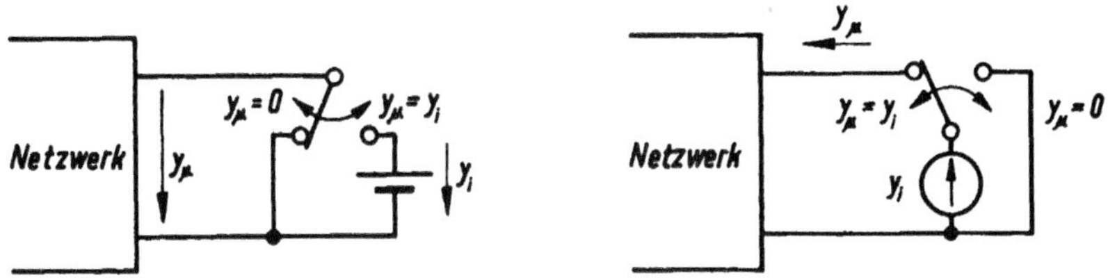

Bild 6.17

Das beschriebene Verfahren gilt in gleicher Weise für Widerstandsnetzwerke und lineare Wechselstromschaltungen.

Das Überlagerungsgesetz ist bei der Behandlung linearer Systeme in der gesamten Technik, z.B. im Bauwesen oder im Maschinenbau, von Bedeutung. Die y_μ sind dabei die von außen angreifenden, unabhängigen Zwangskräfte im allgemeinen Sinne. Die $c_{\nu\mu}$ werden auch als „Einflußfaktoren" bezeichnet.

6.4.2. Beispiele

a) EMK-Brückenschaltung

Die in Abschnitt 6.3.2 betrachtete Schaltung soll nun mit dem Überlagerungsverfahren erneut untersucht werden.

Wegen der Linearität der Schaltung ist u_{24} eine Linearkombination der eingeprägten Größen E und I

$$u_{24} = c_e E + c_i I = u_{24}(E) + u_{24}(I) .$$

Zur Berechnung von $u_{24}(E)$ wird $I = 0$ gesetzt. Dem entspricht eine Auftrennung der zugehörigen Verbindung, so daß die in Bild 6.18 gezeigte Ersatzschaltung entsteht.

Die Schaltung kann nun als unbelasteter Spannungsteiler angesehen werden, so daß gilt

$$u_{24}(E) = \frac{R_2 + R_w}{R_1 + R_2 + R_w + R_a} E .$$

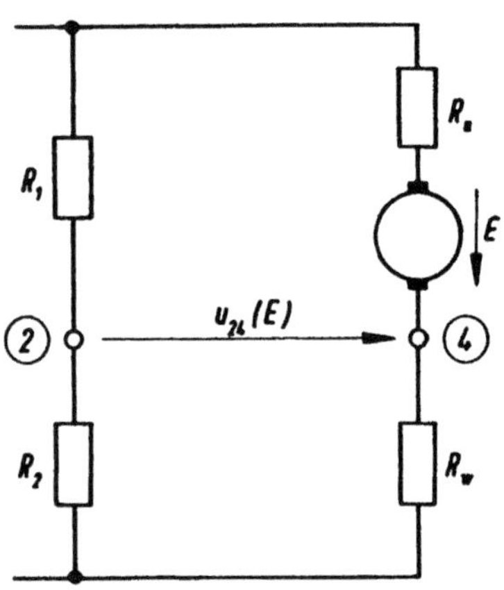

Bild 6.18

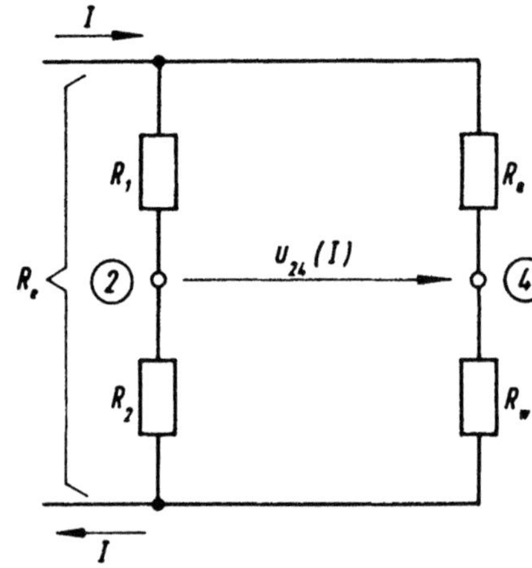

Bild 6.19

Um $u_{24}(I)$ zu erhalten, muß $E = 0$ gesetzt werden. Dies führt auf die in Bild 6.19 gezeigte Schaltung.

Wegen der Annahme des Leerlaufes kann die Ausgangsspannung auch hier sofort angeschrieben werden

$$u_{24}(I) = R_e I \left(\frac{R_2}{R_1 + R_2} - \frac{R_w}{R_a + R_w} \right) .$$

Dabei ist

$$R_e = \frac{(R_1 + R_2)(R_a + R_w)}{R_1 + R_2 + R_a + R_w}$$

der Eingangswiderstand der Schaltung. Durch Einsetzen folgt

$$u_{24}(I) = \frac{R_a R_2 - R_1 R_w}{R_1 + R_2 + R_a + R_w} \, I .$$

Damit wird die Gesamtspannung

$$u_{24} = u_{24}(E) + u_{24}(I) = \frac{(R_2 + R_w)E + (R_a R_2 - R_1 R_w)I}{R_1 + R_2 + R_a + R_w} .$$

Dies entspricht dem in Abschnitt 6.3.2 gefundenen Ergebnis.

Durch die Anwendung des Überlagerungsverfahrens wurde die Rechnung stark vereinfacht; gleichzeitig hat der Rechnungsgang an Transparenz gewonnen.

b) Vierpoleigenschaften des Transformators

Bild 6.20 zeigt das vereinfachte Ersatzschaltbild eines widerstandsfrei angenommenen Transformators. Der Transformator werde mit der eingeprägten Spannung $\tilde{U}_1$ gespeist und mit dem Strom $\tilde{I}_2$ belastet. Gesucht sind die Sekundärspannung $\tilde{U}_2$ und der Primärstrom $\tilde{I}_1$, als Funktion von $\tilde{U}_1$ und $\tilde{I}_2$.

Wegen des Überlagerungssatzes gilt

$$\tilde{U}'_2 = \frac{N_1}{N_2} \tilde{U}_2 = \tilde{U}'_2(\tilde{U}_1) + \tilde{U}'_2(I'_2) \quad \text{und} \quad \tilde{I}_1 = \tilde{I}_1(\tilde{U}_1) + \tilde{I}_1(\tilde{I}'_2) .$$

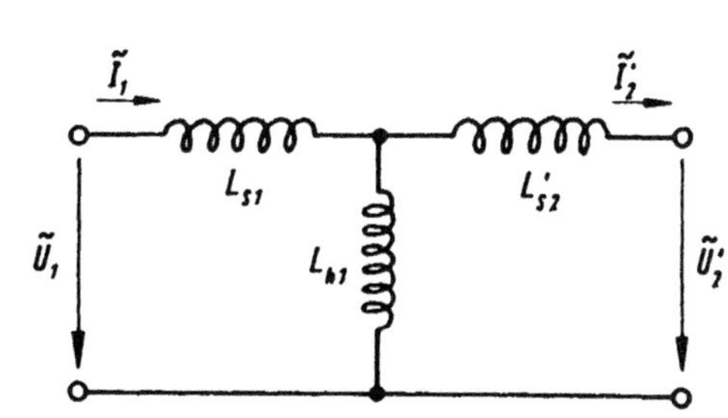

Bild 6.20

Zunächst wird $\widetilde{I}_2' = 0$ gesetzt (Leerlauf). Damit folgt

$$\widetilde{U}_2'(\widetilde{U}_1) = \frac{L_{h1}}{L_{h1} + L_{s1}} \widetilde{U}_1$$

oder mit der sogenannten primären Streuziffer

$$\frac{L_{s1}}{L_{h1}} = \sigma_1$$

$$\widetilde{U}_2'(\widetilde{U}_1) = \frac{1}{1 + \sigma_1} \widetilde{U}_1 \quad .$$

Entsprechend ist der primäre Leerlaufstrom

$$\widetilde{I}_1(\widetilde{U}_1) = \frac{\widetilde{U}_1}{j\omega(L_{h1} + L_{s1})} = \frac{\widetilde{U}_1}{j\omega L_1} \quad .$$

Die von $\widetilde{I}_2'$ herrührenden Anteile erhält man mit $\widetilde{U}_1 = 0$. Dem entspricht die in Bild 6.20 gezeichnete Ersatzschaltung, wenn die Eingangsklemmen kurzgeschlossen sind.
Aus der Schaltung folgt unmittelbar

$$\widetilde{U}_2'(\widetilde{I}_2') = -j\omega \left(L_{s2}' + \frac{L_{h1} L_{s1}}{L_{h1} + L_{s1}}\right) \widetilde{I}_2' \quad .$$

Das Minuszeichen rührt vom Ansatz der Zählpfeile für $\widetilde{U}_2'$ und $\widetilde{I}_2'$ her.
Mit den Abkürzungen

$$\frac{L_{s2}'}{L_{h1}} = \sigma_2 \qquad \text{sek. Streuziffer} \quad ,$$

$$1 - \frac{1}{(1 + \sigma_1)(1 + \sigma_2)} = \sigma \qquad \text{gesamte Streuziffer}$$

folgt nach einer Zwischenrechnung

$$\widetilde{U}_2'(I_2') = -j\omega\sigma\underbrace{(L_{h1} + L_{s2}')}_{L_2'}\widetilde{I}_2' = -j\omega\sigma L_2' \widetilde{I}_2' \quad .$$

Der Beitrag von $\widetilde{I}_2'$ zum Primärstrom ist aufgrund der Stromteilung

$$\widetilde{I}_1(\widetilde{I}_2') = \frac{L_{h1}}{L_{h1} + L_{s1}} \widetilde{I}_2' = \frac{1}{1 + \sigma_1} \widetilde{I}_2' \quad .$$

Das Ergebnis entsteht durch Überlagerung beider Anteile

$$\widetilde{U}_2' = \frac{1}{1 + \sigma_1} \widetilde{U}_1 - j\omega\sigma L_2' \widetilde{I}_2' \qquad \text{und} \qquad \widetilde{I}_1 = \frac{\widetilde{U}_1}{j\omega L_1} + \frac{1}{1 + \sigma_1} \widetilde{I}_2' \quad .$$

Für die Sekundärspannung läßt sich somit ein weiteres noch stärker vereinfachtes Ersatzschaltbild angeben (Bild 6.21). $\sigma\omega L_2'$ wird auch als transiente Reaktanz bezeichnet. Dieses Schaltbild gilt allerdings nur für die Sekundärspannung. Die anderen Größen, z.B. der Primärstrom, sind in ihm nicht mehr enthalten. Diese letzte Darstellungsform wird im nächsten Abschnitt genauer untersucht.

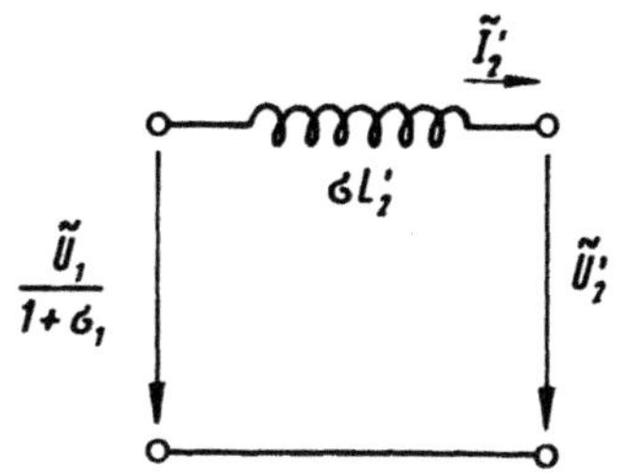

Bild 6.21

7. Spezielle Verfahren zur Berechnung linearer Netzwerke

In vielen Fällen ist es möglich, die Berechnung von linearen Netzwerken durch Anwendung spezieller Verfahren zu vereinfachen und übersichtlicher zu gestalten. Diese Verfahren enthalten nichts grundsätzlich Neues, sie stellen lediglich besonders zweckmäßige Abwandlungen der allgemeinen Methoden dar.

7.1. Ersatz-Spannungsquelle und Ersatz-Stromquelle
(v. Helmholtz, Thévénin)

7.1.1. Aufgabenstellung und Lösung

Ein beliebiges Widerstandsnetzwerk werde von eingeprägten Spannungen e_ν und eingeprägten Strömen i_μ gespeist (Bild 7.1). Zwei Klemmen des Netzwerkes seien für den Anschluß äußerer Stromkreise zugänglich. Von Interesse sind die Klemmen-Eigenschaften des Netzwerkes, d.h. das Verhalten bezüglich Spannung u und Strom i an den beiden Klemmen.

Die Ableitung erfolgt zunächst wieder für Widerstandsnetzwerke; die Ergebnisse können dann aber sofort auf Wechselstromschaltungen übertragen werden.

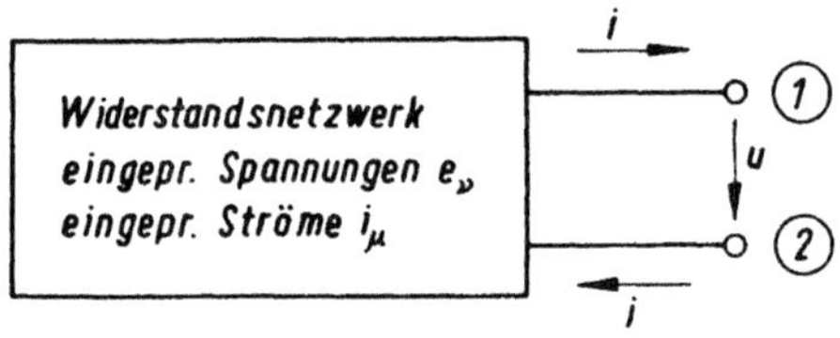

Bild 7.1

Nach den allgemeinen Berechnungsverfahren ist jede abhängige Größe, z.B. jeder Zweigstrom, eine Linearkombination aller im Netzwerk eingeprägten Spannungen und Ströme. Da zwischen den Klemmen 1 und 2 auch äußere Spannungs- und Stromquellen angeschlossen werden können, ist für den allgemeinen Betriebsfall der Ausgangsstrom i (oder die Ausgangsspannung u) als zusätzliche unabhängige Größe anzusehen. Aufgrund des Überlagerungssatzes gilt dann für die Ausgangsspannung u

$$u = \sum_\nu c_\nu e_\nu + \sum_\mu r_\mu i_\mu - R_i i = u_L - R_i i \ .$$

c_ν und r_μ sind die Einflußfaktoren der inneren Spannungs- und Stromquellen, $-R_i$ ist der im Sinne einer späteren Interpretation sofort zweckmäßig bezeichnete Einflußfaktor des Laststromes i. Die ersten beiden Anteile

$$\sum_\nu c_\nu e_\nu + \sum_\mu r_\mu i_\mu = u_L$$

stellen die Leerlaufspannung (i = 0) zwischen den Klemmen 1 und 2 dar.

Die Leerlaufspannung besteht selbst aus den einzelnen Beiträgen der inneren Spannungen und Ströme. Man bestimmt diese Anteile mit Hilfe des Überlagerungssatzes, indem man gemäß Bild 7.2 alle inneren Spannungen und Ströme nacheinander wirken läßt. Die zwischen 1 und 2 entstehenden Teilspannungen werden überlagert. Der Laststrom i ist dabei immer Null, das Netzwerk befindet sich ja im Leerlauf.

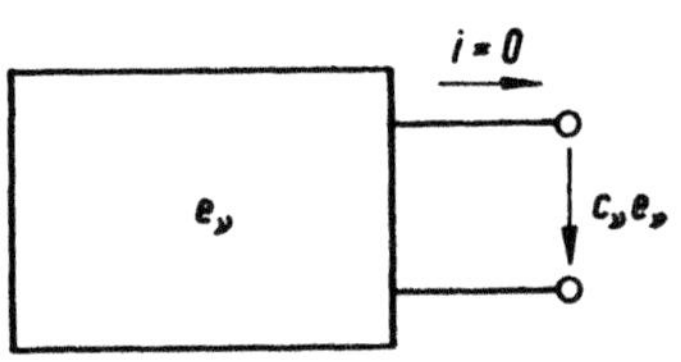

Bild 7.2

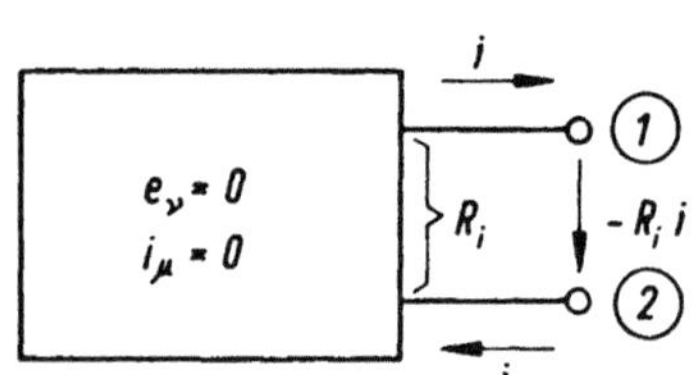

Bild 7.3

Anschließend wird die Teilspannung $-R_i i$ bestimmt. Zu diesem Zweck sind alle im Inneren der Schaltung wirkenden Spannungen und Ströme zu Null zu machen (Bild 7.3); an den Klemmen 1 und 2 wird der Laststrom i eingeleitet. Die dabei auftretende

Spannung wird mit $-R_i \cdot i$ bezeichnet. Die Größe R_i hat also die Bedeutung eines Eingangswiderstandes für das passiv gemachte Netzwerk. Man bezeichnet R_i deshalb als Innenwiderstand der Schaltung.

Mit

$$u = u_L - R_i i$$

genügen für die Beschreibung des Klemmenverhaltens des Netzwerkes also die Größen Leerlaufspannung (u_L) und Innenwiderstand (R_i). Der durch diesen einfachen Zusammenhang beschriebene Sachverhalt läßt sich auch durch ein Ersatzschaltbild wiedergeben (Bild 7.4). Die Schaltung enthält eine eingeprägte Spannung von der Größe der Leerlaufspannung in Reihe mit dem Innenwiderstand R_i. Man bezeichnet diese Schaltung als „Ersatz-Spannungsquelle". Sie beschreibt das Klemmenverhalten der wirklichen Schaltung für jeden Betriebsfall vollständig, macht aber keinerlei Aussage über die inneren Größen der wirklichen Schaltung.

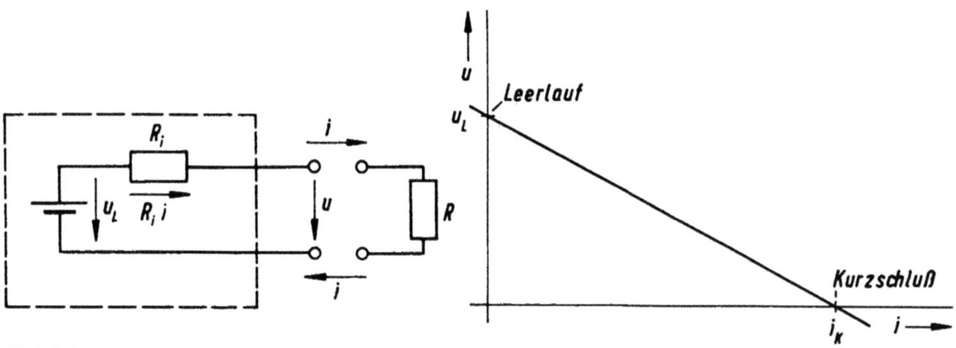

Bild 7.4

Die durch die Gleichung beschriebene Kennlinie ist eine Gerade durch den Leerlaufpunkt ($i = 0$, $u = u_L$) und den Kurzschlußpunkt ($u = 0$, $i = i_k = u_L/R_i$). Die Steigung der Geraden ist dem Innenwiderstand proportional.

Bei Abschluß der Schaltung mit dem Widerstand R folgen aufgrund der Ersatzschaltung sofort die Ausgangsspannung

$$u = \frac{R}{R + R_i} u_L$$

und der Strom

$$i = \frac{u_L}{R + R_i} \quad .$$

Die Kenntnis dieses einfachen Klemmenverhaltens beliebig komplizierter Schaltungen mit beliebig vielen eingeprägten Spannungen und Strömen ist von großer praktischer Bedeutung.

Die Gleichung der Ersatz-Spannungsquelle kann auch nach dem Strom aufgelöst werden. Mit

$$\frac{u_L}{R_i} = i_k \qquad \text{und} \qquad \frac{1}{R_i} = G_i$$

gilt

$$i = i_k - G_i\,u\ .$$

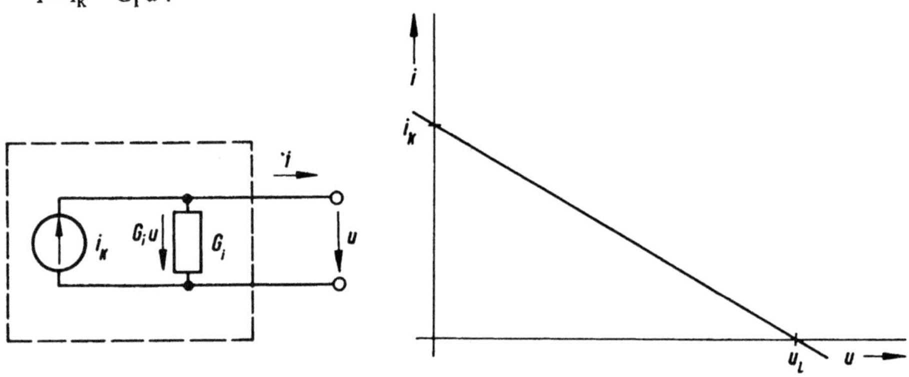

Bild 7.5

Diese Beziehung läßt sich durch eine alternative Ersatzschaltung beschreiben (Bild 7.5). Sie enthält eine Stromquelle mit dem eingeprägten Strom i_k und einen parallelgeschalteten Innenleitwert G_i. Man bezeichnet diese Schaltung deshalb als Ersatz-Stromquelle.

Die Kennlinie entspricht der vorherigen, sie ist nur im vertauschten Koordinatenkreuz gezeichnet. Im Kurzschlußfall fließt der gesamte Strom i_k über die Ausgangsklemmen, im Leerlauffall ($i = 0$) schließt sich der Strom über den Innenleitwert und erzeugt an den Ausgangsklemmen die Spannung

$$\frac{i_k}{G_i} = u_L\ .$$

Ersatz-Spannungs- und Stromquelle sind austauschbar und vollständig äquivalent. Beide beschreiben das Klemmenverhalten der wirklichen Schaltung für jeden Betriebszustand richtig, haben aber keine Aussagekraft bezüglich der inneren Schaltung. Bestimmt man die Ersatzquellen für verschiedene Klemmenpaare ein und derselben Schaltung, so kommt man im allgemeinen zu völlig verschiedenen Ergebnissen.

Es ist sofort einzusehen, daß die vorstehende Ableitung nicht nur für Widerstandsnetzwerke, sondern auch für Wechselstromschaltungen gilt. Anstelle der Augenblickswerte treten Zeigergrößen und anstelle der Widerstände und Leitwerte treten Impedanzen und Admittanzen.

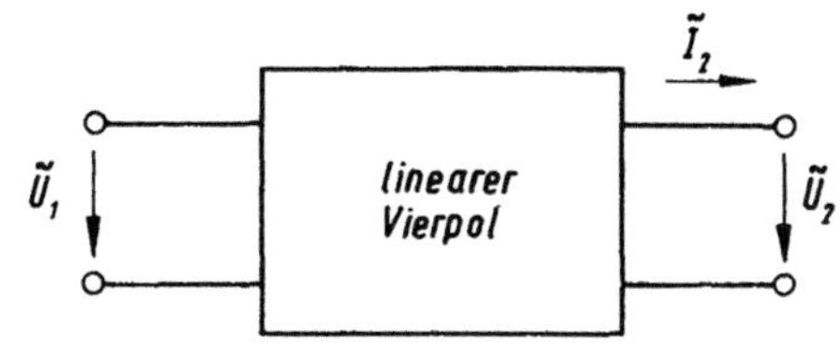

Bild 7.6

Die Bestimmung der Parameter der Ersatzquellen soll an einem Sonderfall noch einmal deutlich gemacht werden. Bild 7.6 zeigt einen linearen Vierpol, der von einer einzigen eingeprägten Spannung gespeist wird. Für Spannung und Strom an den Ausgangsklemmen gelten die Beziehungen

$$\tilde{U}_2 = \tilde{U}_{2L} - z_i \tilde{I}_2 \qquad \text{oder} \qquad \tilde{I}_2 = \tilde{I}_{2k} - y_i \tilde{U}_2 \;.$$

Dabei ist

$$y_i = \frac{1}{z_i} \qquad \text{und} \qquad \tilde{I}_{2k} = \frac{\tilde{U}_{2L}}{z_i} \;.$$

Die Berechnung oder Messung der Ersatzparameter $\tilde{U}_{2L}$, $\tilde{I}_{2k}$ und z_i, y_i gemäß der allgemeinen Ableitung wird durch die in Bild 7.7 gezeigten Gedankenexperimente deutlich gemacht.

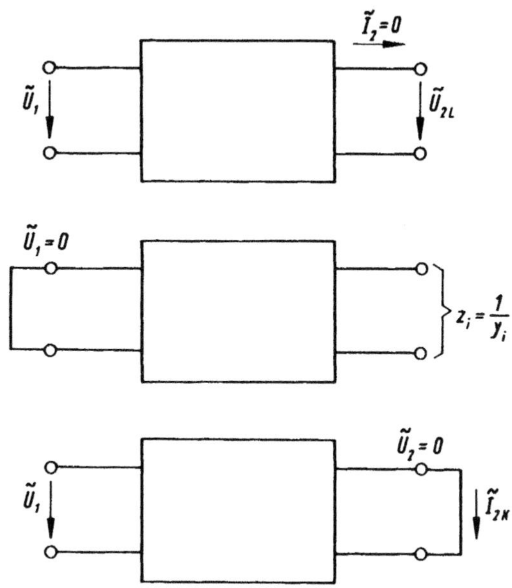

Bild 7.7

Falls der Vierpol auf der Eingangsseite durch einen eingeprägten Strom gespeist wird, sind die Eingangsklemmen bei der Bestimmung von z_i, y_i geöffnet zu denken.

7.1.2. Beispiele

a) Spannungsteiler

Diese Schaltung wird im Laboratorium zum Herabsetzen von Spannungen viel verwendet. Die Verwirklichung erfolgt meist durch einen Widerstand mit beweglichem Abgriff (Bild 7.8). Die Stellung des Abgriffs werde durch den Parameter

$$0 \leqslant \alpha \leqslant 1$$

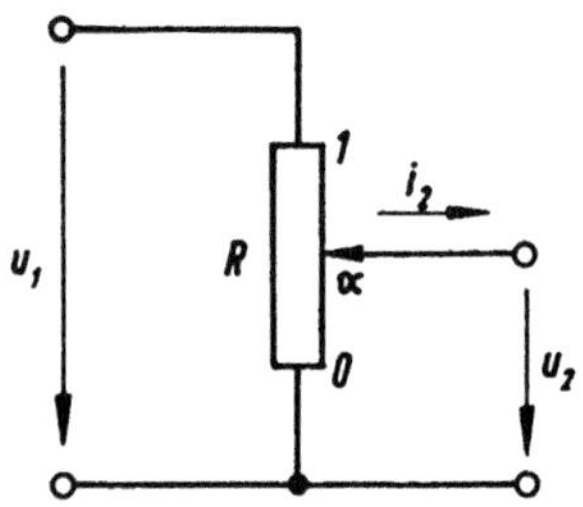

Bild 7.8

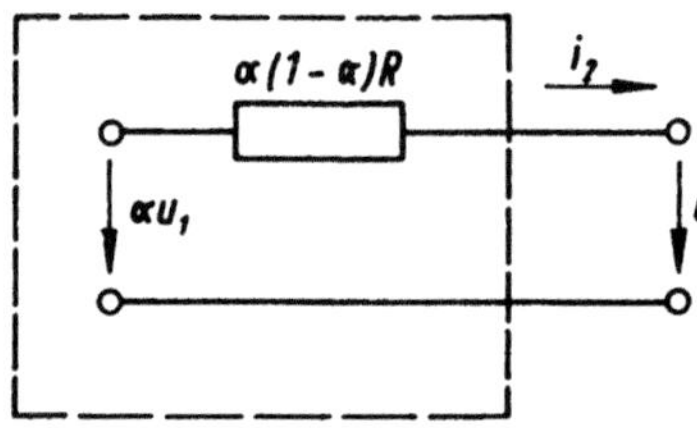

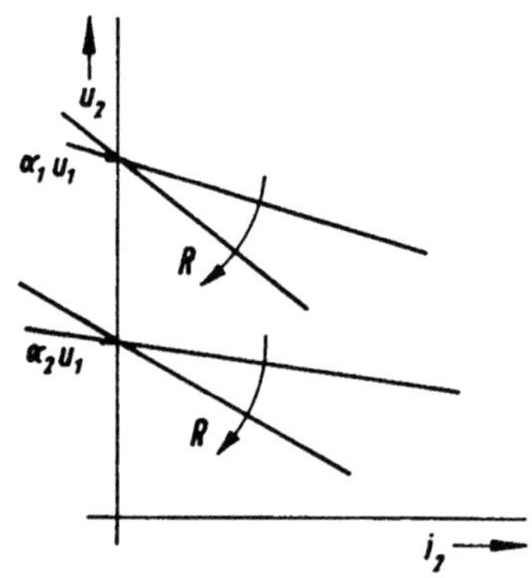

gekennzeichnet. Für die Ausgangsklemmen gilt die Spannungsgleichung

$$u_2 = u_{2L} - R_i i_2 \ .$$

Die Leerlaufspannung ist $u_{2L} = \alpha u_1$.
Der Innenwiderstand entspricht dem sekundären Eingangswiderstand des passiven Netzwerkes. Denkt man sich die Primärklemmen kurzgeschlossen ($u_1 = 0$), dann liegen die beiden Teile des Widerstandes parallel und es gilt $R_i = \alpha(1-\alpha)R$. Der Innenwiderstand ist also vom Abgriff abhängig, er durchläuft bei $\alpha_0 = 0{,}5$ ein Maximum, $R_{i0} = R/4$.

Der Zusammenhang von Strom und Spannung an den Sekundärklemmen lautet somit

$$u_2 = \alpha u_1 - \alpha(1-\alpha)R i_2 \, .$$

Bild 7.8 zeigt die Ersatz-Spannungsquelle und einige Ausgangskennlinien. Während das Leerlauf-Spannungsverhältnis durch α festgelegt ist, hängt die Neigung der Kennlinie auch vom Widerstand R ab. Wird eine steife Spannungsquelle gewünscht, so ist R klein zu wählen. Dies hat jedoch eine größere Verlustleistung des Spannungsteilers zur Folge.

b) Belastete Brückenschaltung

Für kontinuierliche Betriebsmessungen, z.B. von Temperatur- oder Längenänderungen, verwendet man vielfach Brückenschaltungen, die außerhalb des Abgleiches betrieben werden. Aus diesem Grunde interessiert das Verhalten der Schaltung bei veränderlicher Belastung. Das gleiche Problem wurde in Abschnitt 6.2.3 bereits mit Hilfe von Kreisströmen untersucht.

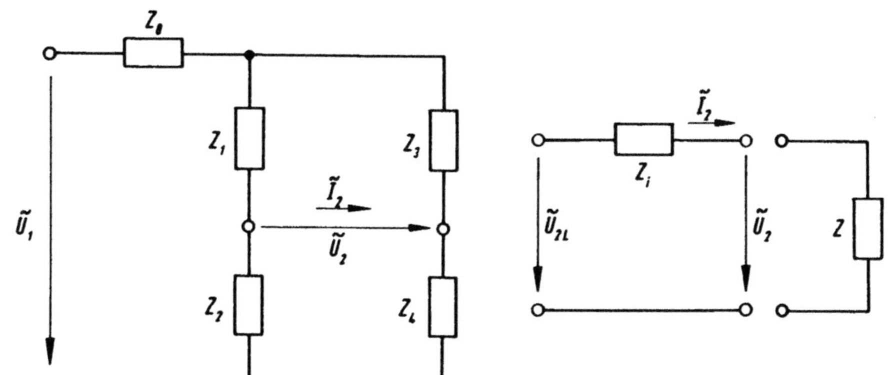

Bild 7.9

Bild 7.9 zeigt die von der eingeprägten Spannung $\widetilde{U}_1$ gespeiste Schaltung und ihre Ersatz-Spannungsquelle. Die Impedanz z_0 wird zunächst vernachlässigt. Mit der Ersatz-Spannungsquelle wird die Lösung des Problems dann sehr einfach. Es gilt

$$\widetilde{U}_2 = \widetilde{U}_{2L} - z_i \widetilde{I}_2 \, .$$

Für $z_0 = 0$ sind die Parameter der Ersatz-Spannungsquelle

$$\widetilde{U}_{2L} = \left(\frac{z_2}{z_1 + z_2} - \frac{z_4}{z_3 + z_4}\right) \widetilde{U}_1$$

$$z_i = \frac{z_1 z_2}{z_1 + z_2} + \frac{z_3 z_4}{z_3 + z_4} \, .$$

Bei Belastung des Brückenausganges mit der Impedanz z wird die Ausgangsspannung

$$\tilde{U}_2 = \frac{z}{z + z_i}\,\tilde{U}_{2L}\,.$$

Bei Berücksichtigung der Impedanz z_0 wird der Ausdruck für die Leerlaufspannung zwar etwas umfangreicher, jedoch kann er aufgrund des Schaltbildes immer noch sofort angeschrieben werden. Dagegen ist es nicht mehr möglich, die innere Impedanz z_i anzugeben. Hierfür ist es vielmehr notwendig, auf ein allgemeineres Verfahren, z.B. mit Kreisströmen, zurückzugreifen.

Im Falle der abgeglichenen Brücke ist $\tilde{U}_{2L} = 0$; außerdem wird z_i unabhängig von z_0, da der z_0-Zweig bei der gedachten Messung von z_i (Speisung der Schaltung an den Ausgangsklemmen) stromlos ist.

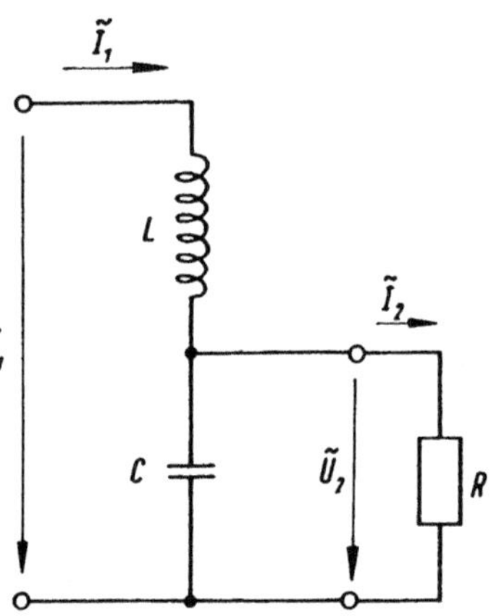

Bild 7.10

c) Reihenschwingkreis als Spannungsteiler (Boucherot)

Die in Bild 7.10 gezeichete Schaltung, bestehend aus einem verlustfrei angenommenen Schwingkreis und dem Widerstand R wird mit sinusförmiger Spannung gespeist. Der Strom $\tilde{I}_2$ im Widerstand hat den Wert

$$\tilde{I}_2 = \frac{\frac{1}{j\omega C}}{R + \frac{1}{j\omega C}}\,\tilde{I}_1 = \frac{1}{1 + j\omega CR}\;\frac{\tilde{U}_1}{j\omega L + \frac{\frac{R}{j\omega C}}{R + \frac{1}{j\omega C}}}$$

$$= \frac{1}{(1 - \omega^2 LC)R + j\omega L}\,\tilde{U}_1\,.$$

Bei Betrieb mit Resonanzfrequenz $\omega = \frac{1}{\sqrt{LC}}$ vereinfacht sich der Ausdruck und der Strom wird unabhängig vom Widerstand

$$\tilde{I}_2 = \frac{\tilde{U}_1}{j\omega L},$$

d.h. ein eingeprägter Strom.
Dieses zunächst befremdliche Ergebnis läßt sich mit Hilfe der Ersatz-Spannungsquelle anschaulich erklären.

Die Leerlaufspannung des Schwingkreis-Spannungsteilers ist

$$\tilde{U}_{2L} = \frac{\frac{1}{j\omega C}}{j\omega L + \frac{1}{j\omega C}}\,\tilde{U}_1 = \frac{1}{1-\omega^2 LC}\,\tilde{U}_1$$

und die Innen-Impedanz

$$z_i = \frac{j\omega L \cdot \frac{1}{j\omega C}}{j\omega L + \frac{1}{j\omega C}} = \frac{j\omega L}{1-\omega^2 LC}.$$

Bei Betrieb mit Resonanzfrequenz werden beide Größen unendlich, so daß der Strom

$$\tilde{I}_2 = \frac{\tilde{U}_{2L}}{R + z_i}$$

einen vom Lastwiderstand unabhängigen Wert annimmt.
Bei Verwendung realer Schaltelemente wird dieser Effekt nur angenähert erreicht.

d) Leistungsanpassung

Ein beliebiges lineares Wechselstrom-Netzwerk mit den eingeprägten Spannungen $\tilde{U}_\nu$ und den eingeprägten Strömen $\tilde{I}_\mu$ gleicher Frequenz soll an zwei Klemmen durch eine Impedanz z so belastet werden, daß der Schaltung maximale Wirkleistung entnommen wird (Bild 7.11).

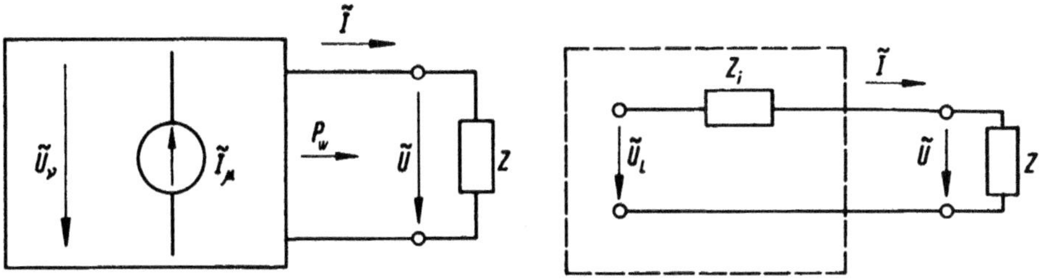

Bild 7.11

Bei Anwendung der Ersatz-Spannungs- oder -Stromquelle wird die Lösung besonders einfach.

Bei Belastung mit der Impedanz z sind die Ausgangsspannung

$$\tilde{U} = \frac{z}{z + z_i} \tilde{U}_L$$

und der Ausgangsstrom

$$\tilde{I} = \frac{1}{z + z_i} \tilde{U}_L \; .$$

Daraus folgt nach Abschnitt 3.4

$$P_w + jP_b = \overline{\tilde{U}} \tilde{I} = \frac{\bar{z}}{(\bar{z} + \bar{z}_i)(z + z_i)} U_L^2 \; .$$

Setzt man

$$z = R + jX \qquad \text{und} \qquad z_i = R_i + jX_i \; ,$$

so folgt nach einer Zwischenrechnung

$$P_w = \frac{R}{(R + R_i)^2 + (X + X_i)^2} U_L^2 \; .$$

R und X sollen so gewählt werden, daß P_w ein Maximum wird. Da X nur quadratisch auftritt, lautet die erste Bedingung

$$X = - X_i \; .$$

Der Rest wird nach R differenziert und gleich Null gesetzt.

$$\frac{dP_w}{dR} = \frac{d}{dR}\left(\frac{R}{(R + R_i)^2}\right) U_L^2 = 0 \; .$$

Dies führt auf $R = R_i$.

Daraus folgt die Lösung

$$z = \bar{z}_i \; .$$

Um der Schaltung maximale Wirkleistung zu entnehmen, muß die Lastimpedanz bei der Betriebsfrequenz also den konjugiert komplexen Wert der Innenimpedanz annehmen. Man bezeichnet diesen Zusammenhang als komplexe Leistungsanpassung.

Die maximale Wirkleistung ist dann

$$P_{w\,max} = \frac{U_L^2}{4 R_i} \; .$$

Falls es sich um ein Widerstandsnetzwerk handelt, entfällt die Anpassung des Imaginärteils und man erhält den Sonderfall der Anpassung des Lastwiderstandes an den Innenwiderstand der Schaltung.

7.2. Netzwerksumwandlung

7.2.1. Allgemeines

Bei der Berechnung von Netzwerken ist es manchmal vorteilhaft, die Schaltung durch Abbau von Knotenpunkten oder Zweigen zu vereinfachen. Dabei gelten folgende Regeln:

a) Ein Zweig, dessen Strom in allen Betriebszuständen Null ist, kann weggelassen werden.
b) Zwei Knotenpunkte, deren Spannung gegeneinander stets Null ist, können vereinigt werden.
c) Ein Knotenpunkt, der nur zwei Anschlüsse hat, ist überflüssig. Die in beiden Zweigen enthaltenen Schaltelemente können zusammengefaßt werden.
d) Teilnetzwerke, die nur durch zwei Klemmen Verbindung nach außen haben, können durch ihre Ersatz-Spannungs- oder -Stromquelle ersetzt werden.

Weitergehende Umwandlungen sind durch den Abbau einzelner Knotenpunkte mit den zugehörigen Zweigen möglich.

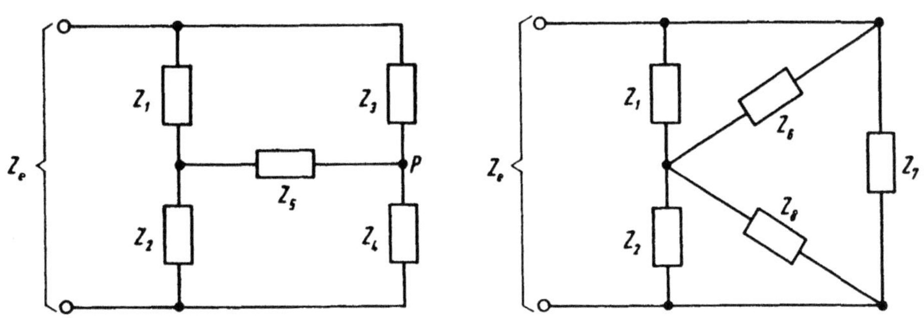

Bild 7.12

Bild 7.12 zeigt als Beispiel den Fall einer nicht abgeglichenen Brücke, deren Eingangsimpedanz bestimmt werden soll. Diese Aufgabe kann mittels Kreisströmen oder Knotenpunktsspannungen gelöst werden. Falls es jedoch auf einfache Weise möglich ist, den Knotenpunkt P zu entfernen, d.h., den Impedanzstern z_3, z_4, z_5 durch ein Impedanzdreieck z_6, z_7, z_8 zu ersetzen, läßt sich die Eingangsimpedanz sofort anschreiben.

7.2.2. Stern-Dreieck-Umwandlung

Vorbemerkung:
Für die Beschreibung des Klemmenverhaltens eines beliebigen Dreipols genügen zwei Spannungen und zwei Ströme. Bei der in Bild 7.13 gezeigten Schaltung ist wegen der Maschenregel $u_{12} = u_{13} - u_{23}$ und wegen der Knotenpunktsregel, angewendet auf die ganze Schaltung,

$$i_3 = -(i_1 + i_2).$$

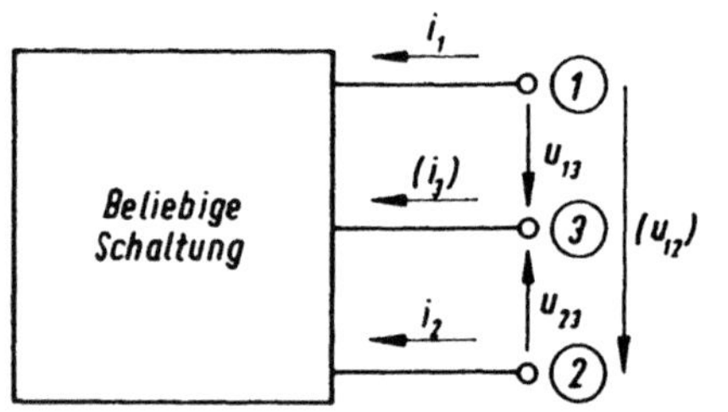

Bild 7.13

Die dritte Größe ist also jeweils eine Folge der beiden anderen.

Die Umwandlung eines dreistrahligen Impedanzsternes in ein von den Klemmen gesehen äquivalentes Impedanzdreieck und umgekehrt ist allgemein durchführbar. Es ist allerdings möglich, daß hierfür Schaltelemente benötigt werden, die mit passiven Mitteln nicht realisierbar sind.

Impedanzdreipole werden üblicherweise als Vierpole (mit einem gemeinsamen Pol) in T-oder Π-Schaltung gezeichnet (Bild 7.14). Die beiden Schaltungen sind dann äquivalent, wenn sie sich, von den Klemmen aus gesehen, bei beliebiger Betriebsweise identisch verhalten. Man kann z.B. folgende Äquivalenzbedingungen formulieren:

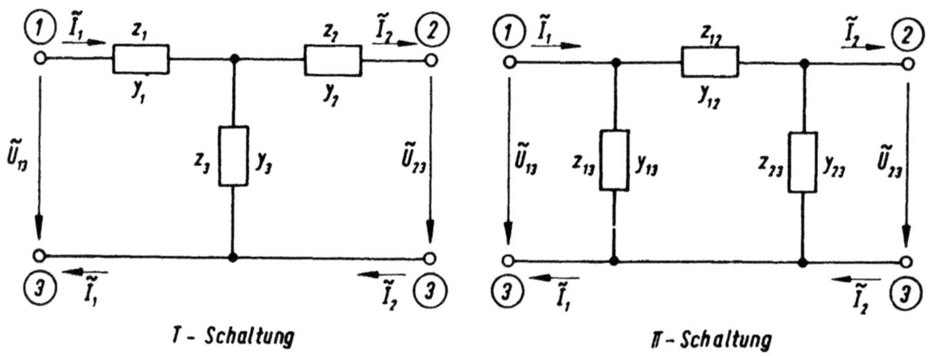

Bild 7.14

a) primäre Eingangsadmittanz bei sekundärem Kurzschluß

$$y_{e1} = \frac{y_1(y_2 + y_3)}{y_1 + y_2 + y_3} = y_{12} + y_{13} \; ,$$

b) sekundäre Eingangsadmittanz bei primärem Kurzschluß

$$y_{e2} = \frac{y_2(y_1 + y_3)}{y_1 + y_2 + y_3} = y_{12} + y_{23} \; ,$$

c) Kurzschluß-Stromverhältnis

$$\frac{\tilde{I}_{2k}}{\tilde{I}_1} = \frac{y_2}{y_2 + y_3} = \frac{y_{12}}{y_{12} + y_{13}} \; .$$

Durch schrittweises Einsetzen folgt daraus der Zusammenhang

$$y_{12} = \frac{y_1 y_2}{y_1 + y_2 + y_3}$$

$$y_{13} = \frac{y_1 y_3}{y_1 + y_2 + y_3} \qquad \text{Stern-Dreiecks-Umwandlung}$$

$$y_{23} = \frac{y_2 y_3}{y_1 + y_2 + y_3} \; .$$

Man kann zeigen, daß die beiden Schaltungen unter diesen Bedingungen nicht nur für die angenommenen, sondern auch alle anderen möglichen Betriebsweisen äquivalent sind. Somit ist die Stern(T)-Schaltung in eine gleichwertige Dreieck(Π)-Schaltung übergeführt und ein Knotenpunkt ist abgebaut.

Diese Netzwerksumwandlung ist auch umkehrbar. Im Interesse einer einfachen Rechnung ist es vorteilhaft, hierfür andere Äquivalenzbedingungen zu verwenden (Bild 7.14), z.B.

a) Primäre Eingangsimpedanz bei sekundärem Leerlauf

$$z_{e1} = z_1 + z_3 = \frac{z_{13}(z_{12} + z_{23})}{z_{12} + z_{13} + z_{23}} \; ,$$

b) sekundäre Eingangsimpedanz bei primärem Leerlauf

$$z_{e2} = z_2 + z_3 = \frac{z_{23}(z_{12} + z_{13})}{z_{12} + z_{13} + z_{23}} \; ,$$

c) Leerlauf-Spannungsverhältnis

$$\frac{\tilde{U}_{2L}}{\tilde{U}_1} = \frac{z_3}{z_1 + z_3} = \frac{z_{23}}{z_{12} + z_{23}} \; .$$

Durch Einsetzen folgt der Zusammenhang

$$z_1 = \frac{z_{12} z_{13}}{z_{12} + z_{13} + z_{23}}$$

$$z_2 = \frac{z_{12} z_{23}}{z_{12} + z_{13} + z_{23}} \qquad \text{Dreieck-Stern-Umwandlung (Kennelly)}$$

$$z_3 = \frac{z_{13} z_{23}}{z_{12} + z_{13} + z_{23}}$$

Diese Beziehungen sind den anderen gleichwertig. Sie sichern vollständige Äquivalenz zwischen dem Klemmenverhalten beider Schaltungen.

7.2.3. Verallgemeinerung

Ein n-strahliger Impedanzstern läßt sich stets in ein allgemeines n-seitiges Impedanzvieleck umwandeln, d.h. ein Knotenpunkt mit n einmündenden Impedanzzweigen kann immer abgebaut werden (Bild 7.15). Die allgemeine Umwandlungsgleichung lautet

$$y_{\mu\nu} = \frac{y_\mu y_\nu}{y_1 + y_2 + \ldots + y_n} \; .$$

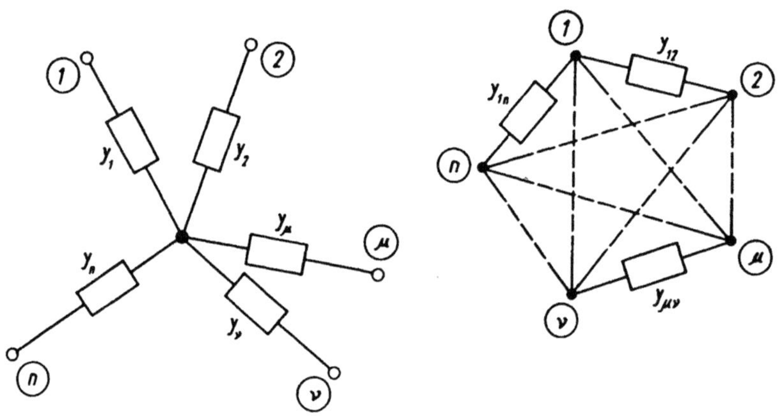

Bild 7.15

Ein Beweis wird z.B. in [3] gegeben.

Die umgekehrte Umwandlung Vieleck in Stern ist für $n > 3$ im allgemeinen nicht möglich. Dies ist verständlich, wenn man bedenkt, daß ein n-strahliger Stern n Zweige, ein allgemeines n-Eck dagegen $n(n-1)/2$ Zweige hat. Die Anzahl der Freiheitsgerade des Sterns ist für $n > 3$ also kleiner als die des Vielecks, so daß ein Stern für die Nachbildung eines Vielecks im allgemeinen Fall nicht ausreicht.

7.2.4. Beispiele

a) Eine aus drei gleichen Impedanzen bestehende, sogenannte symmetrische Dreieckschaltung nach Bild 7.16 soll in eine Sternschaltung umgerechnet werden. An den Knotenpunkten liegen beliebige gleichfrequente Wechselspannungen.
Aufgrund der angegebenen Formeln besteht die äquivalente Sternschaltung aus drei gleichen Impedanzen

$$z_S = \frac{z_D}{3}, \qquad \text{z.B. sei} \qquad z_D = \frac{1}{j\omega C_D},$$

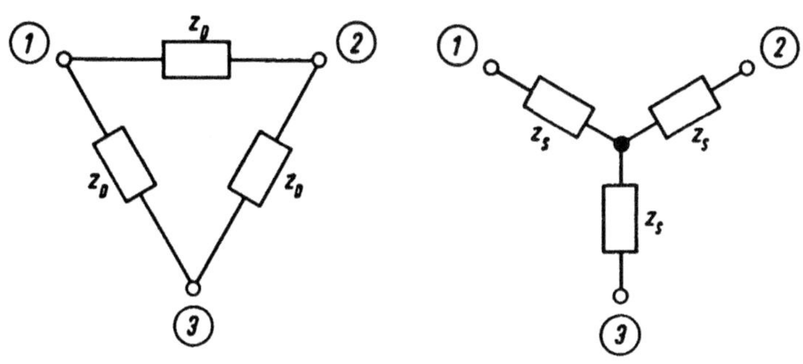

Bild 7.16

dann ist

$$z_S = \frac{1}{j\omega 3\, C_D}, \qquad \text{d.h.} \qquad C_S = 3\, C_D \; .$$

b) Bei einer Netzwerksumwandlung kann es vorkommen, daß Impedanzen entstehen, die durch passive Schaltelemente nicht realisierbar sind. Eine Dreiecksschaltung bestehe z.B. aus den Elementen

$$z_{12} = R\,, \qquad z_{23} = z_{13} = j\omega L\,.$$

Gesucht sind die Impedanzen der äquivalenten Sternschaltung. Es gilt

$$z_1 = z_2 = \frac{R \cdot j\omega L}{R + j2\omega L} = \frac{2R(\omega L)^2}{R^2 + (2\omega L)^2} + j\frac{R^2 \omega L}{R^2 + (2\omega L)^2} = R_1 + j\omega L_1 \; .$$

z_1, z_2 sind für eine bestimmte Frequenz durch eine Reihenschaltung R_1, L_1 realisierbar.

Andererseits gilt

$$z_3 = \frac{(j\omega L)^2}{R + j2\omega L} = -\frac{R(\omega L)^2}{R^2 + (2\omega L)^2} + j\frac{2(\omega L)^3}{R^2 + (2\omega L)^2} \; .$$

Wegen $\text{Re}(z_3) < 0$ ist z_3 durch passive Schaltelemente nicht realisierbar.

8. Vierpole

8.1. Vierpolgleichungen

Viele Aufgabenstellungen, vor allem bei der Berechnung und Anwendung elektrischer Filter und Verstärkerschaltungen, lassen sich auf sogenannte Vierpole zurückführen. Man versteht darunter ein elektrisches Netzwerk mit zwei Klemmenpaaren. In den meisten Fällen wird die Schaltung an einem Klemmenpaar gespeist, während am anderen Klemmenpaar das Ausgangssignal zur Verfügung steht. Das Vierpolnetzwerk selbst ist meist passiv, d.h. es enthält keine eingeprägten Spannungen und Ströme. Falls das Netzwerk nur konstante Schaltelemente (R, C, L, M) enthält, wird der Vierpol linear genannt.

Vierpole werden in späteren Vorlesungen über Nachrichtentechnik ausführlich behandelt [4]. Hier soll eine erste Einführung genügen.

Bild 8.1 zeigt das Schaltbild eines Vierpols mit den Definitionen der Spannungs- und Strom-Zählpfeile.

Bild 8.1

Betrachtet man die Eingangsspannung $\tilde{U}_1$ und den Ausgangsstrom $\tilde{I}_2$ wieder als eingeprägte Größen, dann gilt aufgrund des Überlagerungssatzes (Bild 8.2)

$$\tilde{U}_2 = \tilde{U}_2(\tilde{U}_1) + \tilde{U}_2(\tilde{I}_2) = c_{uL}\,\tilde{U}_1 - z_{2k}\,\tilde{I}_2 \tag{1}$$

und

$$\tilde{I}_1 = \tilde{I}_1(\tilde{U}_1) + \tilde{I}_1(\tilde{I}_2) = \frac{\tilde{U}_1}{z_{1L}} + c_{ik}\,\tilde{I}_2\ . \tag{2}$$

Dabei sind

c_{uL} die Spannungsübersetzung im sekundären Leerlauf,
c_{ik} die inverse Stromübersetzung im primären Kurzschluß,
z_{1L} die primäre Eingangsimpedanz bei sekundärem Leerlauf,
z_{2k} die sekundäre Eingangsimpedanz bei primärem Kurzschluß (bisher innere Impedanz genannt).

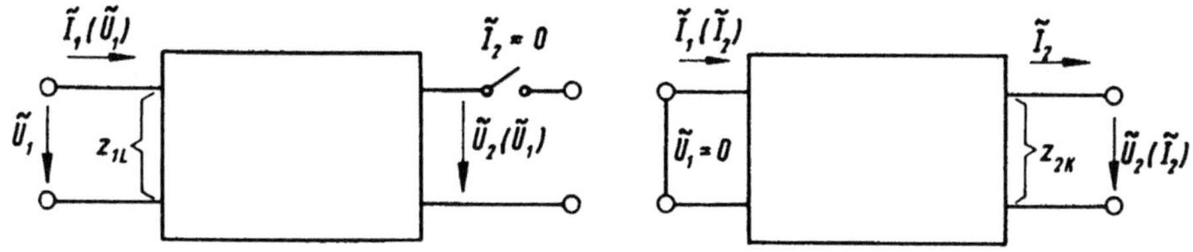

Bild 8.2

Alle diese Größen sind im allgemeinen komplex.

Die Gln. (1) und (2) beschreiben die Klemmeneigenschaften des Vierpols vollständig; sie stellen jedoch nur eine von verschiedenen möglichen Schreibweisen dar. Häufig wird die sogenannte Kettendarstellung verwendet, bei der die Gleichungen nach $\widetilde{U}_1$ und $\widetilde{I}_1$ aufgelöst sind

$$\widetilde{U}_1 = \frac{1}{c_{uL}}\,\widetilde{U}_2 + \frac{z_{2k}}{c_{uL}}\,\widetilde{I}_2 \qquad (3)$$

$$\widetilde{I}_1 = \frac{1}{c_{uL}\,z_{1L}}\,\widetilde{U}_2 + \left(\frac{z_{2k}}{c_{uL}\,z_{1L}} + c_{ik}\right)\widetilde{I}_2 \ . \qquad (4)$$

Einige der Koeffizienten lassen sich anschaulich deuten; z.B. gilt für $I_2 = 0$

$$\widetilde{U}_2 = c_{uL}\,z_{1L}\,\widetilde{I}_1 = c_{uL}\,\widetilde{U}_1 \ .$$

Die Gln. (3) und (4) lauten mit allgemeinen Koeffizienten

$$\widetilde{U}_1 = a_{11}\widetilde{U}_2 + a_{12}\widetilde{I}_2$$
$$\widetilde{I}_1 = a_{21}\widetilde{U}_2 + a_{22}\widetilde{I}_2$$

oder in Matrizenform

$$\begin{pmatrix}\widetilde{U}_1\\ \widetilde{I}_1\end{pmatrix} = A \begin{pmatrix}\widetilde{U}_2\\ \widetilde{I}_2\end{pmatrix} \ .$$

Dabei sind $\begin{pmatrix}\widetilde{U}_1\\ \widetilde{I}_1\end{pmatrix}$ und $\begin{pmatrix}\widetilde{U}_2\\ \widetilde{I}_2\end{pmatrix}$ Spaltenmatrizen und

$$A = \begin{pmatrix} a_{11} & a_{12}\\ a_{21} & a_{22}\end{pmatrix}$$

ist eine quadratische Matrix, die sogenannte Kettenmatrix. Die a_{ik} sind komplexe Funktionen der Schaltelemente des Vierpols und der Frequenz.

Die Kettenmatrix eignet sich besonders für die Berechnung der Übertragungseigenschaften von Kettenschaltungen von Vierpolen. Z.B. wird die in Bild 8.3 gezeigte Kettenschaltung durch die Vierpol-Matrizengleichung

$$\begin{pmatrix} \tilde{U}_0 \\ \tilde{I}_0 \end{pmatrix} = A_1 \begin{pmatrix} \tilde{U}_1 \\ \tilde{I}_1 \end{pmatrix} = A_1 A_2 \begin{pmatrix} \tilde{U}_2 \\ \tilde{I}_2 \end{pmatrix}$$

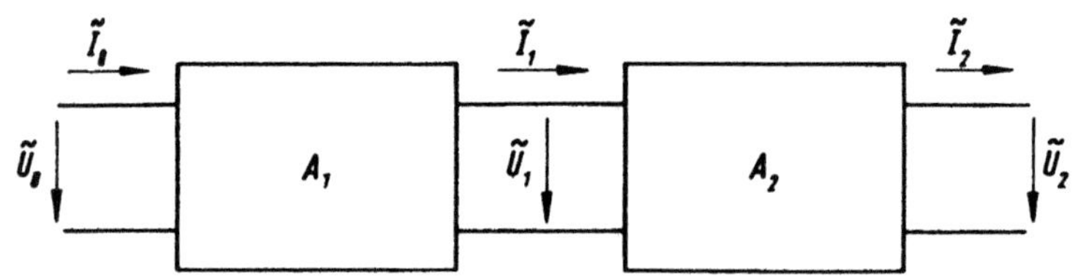

Bild 8.3

beschrieben. Dabei ist $A_1 A_2$ das Matrizenprodukt der beiden Einzelmatrizen.

Die Determinante der Kettenmatrix ist

$$|A| = \frac{1}{c_{uL}^2} \begin{vmatrix} 1 & z_{2k} \\ \frac{1}{z_{1L}} & \left(\frac{z_{2k}}{z_{1L}} + c_{uL}\, c_{ik}\right) \end{vmatrix} = \frac{c_{ik}}{c_{uL}} .$$

Bei passiven Vierpolen ist $c_{ik} = c_{uL}$, d.h. $|A| = 1$.

8.2. Darstellung eines Vierpols in T- oder Π-Schaltung

Bei Vierpolen ist es aus Potentialgründen häufig erwünscht, daß Eingang und Ausgang einen gemeinsamen Bezugspunkt haben, so daß der Vierpol eigentlich ein Dreipol ist. Bei Betrieb mit Wechselspannung läßt sich diese Umformung mit Hilfe eines Transformators bewerkstelligen (Bild 8.4).

In vielen Fällen ist der Transformator jedoch nicht notwendig, da der Vierpol aus Gründen z.B. des Aufwandes ohnehin mit gemeinsamem Bezugspunkt ausgeführt ist.

Die Brückenschaltungen bilden dabei eine Ausnahme. Es genügt also für unseren kurzen Überblick, die in Bild 7.14 gezeigten gleichwertigen T- und Π-Schaltungen als Grundformen von Vierpolen anzunehmen.

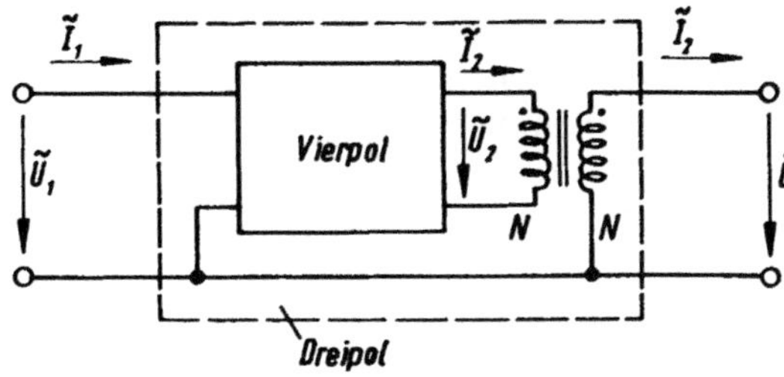

Bild 8.4

Als Beispiel soll die Kettenmatrix der T-Schaltung berechnet werden. Die in Abschnitt 8.1 eingeführten Parameter sind

$$c_{uL} = \left.\frac{\tilde{U}_2}{\tilde{U}_1}\right|_{\tilde{I}_2=0} = \frac{z_3}{z_1 + z_3}$$

$$c_{ik} = \left.\frac{\tilde{I}_1}{\tilde{I}_2}\right|_{\tilde{U}_1=0} = \frac{z_3}{z_1 + z_3} = c_{uL} \;.$$

Wie in Abschnitt 8.1 gezeigt, führt diese Übereinstimmung auf $|A| = 1$. Außerdem gilt

$$z_{1L} = \left.\frac{\tilde{U}_1}{\tilde{I}_1}\right|_{\tilde{I}_2=0} = z_1 + z_3$$

$$z_{2k} = \left.\frac{\tilde{U}_2}{-\tilde{I}_2}\right|_{\tilde{U}_1=0} = z_2 + \frac{z_1 z_3}{z_1 + z_3} \;.$$

Daraus folgen die Elemente der Kettenmatrix.

$$a_{11} = \frac{1}{c_{uL}} = \frac{z_1 + z_3}{z_3} \;, \qquad a_{12} = \frac{z_{2k}}{c_{uL}} = \frac{z_1 z_2 + z_1 z_3 + z_2 z_3}{z_3}$$

$$a_{21} = \frac{1}{c_{uL} z_{1L}} = \frac{1}{z_3} \;, \qquad a_{22} = \frac{z_{2k}}{c_{uL} z_{1L}} + c_{ik} = \frac{z_2 + z_3}{z_3} \;.$$

8.3. Reziproke Vierpoleigenschaften

Die in Abschnitt 8.2 festgestellte Übereinstimmung des Spannungsverhältnisses im Leerlauf (c_{uL}) und des reziproken Stromverhältnisses im Kurzschluß (c_{ik}) ist ein spezieller Fall eines allgemeineren Zusammenhanges, der reziproken Vierpoleigenschaften. Wir wollen diese Zusammenhänge hier nur anhand der Vierpolgleichungen konstatieren, ohne näher darauf einzugehen.

In Abschnitt 8.1 wurden die allgemeinen Vierpolgleichungen in Kettenform abgeleitet

$$\tilde{U}_1 = \frac{1}{c_{uL}} \tilde{U}_2 + \frac{z_{2k}}{c_{uL}} \tilde{I}_2$$

$$\tilde{I}_1 = \frac{1}{c_{uL}\, z_{1L}} \tilde{U}_2 + \left(\frac{z_{2k}}{c_{uL}\, z_{1L}} + c_{ik}\right) \tilde{I}_2 \, .$$

Nun werden jeweils zwei Gedankenversuche einander gegenübergestellt. Die zugehörigen Beziehungen zwischen den Strömen und Spannungen folgen, zum Teil nach einer kleinen Zwischenrechnung, aus den vorstehenden allgemeinen Vierpol-Gleichungen (Bild 8.5–8.8).

Mit der in Abschnitt 8.2 für den Fall der T-Schaltung (und damit der Π-Schaltung) gefundenen Identität $c_{uL} = c_{ik}$ erhält man eine formale Übereinstimmung der Ergebnisse bei den einander gegenübergestellten Gedankenversuchen.

Man erkennt, daß die einzelnen Paare durch Vertauschung der Kennzeichen Strom und Spannung auf der Primärseite sowie auf der Sekundärseite und durch Wahl der entgegengesetzten Übertragungsrichtung auseinander hervorgehen. Die Spannungsmessung erfolgt dabei stets im Leerlauf, die Strommessung im Kurzschluß.

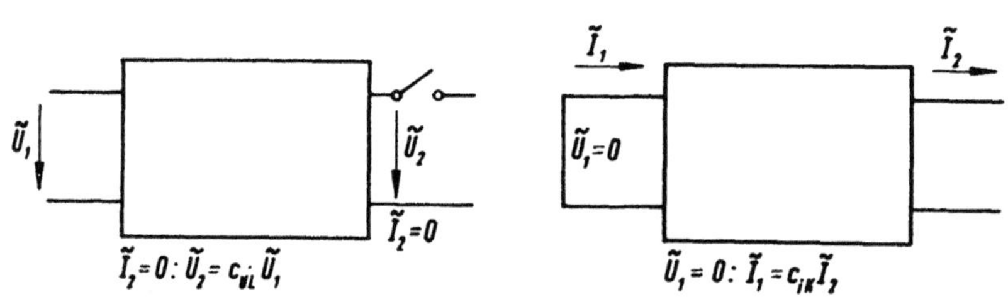

Bild 8.5

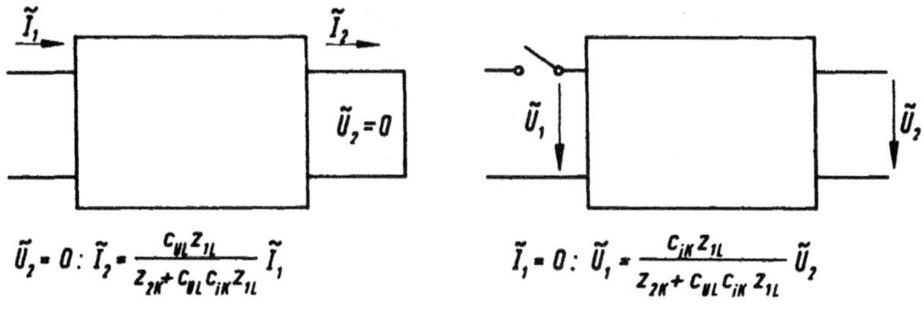

Bild 8.6

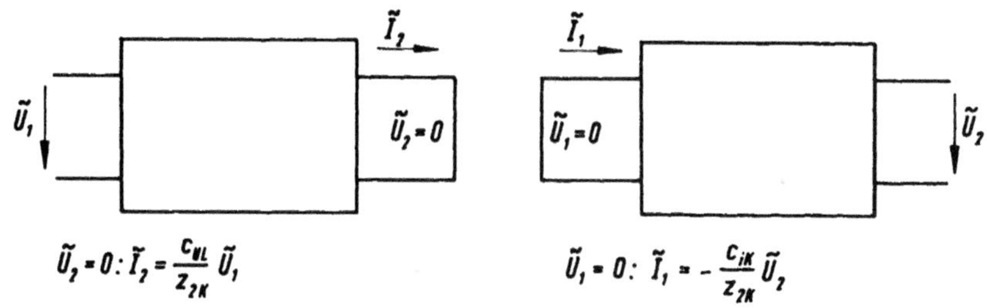

Bild 8.7

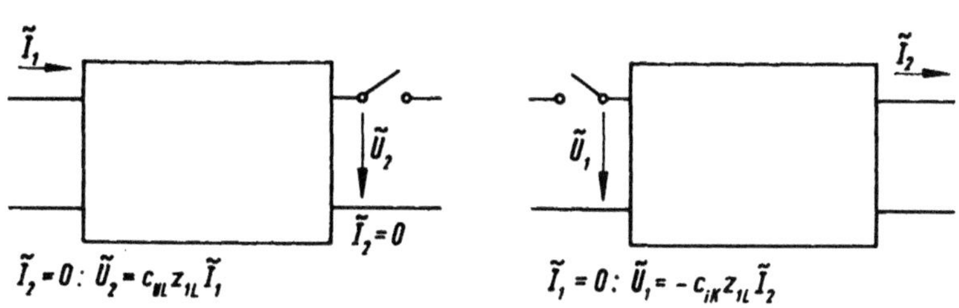

Bild 8.8

9. Drehstromsystem mit sinusförmigen Spannungen und Strömen

9.1. Symmetrisches Drehstromsystem

9.1.1. Allgemeines, Erzeugung von Drehstrom

Bei großen Leistungen ist es vorteilhaft, die elektrische Energie nicht in Form einer einfachen Wechselspannung bereitzustellen und mit einer Doppelleitung zu übertragen, sondern ein mehrphasiges Spannungs- und Stromsystem zu erzeugen und mit einer Mehrfachleitung zum Verbraucher zu führen. Von besonderer Bedeutung ist dabei der Fall des symmetrischen Dreiphasen- oder Drehstromsystems.

Ein symmetrisches m-Phasensystem ist zu definieren als die Kombination von m Wechselspannungen (oder Strömen) $u_1, u_2, \ldots, u_m$ gleicher Frequenz, die gegeneinander um jeweils T/m verschoben sind. T ist dabei die Periodendauer.

$$u_1(t)$$
$$u_2(t) = u_1(t - \frac{T}{m})$$
$$u_3(t) = u_2(t - \frac{T}{m}) = u_1(t - 2\frac{T}{m})$$
$$\vdots$$
$$u_m(t) = u_{m-1}(t - \frac{T}{m}) = \ldots = u_1\left(t - (m-1)\frac{T}{m}\right) .$$

m = 3 ist der Sonderfall des Drehstromsystems. Ein symmetrisches Drehspannungssystem kann z.B. in einem rotierenden Generator erzeugt werden. Dabei sind drei identische Wicklungen, jeweils um ein Drittel des Umfangs (bei einem zweipoligen Generator) gegeneinander versetzt, in den Ständernuten untergebracht. Das mit dem Polrad umlaufende Magnetfeld induziert die Wicklungen in gleicher Weise, nur folgen die Flußänderungen, und damit die Spannungen, zeitlich aufeinander. Verbindet man, wie in Bild 9.1 schematisch gezeigt, die Wicklungen einseitig miteinander, dann entsteht eine Drehstromwicklung in sogenannter Sternschaltung, wobei die drei Spannungen zwischen den freien Wicklungsenden (den Klemmen des Generators) und dem Sternpunkt auftreten.

Mit dem komplexen Ansatz für die sinusförmige Spannung

$$u_{10}(t) = \frac{\sqrt{2}}{2}\left(\tilde{U}_{10}e^{j\omega t} + \bar{\tilde{U}}_{10}e^{-j\omega t}\right) , \qquad \tilde{U}_{10} = U_{10}e^{j\alpha}$$

und der Definition

$$\gamma = \frac{2\pi}{3} = 120^\circ$$

erhält man die Zeiger der drei Spannungen

$$\tilde{U}_{10} = U_{10} e^{j\alpha}$$
$$\tilde{U}_{20} = \tilde{U}_{10} e^{-j\gamma} = U_{10} e^{j(\alpha-\gamma)}$$
$$\tilde{U}_{30} = \tilde{U}_{10} e^{-j2\gamma} = U_{10} e^{j(\alpha-2\gamma)} .$$

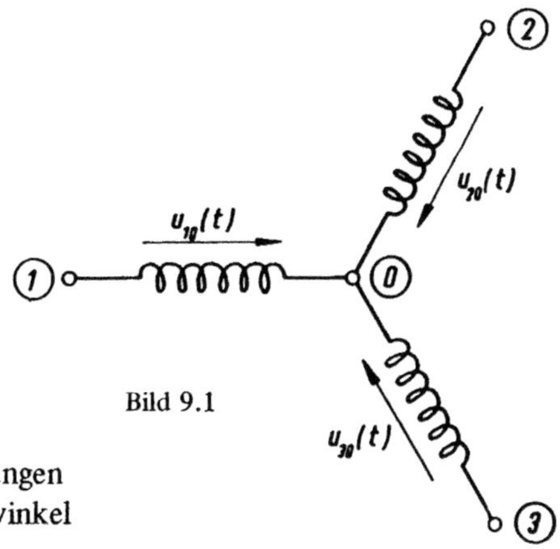

Bild 9.1

U_{10} ist der Effektivwert der in den Wicklungen induzierten Spannungen. Der Nullphasenwinkel α wird im folgenden zu Null angenommen.

Das Zeigerdiagramm eines sinusförmigen symmetrischen Drehspannungssystems besteht somit aus drei Zeigern, die sich zu einem gleichseitigen Dreieck schließen (Bild 9.2). Wegen

$$\tilde{U}_{10} + \tilde{U}_{20} + \tilde{U}_{30} = U_{10}(1 + e^{-j\gamma} + e^{-j2\gamma}) = 0$$

gilt dann auch

$$u_{10}(t) + u_{20}(t) + u_{30}(t) = 0 ,$$

d.h., die Summe der drei Spannungen ist in jedem Augenblick Null.

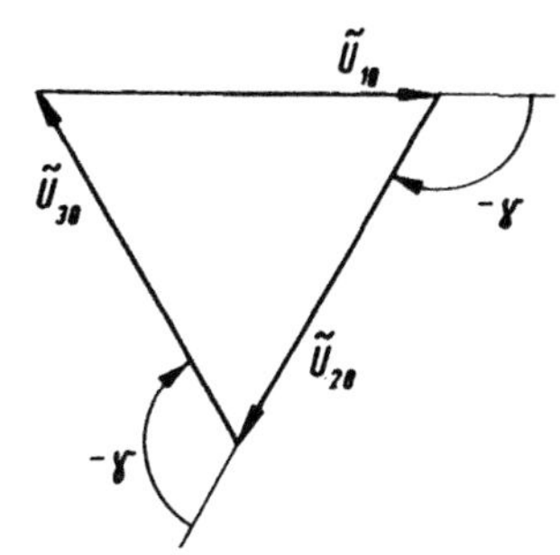

Bild 9.2

Beim sogenannten Vier-Leitersystem werden die drei Wicklungsenden und der Sternpunkt (Nullpunkt) des Generators zum Verbraucher geführt, der die drei Impedanzen z_1, z_2, z_3 enthält (Bild 9.3). Vernachlässigt man den Widerstand des „Null-Leiters", dann entstehen beim Verbraucher drei unabhängige Stromkreise. Wegen der Kopplung in einem Punkt sind aber nur vier Leiter notwendig, anstelle von sechs bei unabhängiger Übertragung der drei Spannungen.

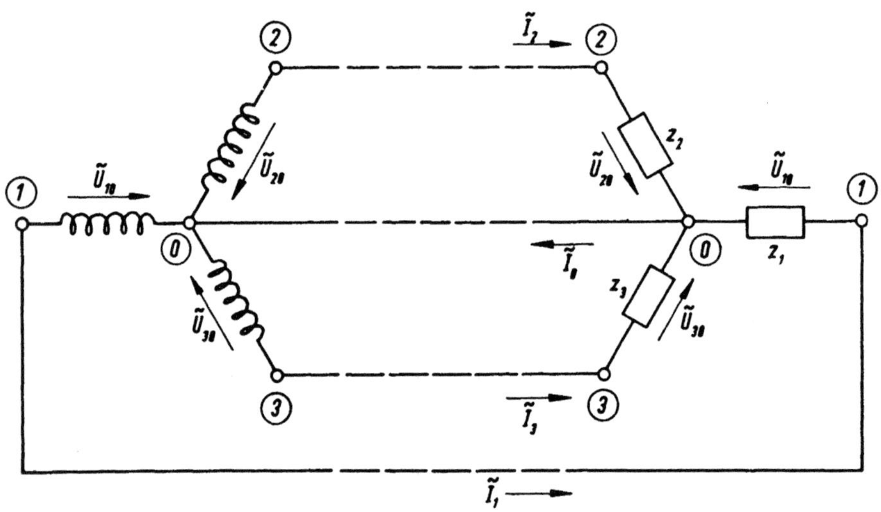

Bild 9.3

Die Verbraucher-Impedanzen in Bild 9.3 sind, ebenso wie die Generatorwicklung, in Stern geschaltet. Dies ist nicht die einzige Möglichkeit, die Drehstromleitung zu belasten. Eine andere besteht darin, die Verbraucher-Impedanzen zwischen die sogenannten Phasenleiter 1, 2, 3 zu schalten, d.h. sie mit den Generatorklemmen zu verbinden. Der Verbraucher wird dann mit einer anderen Spannung betrieben.

Die Spannung zwischen den Phasenleitern 1 und 2 ist mit $\alpha = 0$

$$\tilde{U}_{12} = \tilde{U}_{10} - \tilde{U}_{20} = U_{10}(1 - e^{-j\gamma}) = \sqrt{3}\ U_{10}e^{j30^\circ}\ .$$

Dieser Zeiger läßt sich auch dem Zeigerdiagramm in Bild 9.4 entnehmen.

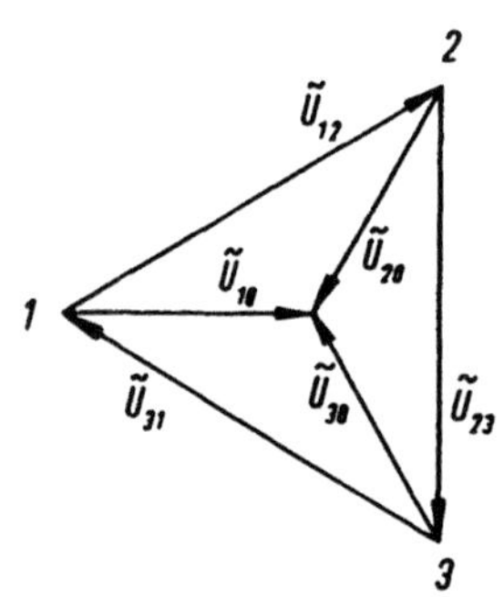

Bild 9.4

Entsprechend gilt

$$\widetilde{U}_{23} = \widetilde{U}_{20} - \widetilde{U}_{30} = \widetilde{U}_{12} e^{-j\gamma} = \sqrt{3}\; U_{10} e^{-j90^\circ}$$

und

$$\widetilde{U}_{31} = \widetilde{U}_{30} - \widetilde{U}_{10} = \widetilde{U}_{12} e^{-j2\gamma} = \sqrt{3}\; U_{10} e^{-j210^\circ} .$$

Auch die Spannungen zwischen den Phasenleitern bilden somit ein symmetrisches Drehspannungssystem. Man bezeichnet die Spannungen $\widetilde{U}_{12}$, $\widetilde{U}_{23}$, $\widetilde{U}_{31}$ als verkettete Spannungen. Die Gleichung

$$\widetilde{U}_{12} + \widetilde{U}_{23} + \widetilde{U}_{31} = 0$$

ist eine bereits durch die Defination aus der Maschenregel folgende Identität.

Beim Verbraucher stehen somit zwei verschiedene Gruppen von Spannungen zur Verfügung;

a) die zwischen je einem Phasenleiter und dem Null-Leiter auftretenden Phasen- oder Strang-Spannungen und
b) die zwischen den Phasenleitern bestehenden verketteten Spannungen, deren Effektivwert um den Faktor $\sqrt{3}$ gegenüber den Phasenspannungen erhöht ist.

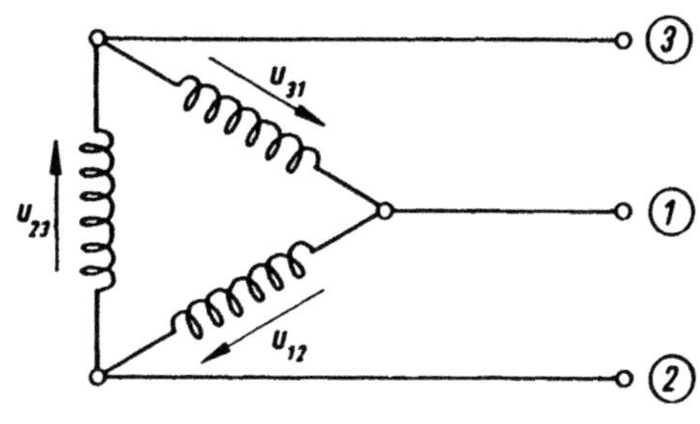

Bild 9.5

Die in Bild 9.3 gezeigte Sternschaltung der Generatorwicklungen kann auch durch die in Bild 9.5 dargestellte Dreieckschaltung ersetzt werden. Da die Summe der drei sinusförmigen Spannungen u_1, u_2, u_3 in jedem Augenblick Null ist,

$$u_1(t) + u_2(t) + u_3(t) = 0 ,$$

tritt beim Schließen des Ringes kein Kreisstrom auf. Die drei Leiter können zum Verbraucher geführt werden; ein Null-Leiter ist nicht vorhanden.

Auch bei dieser Schaltung des Generators erhält man ein symmetrisches Drehspannungssystem.

9.1.2. Drehstrombelastung

Das Vier-Leitersystem sei nach Bild 9.3 auf der Verbraucherseite durch die Impedanzen z_1, z_2, z_3 belastet. Dadurch entstehen die Leiterströme

$$\tilde{I}_1 = \frac{\tilde{U}_{10}}{z_1}, \quad \tilde{I}_2 = \frac{\tilde{U}_{20}}{z_2}, \quad \tilde{I}_3 = \frac{\tilde{U}_{30}}{z_3} \quad .$$

Der Summenstrom

$$\tilde{I}_0 = \tilde{I}_1 + \tilde{I}_2 + \tilde{I}_3$$

fließt im Null-Leiter zum Generator zurück. Bei symmetrischer Belastung, $z_1 = z_2 = z_3 = z$, bilden auch die Leiterströme

$$\tilde{I}_1 = \frac{\tilde{U}_{10}}{z}, \quad \tilde{I}_2 = \frac{\tilde{U}_{20}}{z} = \tilde{I}_1 e^{-j\gamma}, \quad \tilde{I}_3 = \frac{\tilde{U}_{30}}{z} = \tilde{I}_1 e^{-j2\gamma}$$

ein symmetrisches Drehstromsystem (Bild 9.6).

Der Strom im Null-Leiter

$$\tilde{I}_0 = \tilde{I}_1 (1 + e^{-j\gamma} + e^{-j2\gamma})$$

ist dann Null, so daß der Null-Leiter entbehrlich ist. Dies bedeutet eine weitere Einsparung gegenüber drei unabhängigen Einphasensystemen.

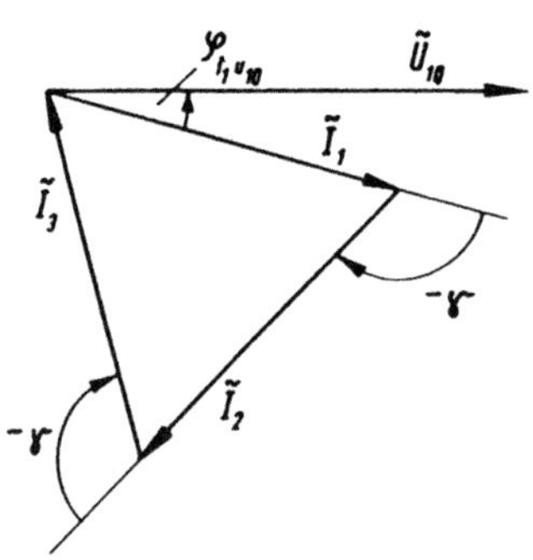

Bild 9.6

Bei Hochspannungsleitungen wird der Null-Leiter i.a. nicht mitgeführt. Das an der Mastspitze befestigte Seil ist ein Erdleiter und dient zum Blitzschutz.

Wie schon erwähnt, können die in Bild 9.3 enthaltenen Verbraucher-Impedanzen auch zwischen die Phasenleiter geschaltet werden. Man kommt so zur Dreieckschaltung des Verbrauchers (Bild 9.7).

Die Ströme in den Verbraucher-Impedanzen sind

$$\tilde{I}_{12} = \frac{\tilde{U}_{12}}{z_{12}}, \quad \tilde{I}_{23} = \frac{\tilde{U}_{23}}{z_{23}}, \quad \tilde{I}_{31} = \frac{\tilde{U}_{31}}{z_{31}} \quad .$$

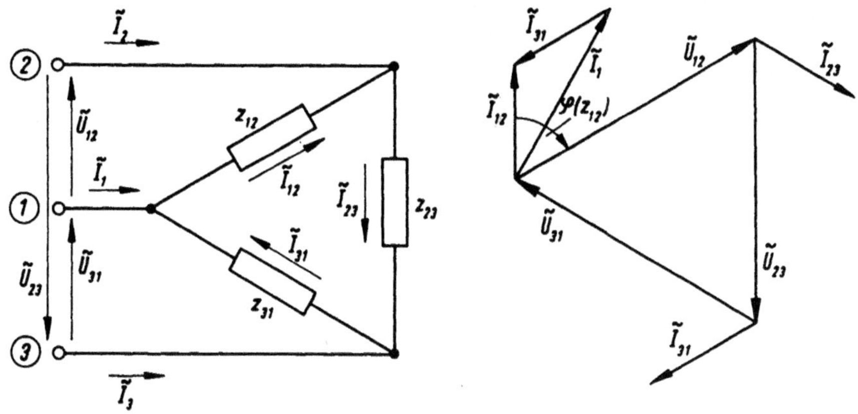

Bild 9.7

Die Ströme in den Zuleitungen setzen sich aus diesen Strömen zusammen,

$$\tilde{I}_1 = \tilde{I}_{12} - \tilde{I}_{31}\ , \qquad \tilde{I}_2 = \tilde{I}_{23} - \tilde{I}_{12}\ , \qquad \tilde{I}_3 = \tilde{I}_{31} - \tilde{I}_{23}\ .$$

Aus der Knotenpunktsregel (Hülle um den gesamten Verbraucher) folgt sofort die Identität $\tilde{I}_1 + \tilde{I}_2 + \tilde{I}_3 = 0$.

Bei symmetrischer Belastung,

$$z_{12} = z_{23} = z_{31} = z\ ,$$

ist

$$\tilde{I}_{12} = \frac{\tilde{U}_{12}}{z}\ , \qquad \tilde{I}_{23} = \frac{\tilde{U}_{23}}{z} = \tilde{I}_{12} e^{-j\gamma}\ , \qquad \tilde{I}_{31} = \frac{\tilde{U}_{31}}{z} = \tilde{I}_{12} e^{-j2\gamma}\ ,$$

d.h. die Ströme in den Verbraucher-Impedanzen (Phasenströme) bilden ein symmetrisches Drehstromsystem.

Das gleiche gilt für die Leiterströme

$$\tilde{I}_1 = \frac{1}{z}(\tilde{U}_{12} - \tilde{U}_{31}) = \frac{\tilde{U}_{12}}{z}(1 - e^{-j2\gamma}) = \sqrt{3}\ \frac{\tilde{U}_{12}}{z}\ e^{-j30°} = \sqrt{3}\ \tilde{I}_{12} e^{-j30°}$$

$$\tilde{I}_2 = \frac{1}{z}(\tilde{U}_{23} - \tilde{U}_{12}) = \tilde{I}_1 e^{-j\gamma}$$

$$\tilde{I}_3 = \frac{1}{z}(\tilde{U}_{31} - \tilde{U}_{23}) = \tilde{I}_1 e^{-j2\gamma}\ .$$

Bezieht man bei symmetrischer Dreieckbelastung den Leiterstrom auf die zugehörige (wenn auch am Ort des Verbrauchers möglicherweise nicht unmittelbar verfügbare) Strangspannung, so folgt mit

$$\tilde{U}_{12} = \tilde{U}_{10} - \tilde{U}_{20} = \tilde{U}_{10}(1 - e^{-j\gamma})$$

und

$$\tilde{I}_1 = \frac{1}{z}(\tilde{U}_{12} - \tilde{U}_{31}) = \frac{\tilde{U}_{12}}{z}(1 - e^{-j2\gamma}) = \frac{\tilde{U}_{12}}{z}(1 - e^{j\gamma})$$

das einfache Ergebnis

$$\tilde{I}_1 = \frac{\tilde{U}_{10}}{z}(1 - e^{-j\gamma})(1 - e^{+j\gamma}) = 3\,\frac{\tilde{U}_{10}}{z} \quad .$$

Für die anderen Phasen gelten entsprechende Beziehungen. Bei einem Drehstromverbraucher mit drei gleichen in Dreieck geschalteten Impedanzen z bilden sich demnach die gleichen Leiterströme aus wie bei einem in Stern geschalteten Verbraucher mit der Impedanz z/3 je Phase. Man kann bei einem Drehstromverbraucher also aufgrund der Leiterströme allein nicht erkennen, ob eine Stern- oder Dreieckschaltung vorliegt. Das gleiche Ergebnis wurde in Abschnitt 7.2.4 gefunden.

Elektrische Großverbraucher werden fast immer als symmetrische Drehstromverbraucher ausgeführt (Ausnahme z.B. elektrische Bahnen). Dagegen kommen bei Niederspannungs-Verteilungsanlagen auch unsymmetrische und einphasige Verbraucher vor. Diese Fragen werden in einem späteren Abschnitt behandelt.

Die bei symmetrischen Drehstromverbrauchern geltenden Beziehungen sind in Bild 9.8 noch einmal zusammengestellt.

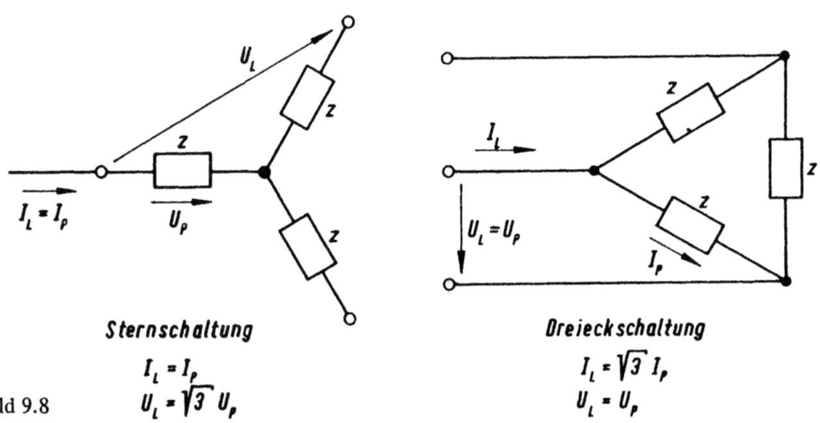

Bild 9.8

9.1.3. Leistung bei Drehstrom

Die dem im Stern geschalteten Generator (Bild 9.3) entnommene gesamte Leistung ist, bei beliebiger Schaltung des Verbrauchers,

$$p(t) = u_{10}(t)\, i_1(t) + u_{20}(t)\, i_2(t) + u_{30}(t)\, i_3(t)\,. \qquad (1)$$

Zur Messung des Mittelwertes P_w werden somit drei Wattmeter benötigt. Die Meßschaltung ist in Bild 9.9 dargestellt.

Bild 9.9

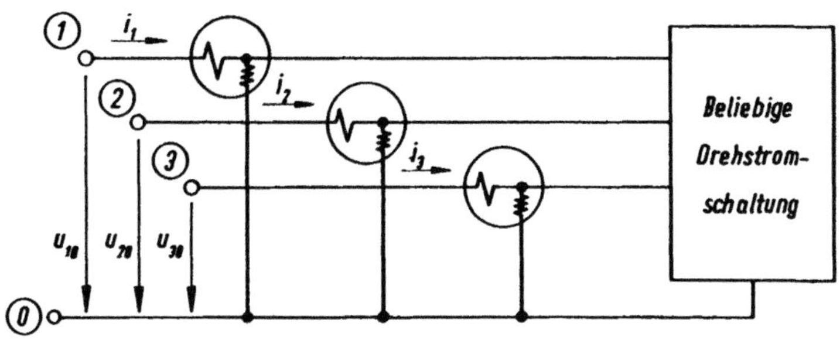

Der Ausdruck für die Leistung wird umgeformt

$$p(t) = (u_{10} - u_{30})\, i_1 + (u_{20} - u_{30})\, i_2 + u_{30}(i_1 + i_2 + i_3)\,.$$

Falls kein Null-Leiter vorhanden ist, wird

$$i_1 + i_2 + i_3 = 0$$

erzwungen, so daß der letzte Anteil entfällt.

Damit gilt

$$p(t) = u_{13}(t)\, i_1(t) + u_{23}(t)\, i_2(t)\,.$$

Bei einem beliebigen Drehstromverbraucher ohne Anschluß des Null-Leiters genügen zur Messung des Mittelwertes der Leistung also zwei Wattmeter. Bild 9.10 zeigt die zugehörige Schaltung.

Wie man aus dem Zeigerdiagramm erkennt, zeigen die beiden Leistungsmesser auch bei symmetrischer Belastung i.a. nicht den gleichen Wert an. Die Anzeige eines einzelnen Leistungsmessers ist jedoch ohne Bedeutung, es kommt nur auf die Summe der Anzeigen an. Die Zwei-Wattmeterschaltung wird in den Übungen genauer untersucht.

Bei einem symmetrischen Verbraucher genügt es an sich, in einer einzigen Phase zu messen, doch bevorzugt man auch dort die Messung in zwei oder drei Phasen.

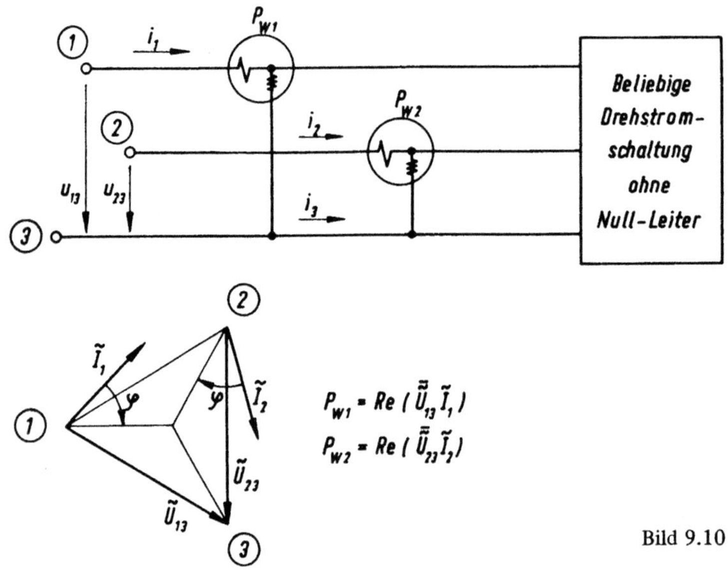

Bild 9.10

Für den symmetrischen Fall ist noch eine Besonderheit zu vermerken. Aus dem allgemeinen Ansatz (1) erhält man bei Annahme von drei gleichen Lastimpedanzen mit dem Phasenwinkel φ den Augenblickswert der Summenleistung

$$p(t) = \hat{u}_{10}\hat{i}_{10}\left[\cos\omega t \cdot \cos(\omega t - \varphi) + \cos(\omega t - \gamma)\cos(\omega t - \gamma - \varphi) + \cos(\omega t - 2\gamma)\cos(\omega t - 2\gamma - \varphi)\right] .$$

Durch Umformung folgt

$$p(t) = \frac{\hat{u}_{10}\hat{i}_{10}}{2}\left[3\cos\varphi + \cos(2\omega t - \varphi) + \cos(2\omega t - \varphi - 2\gamma) + \cos(2\omega t - \varphi - 4\gamma)\right] .$$

Wegen $\gamma = \frac{2\pi}{3}$ entfallen die Wechselkomponenten und es bleibt

$$p(t) = \frac{3}{2}\hat{u}_{10}\hat{i}_{10}\,\cos\varphi = 3\,U_{10}I_{10}\cos\varphi = P_w = \text{const} .$$

Der Augenblickswert der in einem symmetrischen Drehstromsystem übertragenen Gesamtleistung ist also konstant. Dies ist ein weiterer wesentlicher Vorzug des Drehstroms, der sich vor allem beim Entwurf und beim Betrieb von elektrischen Maschinen auswirkt. Die konstante Leistung äußert sich in einem zeitlich konstanten Drehmoment; dies ermöglicht eine leichte Konstruktion und eine gute Werkstoffausnutzung der Maschinen.

Der in dem Ausdruck für die Leistung enthaltene Winkel φ ist der Phasenwinkel einer einzelnen Lastimpedanz, gleichgültig, ob die Last in Stern oder Dreieck geschaltet ist. Ersetzt man I_{10} durch I_L und U_{10} durch $U_p = U_L/\sqrt{3}$, dann erhält man die Form

$$p(t) = P_w = \sqrt{3}\ U_L I_L \cos\varphi \ .$$

Auch dieser Ausdruck gilt nur für symmetrische Verhältnisse.

Die bisherigen Ergebnisse lassen sich auf symmetrische Mehrphasensysteme mit $m > 3$ erweitern. Dabei ändern sich nur die Zahlenwerte; das Prinzip der Schaltungen und die Wirkungsweise bleiben erhalten.

9.2. Unsymmetrisches Drehstromsystem

Drehstromerzeuger sind im allgemeinen symmetrisch aufgebaut, so daß die Spannungen der in Abschnitt 9.1.1 genannten Definition genügen. Dagegen kommt bei den Verbrauchern durch unterschiedliche Belastung der einzelnen Phasen oft eine beträchtliche Unsymmetrie des Stromes zustande.

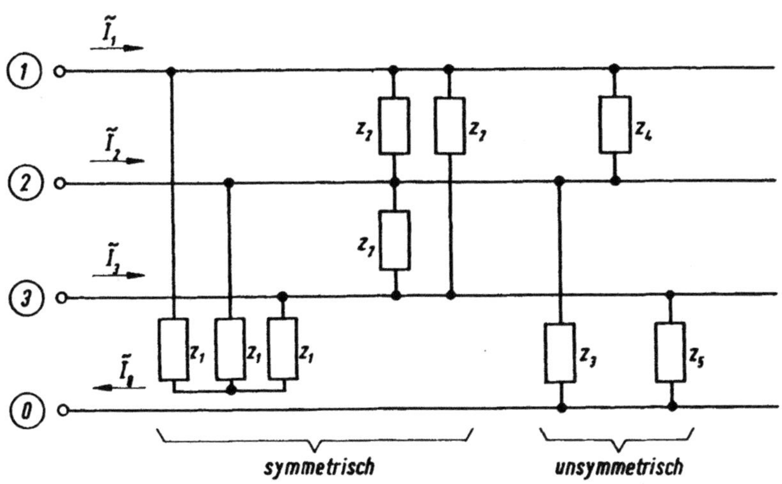

Bild 9.11

Bild 9.11 zeigt das Schema einer üblichen Niederspannungsverteilung 220/380 V mit vier Leitern.

Neben symmetrischen Drehstromverbrauchern sind Einphasenverbraucher vorhanden, die das Spannungssystem unsymmetrisch belasten. Man ist zwar bestrebt, durch entsprechenden Anschluß der einphasigen Verbraucher, z.B. der Beleuchtungseinrichtungen, die Unsymmetrie zu reduzieren, jedoch bleibt meistens ein Summenstrom übrig, der durch den Null-Leiter abgeführt werden muß. Im Hochspannungsnetz ist die Unsymmetrie infolge der Vielzahl der Verbraucher jedoch soweit ausgeglichen, daß auf die Mitführung des Null-Leiters verzichtet werden kann.

Bei starker Unsymmetrie der Belastungsströme besteht die Gefahr, daß infolge der unsymmetrischen Spannungsverluste an den Transformatoren und Leitungen auch die Verbraucherspannungen unsymmetrisch werden.

Falls ein Drehstromverbraucher in Sternschaltung an ein symmetrisches 3-Leiter-Drehstromnetz angeschlossen wird (Bild 9.12), genügen bereits kleine Verschiedenheiten der Impedanzen, um eine merkliche Unsymmetrie der Phasenspannungen des Verbrauchers hervorzurufen. Der Grund liegt darin, daß durch das Fehlen des Null-Leiters die Bedingung $\tilde{I}_1 + \tilde{I}_2 + \tilde{I}_3 = 0$ erzwungen wird. Da dies für ungleiche Impedanzen nur bei unterschiedlichen Phasen-Spannungen möglich ist, tritt zwischen dem Verbrauchersternpunkt und dem Null-Leiter des symmetrischen Drehstromnetzes eine Spannung $\tilde{U}_{m0}$ auf. Die Größe dieser Spannung ist ein Maß für die entstandene Unsymmetrie.

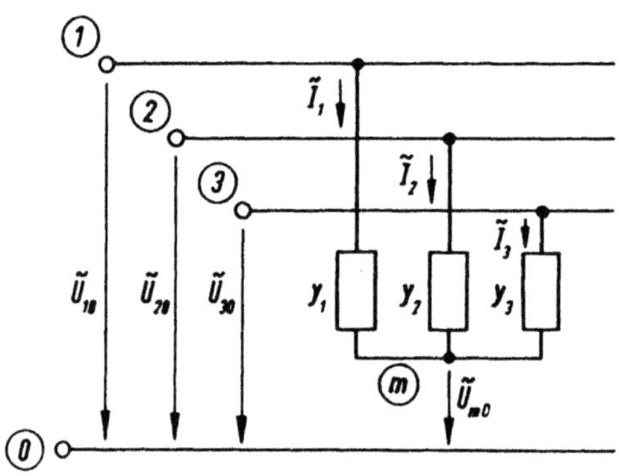

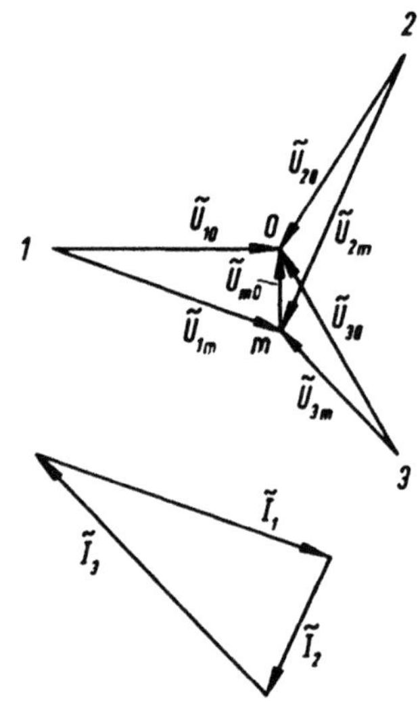

Bild 9.12

Die Maschengleichungen lauten

$$\tilde{I}_1 = y_1 \tilde{U}_{1m} = y_1(\tilde{U}_{10} - \tilde{U}_{m0})$$

$$\tilde{I}_2 = y_2 \tilde{U}_{2m} = y_2(\tilde{U}_{20} - \tilde{U}_{m0})$$

$$\tilde{I}_3 = y_3 \tilde{U}_{3m} = y_3(\tilde{U}_{30} - \tilde{U}_{m0}) \ .$$

Durch Einsetzen in die Knotenpunktsgleichung

$$\tilde{I}_1 + \tilde{I}_2 + \tilde{I}_3 = 0$$

folgt die Sternpunktsspannung

$$\tilde{U}_{m0} = \frac{y_1\tilde{U}_{10} + y_2\tilde{U}_{20} + y_3\tilde{U}_{30}}{y_1 + y_2 + y_3} \quad .$$

Sie verschwindet bei symmetrischer Last.

Die vorstehende Rechnung gilt übrigens für jeden beliebigen Bezugspunkt 0, also nicht nur für den Nullpunkt des symmetrischen Drehstromsystems.

Unsymmetrische Mehrphasensysteme lassen sich in besonders eleganter Weise mit dem Verfahren der „Symmetrischen Komponenten" analysieren. Es handelt sich dabei wieder um eine dem Problem besonders angepaßte Koordinaten-Transformation. Dieses Verfahren wird in einer anderen Vorlesung behandelt.

9.3. Beispiel: Erdschluß-Löschung in einem Hochspannungsnetz

Eine leerlaufende Drehstrom-Hochspannungsleitung kann, rigoros vereinfacht, durch das im Bild 9.13 angegebene Schaltbild beschrieben werden.

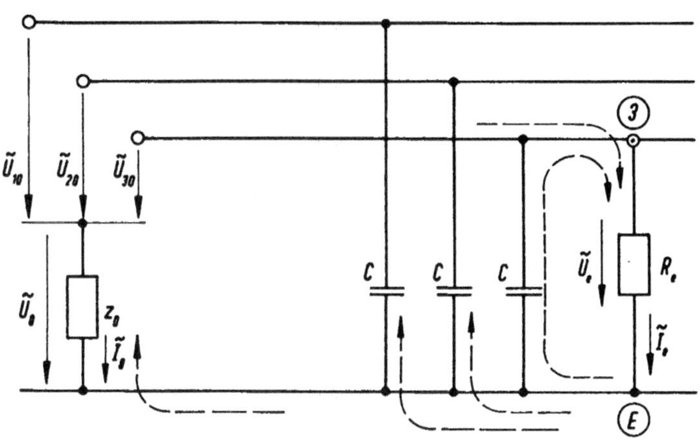

Bild 9.13

$\tilde{U}_{10}$, $\tilde{U}_{20}$, $\tilde{U}_{30}$ seien die symmetrischen Phasenspannungen auf der Hochspannungsseite des Drehstrom-Transformators; Streuinduktivitäten und die Induktivitäten der Leitung sind vernachlässigt. Der Sternpunkt des Transformators sei über eine Impedanz z_0 geerdet. Die Erdkapazitäten des betrachteten Leitungsabschnittes sind in den Elementen C zusammengefaßt; der Widerstand der Erdstrombahnen sei Null.

Aus irgendeinem Anlaß, z.B. durch einen Blitzeinschlag, entstehe ein Lichtbogen zwischen einer Leiterphase und einem der geerdeten Masten, ein sogenannter Erdschluß. Als Folge der Erdkapazitäten bildet sich ein Erdschlußstrom $\tilde{I}_e$ aus, der vom Transformator gespeist wird. Mögliche Strombahnen sind in Bild 9.13 skizziert. Der Lichtbogen soll durch einen Erdschluß-Widerstand R_e dargestellt werden; dies ist natürlich eine grobe Näherung, da die Lichtbogenspannung dem Strom nicht proportional ist.

Es soll nun geprüft werden, ob der Erdschlußstrom durch geeignete Wahl von z_0 beeinflußt und unter Umständen gelöscht werden kann.
Hierfür wird die Ersatzspannungsquelle bezüglich der Punkte 3 und E bestimmt.

a) Leerlaufspannung

Leerlauf an den Klemmen 3, E bedeutet $R_e = \infty$, d.h. normaler Betrieb ohne Erdschluß. Aus Symmetriegründen ist dann $I_0 = 0$ und somit $U_0 = 0$. Daraus folgt

$$\tilde{U}_{eL} = \tilde{U}_{30} \ .$$

Die Leerlaufspannung am Kurzschlußpunkt entspricht also der Phasenspannung.

b) Innen-Impedanz

Zur Bestimmung der inneren Impedanz werden die anregenden Größen zu Null angenommen, d.h. es wird $\tilde{U}_{10} = \tilde{U}_{20} = \tilde{U}_{30} = 0$ gesetzt. Damit erscheint zwischen den Klemmen 3 und E die Parallelschaltung von z_0 und $1/j\omega 3C$

$$z_i = \frac{z_0}{1 + z_0 j\omega 3C} \ .$$

Mit $z_0 = j\omega L_0$ wird die innere Impedanz zu einem Schwingkreis ergänzt

$$z_i = \frac{j\omega L_0}{1 - 3\omega^2 L_0 C} \ .$$

Wählt man $L_0 = 1/3\omega^2 C$, so befindet sich der Schwingkreis in Resonanz und es gilt $z_i \to \infty$.

Da U_{eL} endlich ist, wird damit $I_e = 0$, d.h. der Erdschlußstrom wird durch eine abgestimmte Erdschlußdrossel gelöscht (Petersen). Dieses Verfahren wird bei uns im 110 kV-Netz weitgehend verwendet.

Bei höheren Spannungen versagt diese Erdschlußlöschung, da der kapazitive Strom wegen der Koronaverluste eine zu große Ohmsche Komponente hat. Der Transformatorsternpunkt wird dann meistens fest geerdet, so daß ein Erdschluß zum Kurzschluß wird. Die Leitung muß dann kurzzeitig abgeschaltet werden, bis der Lichtbogen erloschen ist und beim Zuschalten nicht wieder zündet.

10. Nicht sinusförmige periodische Vorgänge

10.1. Allgemeines

In der Technik gibt es viele Vorgänge, die zwar zeitlich periodisch sind, bei denen also gilt

$$x(t + nT) = x(t)\,, \qquad n = 1, 2, 3, \ldots,$$

die jedoch nicht sinusförmig verlaufen (Bild 10.1). Man denke etwa an die Bewegung eines nockengesteuerten Ventilhebels oder an das Drehmoment eines Dieselmotors.

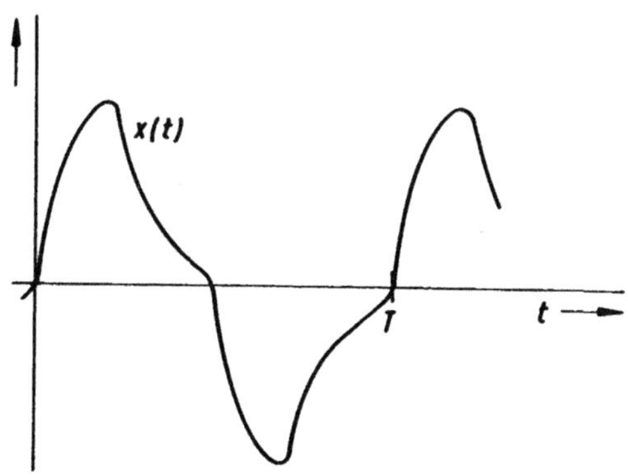

Bild 10.1

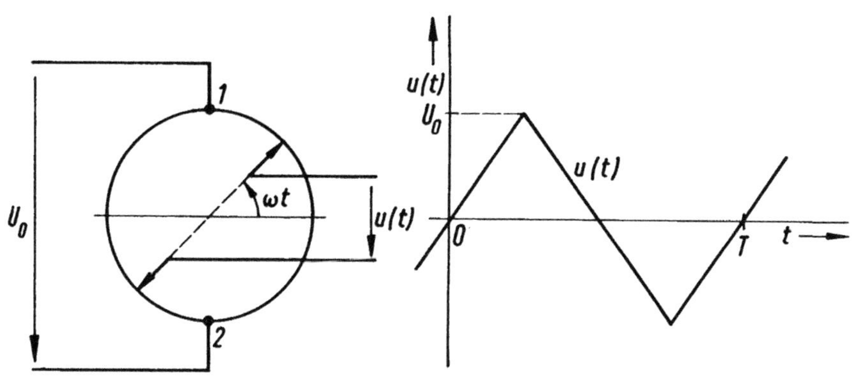

Bild 10.2

In Bild 10.2 ist z.B. ein Ringwiderstand gezeichnet, der an den Diagonalstellen 1 und 2 mit einer Gleichspannung U_0 gespeist wird. Auf dem Ring gleiten mit der Winkelgeschwindigkeit $\omega = 2\pi/T$ zwei ebenfalls diagonal liegende Kontaktstücke. Die Leerlaufspannung zwischen den beweglichen Kontakten hat den gezeichneten dreieckförmigen Verlauf. Die Spannung verläuft also periodisch, aber nicht sinusförmig.

Nicht sinusförmige Vorgänge können auch in der ruhenden Schaltung selbst entstehen. Bild 10.3 zeigt als Beispiel eine Drosselspule mit Eisenkern; sie habe die gezeichnete nichtlineare Magnetisierungskennlinie $\Phi(i)$. Bei Speisung der Wicklung mit einem sinusförmigen Wechselstrom läßt sich der Verlauf des Flusses punktweise konstruieren.

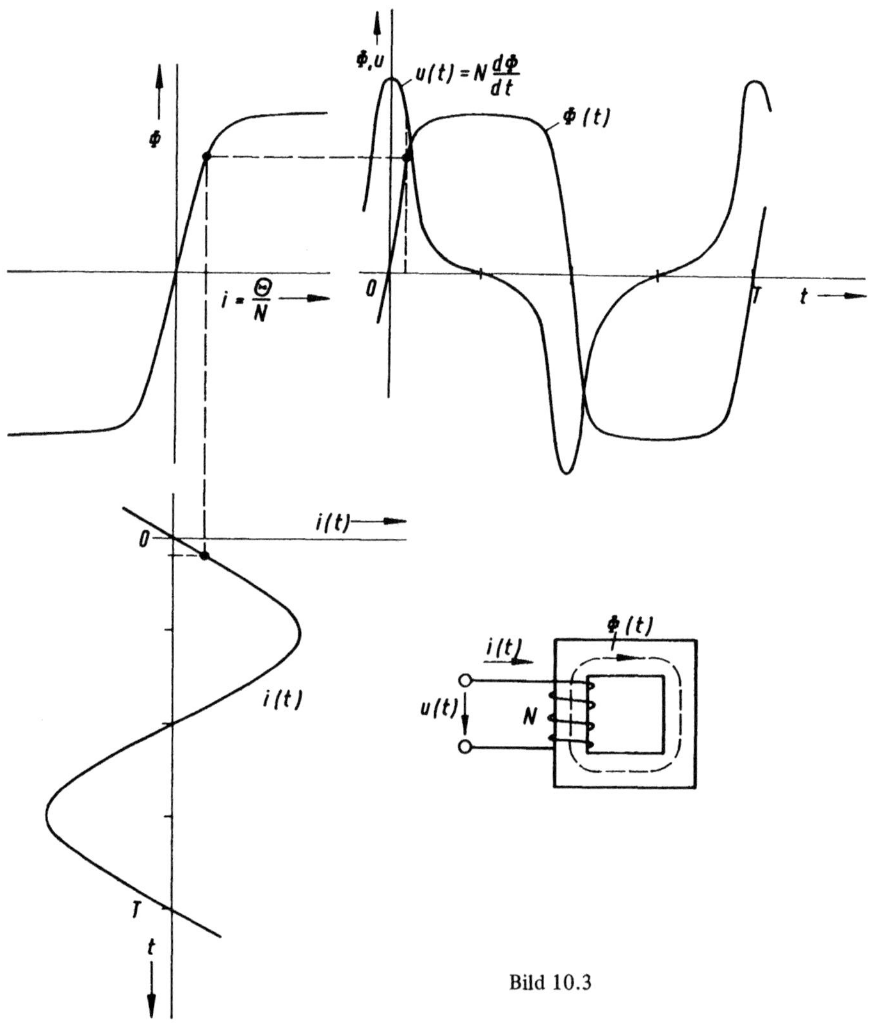

Bild 10.3

Man erkennt daraus, daß $\Phi(t)$ zwar periodisch, jedoch gegenüber einer Sinuslinie abgeplattet ist. Durch Differentiation entsteht die induzierte Spannung $u = N\,(d\Phi/dt)$; auch sie ist nicht sinusförmig, hat aber einen anderen zeitlichen Verlauf als der Fluß.

Speist man umgekehrt die (widerstandsfreie) Wicklung mit einer sinusförmigen eingeprägten Spannung, so ist wegen $u = N\,(d\Phi/dt)$ der magnetische Fluß sinusförmig. Wegen der nichtlinearen Magnetisierungskennlinie hat dies einen stark verzerrten Strom zu Folge.

In Wirklichkeit verlaufen wegen des Wicklungswiderstandes weder Fluß noch Strom sinusförmig.

Grund dieser Erscheinung ist die Tatsache, daß die eisengefüllte Drosselspule, ebenso wie z.B. ein Gleichrichter, kein lineares Schaltelement darstellt. Die Wirkungen verschiedener Ursachen dürfen hier nicht mehr linear überlagert werden.

10.2. Darstellung periodischer Vorgänge durch Fouriersche Reihen

Aus der Mathematik ist bekannt, daß unter bestimmten Voraussetzungen – die hier stets erfüllt sind – eine periodische Funktion $u(t)$ als Fourier-Reihe, d.h. als Summe einer Gleichkomponente und einer unendlichen Reihe von periodischen Teilschwingungen dargestellt werden kann,

$$u(t) = U_0 + \sum_{\nu=1,2,3\ldots}^{\infty} \hat{u}_\nu \cos(\nu\omega t + \alpha_\nu)\,.$$

$T = 2\pi/\omega$ ist die Periode und U_0 die Gleichkomponente von $u(t)$; $\hat{u}_\nu$ ist der Scheitelwert und α_ν der Phasenwinkel der ν-ten Teilschwingung.

Man bezeichnet den Anteil mit $\nu = 1$ auch als Grundschwingung und die Anteile mit $\nu > 1$ als Oberschwingungen der Funktion $u(t)$.

Manchmal ist es vorteilhaft, für die Fourier-Reihe eine komplexe Schreibweise zu verwenden.
Für die ν-te Teilschwingung gilt mit dem Effektivwert U_ν

$$u_\nu(t) = \sqrt{2}\; U_\nu \cos(\nu\omega t + \alpha_\nu) = \frac{\sqrt{2}}{2}\left(\tilde{U}_\nu\, e^{j\nu\omega t} + \overline{\tilde{U}}_\nu\, e^{-j\nu\omega t}\right)\,.$$

$\tilde{U}_\nu = U_\nu e^{j\alpha_\nu}$ ist der Zeiger der ν-ten Teilschwingung.

Durch Einsetzen folgt

$$u(t) = U_0 + \frac{\sqrt{2}}{2} \sum_{\nu=1,2,\ldots}^{\infty} \left(\tilde{U}_\nu\, e^{j\nu\omega t} + \overline{\tilde{U}}_\nu\, e^{-j\nu\omega t}\right)\,.$$

Mit der Festlegung $\tilde{\tilde{U}}_\nu = \tilde{U}_{-\nu}$ läßt sich die Reihe abgekürzt schreiben

$$u(t) = U_0 + \frac{\sqrt{2}}{2} \sum_{\nu=-\infty}^{+\infty} \tilde{U}_\nu e^{j\nu\omega t}, \qquad \nu \neq 0. \tag{1}$$

Die Zeiger $\tilde{U}_\nu$ stellen dabei die komplexen Fourierkoeffizienten oder das komplexe Frequenzspektrum dar. Betrag und Phase der komplexen Koeffizienten entsprechen dem Effektivwert und dem Phasenwinkel in der reellen Darstellung.

$$|\tilde{U}_\nu| = U_\nu, \qquad \arg \tilde{U}_\nu = \alpha_\nu \quad .$$

Die Berechnung der Fourierkoeffizienten ist aus der Mathematik bekannt. Sie wird hier nur kurz skizziert.

Die Definitionsgleichung (1) der Fourier-Reihe wird auf beiden Seiten mit $e^{j\mu\omega t}$ multipliziert und über eine Periode von t_1 bis $t_1 + T$ integriert; μ ist dabei eine ganze Zahl, t_1 ist der beliebig gewählte Beginn des Integrationsintervalles. Nach Vertauschung der Reihenfolge von Summenbildung und Integration gilt

$$\int_{t_1}^{t_1+T} u(t)\, e^{j\mu\omega t}\, dt = \int_{t_1}^{t_1+T} U_0\, e^{j\mu\omega t}\, dt + \frac{\sqrt{2}}{2} \sum_{\nu=-\infty}^{+\infty} \int_{t_1}^{t_1+T} \tilde{U}_\nu\, e^{j(\nu+\mu)\omega t}\, dt, \qquad \nu \neq 0 \ .$$

U_0 und $\tilde{U}_\nu$ sind Konstante, die vor die Integrale gezogen werden können. Wegen der Periodizität des Integranden verschwinden auf der rechten Seite alle Anteile mit Ausnahme von $\nu = -\mu$, so daß das Ergebnis der rechten Seite lautet:

$$\frac{\sqrt{2}}{2}\, T\tilde{U}_{-\mu} \ .$$

Auflösung nach $\tilde{U}_{-\mu}$ und Rücksubstitution von $-\mu$ durch ν liefert schließlich

$$\tilde{U}_\nu = \frac{1}{\sqrt{2}} \frac{2}{T} \int_{t_1}^{t_1+T} u(t)\, e^{-j\nu\omega t}\, dt = \frac{1}{\sqrt{2}} \frac{2}{T} \left[\int_{t_1}^{t_1+T} u(t) \cos\nu\omega t\, dt - j \int_{t_1}^{t_1+T} u(t) \sin\nu\omega t\, dt \right],$$
$$\nu \neq 0 \ . \tag{2}$$

Der Faktor $1/\sqrt{2}$ ist wieder durch die Vereinbarung $|\tilde{U}_\nu| = U_\nu$ bedingt. Der Anfangswert des Integrationsintervalles ist beliebig. Es empfiehlt sich jedoch, t_1 so zu wählen, daß etwaige Symmetrie-Eigenschaften von $u(t)$ leicht überschaubare Vereinfachungen ergeben.

Die Gleichkomponente findet man mit $\mu = 0$, d.h. durch Mittelwertbildung,

$$U_0 = \frac{1}{T} \int_{t_1}^{t_1+T} u(t)\, dt \ .$$

Das skizzierte Verfahren soll nun an einem Beispiel erprobt werden. Bild 10.4 zeigt den Verlauf einer periodischen Rechteckspannung, deren Fourier-Reihe zu berechnen ist.

Da $u(t)$ eine reine Wechselspannung ist, hat sie den Mittelwert Null: $U_0 = 0$.

Bei der Berechnung der beiden Integrale in Gl. (2) sind verschiedene Vereinfachungen möglich. Es gilt $u(-t) = -u(t)$, d.h. $u(t)$ ist eine ungerade Funktion. Da $\cos \nu\omega t$ eine gerade Funktion ist, ist das Produkt $u(t) \cos \nu\omega t$ wieder ungerade. Setzt man $t_1 = -T/2$, so wird über ein symmetrisch zu $t = 0$ liegendes Intervall integriert. Wegen des ungeraden Integranden verschwindet das erste Integral für alle ν. Damit bleibt

$$\widetilde{U}_\nu = -j \frac{1}{\sqrt{2}} \frac{2}{T} \int\limits_{-T/2}^{T/2} u(t) \sin \nu\omega t \, dt$$

übrig. Der Integrand ist gerade, also gilt

$$\widetilde{U}_\nu = -j \frac{1}{\sqrt{2}} \frac{4}{T} \int\limits_{0}^{T/2} u(t) \sin \nu\omega t \, dt \; .$$

In diesem Integrationsintervall ist $u(t) = E$, somit

$$\widetilde{U}_\nu = -j \frac{1}{\sqrt{2}} \frac{4}{T} E \int\limits_{0}^{T/2} \sin \nu\omega t \, dt \qquad \text{oder} \qquad \widetilde{U}_\nu = -j \frac{1}{\sqrt{2}} \frac{4}{\nu\pi} E \, \frac{1 - \cos \nu\pi}{2} \; .$$

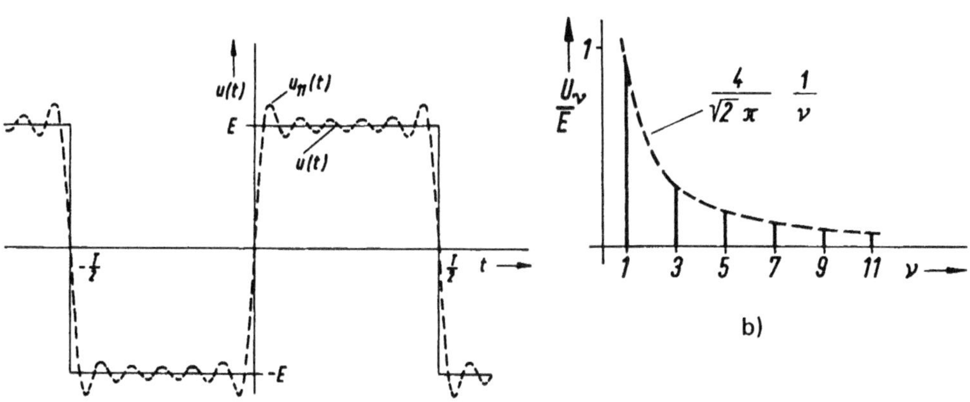

Bild 10.4 a)

Für gerades ν wird $\tilde{U}_\nu$ Null, und man erhält als Ergebnis

$$\tilde{U}_\nu = -j \frac{1}{\sqrt{2}} \frac{4}{\nu\pi} E \qquad \text{für} \qquad \nu = 1, 3, 5, \dots \ .$$

Die zugehörige reelle Schreibweise lautet wegen $\alpha_\nu = -\pi/2$

$$u(t) = E \sum_{\nu=1,3,\dots}^{\infty} \frac{4}{\nu\pi} \sin \nu\omega t \ .$$

In Bild 10.4a ist $u_{11}(t)$ als Summe der ersten Teilschwingungen aufgetragen, ($\nu \leqslant 11$); Bild 10.4b zeigt den Betrag des Frequenzspektrums.

10.3. Anregung einer linearen Schaltung durch nicht sinusförmige Spannungen und Ströme

In einem linearen Netzwerk, das durch mehrere eingeprägte Spannungen und Ströme angeregt wird, überlagern sich die Wirkungen der verschiedenen Ursachen linear. Es genügt also, irgendeine der anregenden Größen, z.B. $u(t)$ in Bild 10.5, zu betrachten. Gesucht sei der Verlauf irgendeines Zweigstromes, z.B. $i(t)$.

$u(t)$ sei periodisch und kann somit als Fourier-Reihe geschrieben werden.

$$u(t) = U_0 + \frac{\sqrt{2}}{2} \sum_{\nu=-\infty}^{+\infty} \tilde{U}_\nu \, e^{j\nu\omega t} \ , \qquad \nu \neq 0 \ . \tag{1}$$

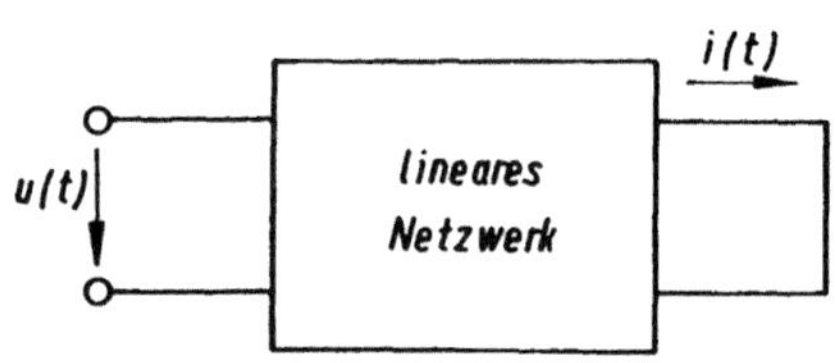

Bild 10.5

Die Anregung besteht also selbst aus einer unendlichen Reihe sinusförmiger Einzelkomponenten, deren Wirkungen linear zu überlagern sind.
Zu

$$u_0(t) = U_0$$

gehöre die Wirkung

$$i_0(t) = I_0$$

und zur ν-ten Teilschwingung

$$u_\nu(t) = \frac{\sqrt{2}}{2}\left(\tilde{U}_\nu e^{j\nu\omega t} + \overline{\tilde{U}}_\nu e^{-j\nu\omega t}\right) = \sqrt{2}\ U_\nu \cos(\nu\omega t + \alpha_\nu)$$

gehöre

$$i_\nu(t) = \frac{\sqrt{2}}{2}\left(\tilde{I}_\nu e^{j\nu\omega t} + \overline{\tilde{I}}_\nu e^{-j\nu\omega t}\right) = \sqrt{2}\ I_\nu \cos(\nu\omega t + \alpha_\nu + \varphi_\nu)\ .$$

Dabei kann $\tilde{I}_\nu$ mit Hilfe der komplexen Rechnung bei der Kreisfrequenz $\nu\omega$ ermittelt werden.
Der gesamte von $u(t)$ herrührende Zweigstrom hat damit die Form

$$i(t) = I_0 + \frac{\sqrt{2}}{2} \sum_{\nu=-\infty}^{+\infty} \tilde{I}_\nu e^{j\nu\omega t}, \qquad \nu \neq 0\ . \tag{2}$$

Entsprechendes gilt für die übrigen Anregungen.

Dieses Verfahren wird an einigen einfachen Beispielen deutlich gemacht.

Bild 10.6

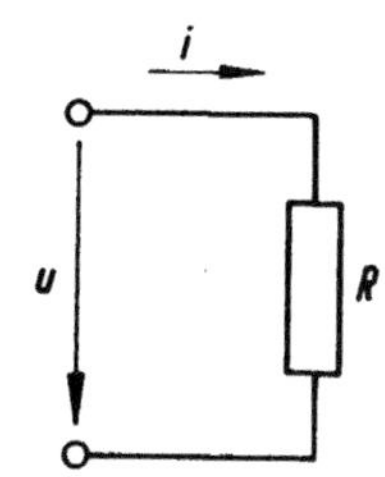

a) Spannung und Strom an einem Ohmwiderstand (Bild 10.6)

Wegen $i(t) = u(t)/R$ ist der Strom ein formgetreues Abbild der angelegten Spannung.

b) Kondensator

Ersetzt man den Widerstand in Bild 10.6 durch einen Kondensator mit der konstanten Kapazität C, so gilt

$$i = C\,\frac{du}{dt}\ .$$

Durch Anwendung dieser Beziehung auf die Fourier-Reihe der Spannung $u(t)$ folgt die Fourier-Reihe des Stromes

$$i(t) = \frac{\sqrt{2}}{2} \sum_{\nu=-\infty}^{+\infty} j\nu\omega C\tilde{U}_\nu e^{j\nu\omega t}\ .$$

Die Gleichkomponente des Stromes ist Null. Wegen des Faktors ν enthält der Kondensatorstrom stärkere Oberschwingungen als die Spannung.

c) Induktivität

Setzt man anstelle des Widerstandes in Bild 10.6 eine Spule mit der Induktivität L, so gilt wegen des Induktionsgesetzes

$$u = L\,\frac{di}{dt} \qquad \text{oder} \qquad i = \frac{1}{L}\int_0^t u\,d\tau + i(0)\,.$$

Falls die Spannung eine Gleichkomponente enthält, liefert das Integral unter anderem einen linear mit der Zeit unbegrenzt ansteigenden Strom. Dies ist natürlich nur für den angenommenen Fall einer als widerstandslos angenommenen Spule möglich. Mit $U_0 = 0$ folgt durch Einsetzen der Fourier-Reihe und Vertauschung von Summenbildung und Integration der stationäre Strom

$$i(t) = \frac{\sqrt{2}}{2}\sum_{\nu=-\infty}^{+\infty}\frac{\widetilde{U}_\nu}{j\nu\omega L}\,e^{j\nu\omega t} + k\;.$$

Der Anteil k hängt von der Einschaltbedingung ab; er kann zu Null gesetzt werden.

Man erkennt, daß die Strom-Oberschwingungen gegenüber den Spannungs-Oberschwingungen reduziert werden. Eine Spule bewirkt also eine „Glättung" des Stromes.

Die Ergebnisse zeigen auch, daß die Anwendung der komplexen Rechnung auf die einzelnen Komponenten mit der Kreisfrequenz $\nu\omega$ ohne Schwierigkeiten möglich ist. Bild 10.7 enthält eine Zusammenstellung der Kurvenformen von Spannung und Strom $x(t)$ an R, C, L bei Anregung durch eine Größe

$$y(t) = \sqrt{2}\;Y(\cos\omega t + \cos 3\omega t)\,,$$

die eine Grundschwingung und eine dritte Oberschwingung enthält. Dabei ist $y(t)$ wahlweise ein eingeprägter Strom oder eine Spannung. Das Bild zeigt, daß, je nach der Betriebsweise, sowohl Spule wie Kondensator eine geglättete Kurvenform der Ausgangsgröße erzeugen können.

Das Überlagerungsverfahren gilt für beliebige lineare Schaltungen, z.B. auch für den in Bild 10.8 gezeichneten Vierpol. Bei Anregung mit einer nicht sinusförmigen periodischen Spannung $u(t)$ gilt für jede Frequenz

$$\widetilde{U}_{c\nu} = \frac{\dfrac{1}{j\nu\omega C}}{R + \dfrac{1}{j\nu\omega C}}\,\widetilde{U}_\nu = \frac{1}{1 + j\nu\omega CR}\,\widetilde{U}_\nu\;.$$

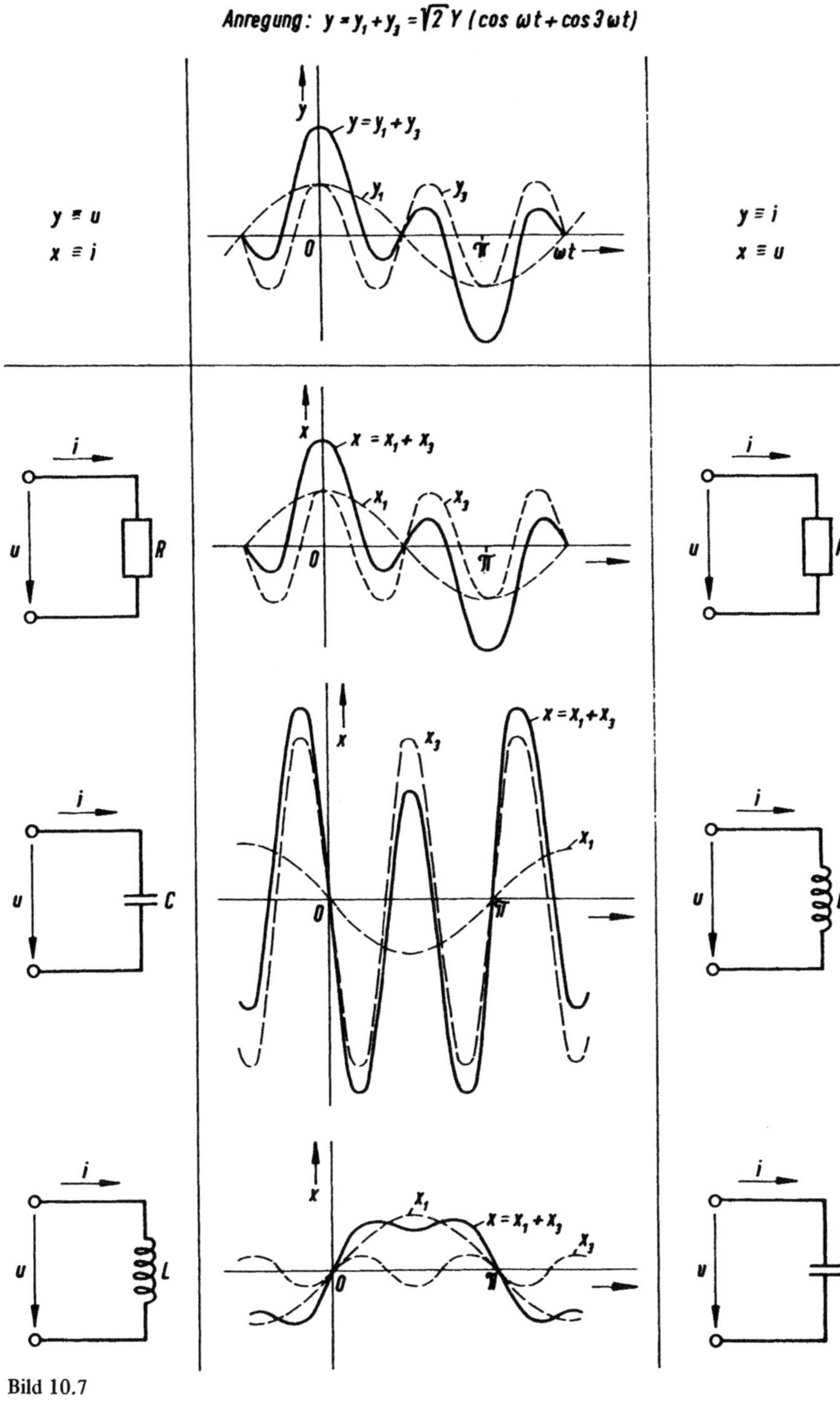
Anregung: $y = y_1 + y_3 = \sqrt{2}\,Y\,(\cos \omega t + \cos 3\omega t)$
y ≡ u
x ≡ i
y ≡ i
x ≡ u
$y = y_1 + y_3$
y_1
y_3
ωt
$x = x_1 + x_3$
x_1
x_3
i
u
R
C
L

Bild 10.7

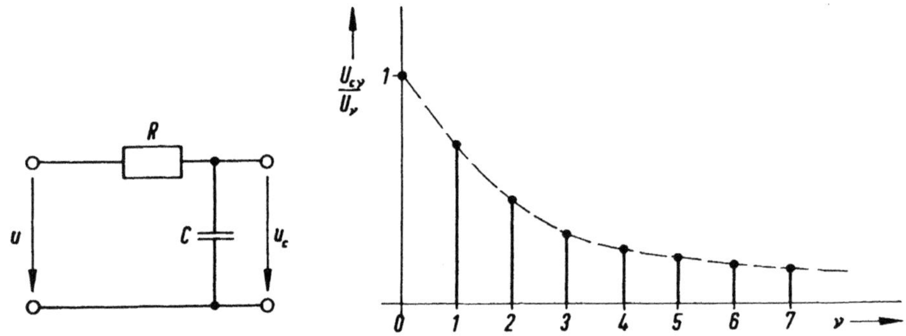

Bild 10.8

Die Fourier-Reihe der Ausgangsspannung ist somit

$$u_c(t) = U_0 + \frac{\sqrt{2}}{2} \sum_{\nu=-\infty}^{+\infty} \frac{\widetilde{U}_\nu}{1 + j\nu\omega CR} e^{j\nu\omega t} \quad , \quad \nu \neq 0 \ .$$

Bild 10.8 zeigt den Verlauf des Spannungsverhältnisses $U_{c\nu}/U_\nu$ bei verschiedenen Oberschwingungszahlen ν für den Fall $\omega CR = 1$.

In Bild 10.9 sind die Ausgangsspannungen verschiedener einfacher Vierpole bei Anregung durch eine rechteckförmige Wechselspannung zusammengestellt. Je nach Anordnung der Schaltelemente werden entweder die niederfrequenten oder die hochfrequenten Anteile hervorgehoben. Im ersten Fall spricht man von einem Tiefpaß, im zweiten Fall von einem Hochpaß. Die gezeichneten Kurven wurden in diesem Fall nicht als Fourier-Reihen sondern als Folge von Einschwingvorgängen berechnet. Dies wird später erläutert.

Mit Resonanzkreisen ist es möglich, bestimmte, nach beiden Seiten begrenzte Frequenzbereiche hervorzuheben oder zu unterdrücken (Bandpaß oder Bandsperre). Dies ist eine Grundlage der Nachrichtenübertragung. In Bild 10.10 wird das Prinzip an einem Beispiel qualitativ erläutert.

Ein Parallelschwingkreis mit der Resonanzkreisfrequenz ω_0 wird, z.B. über eine Elektronenröhre, mit einem eingeprägten Strom $i(t)$ gespeist, der eine Wechselkomponente $i_s(t)$ der Kreisfrequenz ω_s und außerdem starke Anteile anderer Frequenzen $\omega_1, \omega_2, \ldots, \omega_\nu, \ldots, \omega_n$ enthält. Die Spannung am Schwingkreis folgt bei jeder Teilfrequenz aus

$$U(\omega_\nu) = R_s(\omega_\nu) \cdot I(\omega_\nu) \ .$$

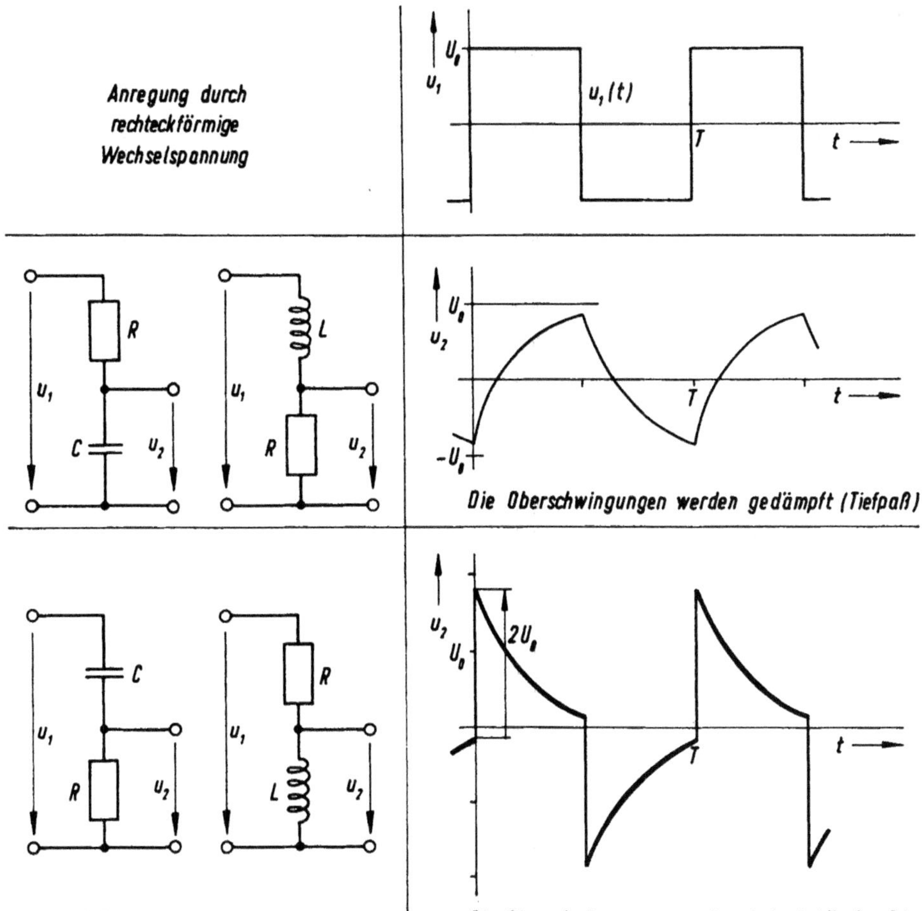

Bild 10.9

Dabei ist $I(\omega_\nu)$ der Stromanteil bei der Frequenz ω_ν und $R_s(\omega_\nu)$ der zugehörige Scheinwiderstand des Schwingkreises. Bei schwacher Dämpfung ist die Resonanzkurve $R_s(\omega)$ des Schwingkreises sehr schmal und steil. Sobald die „Abstimmung" erfolgt ist, liegt der Scheitel der Resonanzkurve bei der Frequenz des gesuchten Stromanteils. Dieses Signal wird somit verstärkt, während alle anderen Anteile weitgehend unterdrückt werden. Das Frequenzspektrum der Spannung $U(\omega)$ und ihr zeitlicher Verlauf $u(t)$ zeigen deshalb nur noch geringe Anteile benachbarter Frequenzen.

Durch wiederholte Anwendung dieses Selektionsprinzips kann die gesuchte Komponente praktisch völlig rein erhalten werden.

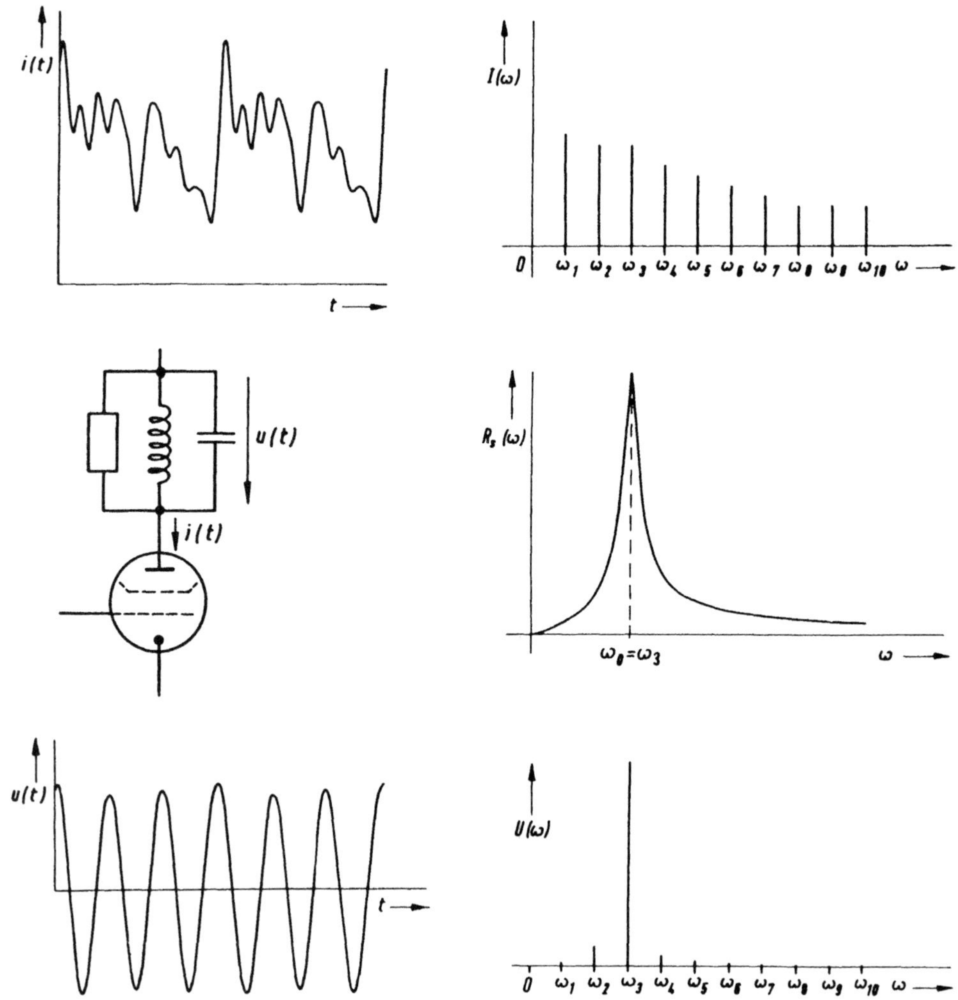

Bild 10.10

10.4. Nachrichtenübertragung

Bei einer Nachrichtenübertragung ist anzustreben, daß das Eingangssignal $u_1(t)$ getreu, d.h. ohne Verzerrung, zum Ausgang übertragen wird. Da die Übertragungsgeschwindigkeit zwar sehr hoch, aber doch endlich ist (Kabel, Richtfunkstrecke,

Verstärker usw.), muß eine bestimmte „Laufzeit" zugelassen werden. Für die Ausgangsspannung $u_2(t)$ soll somit gelten

$$u_2(t) = V\,u_1(t - T_L) \ . \tag{3}$$

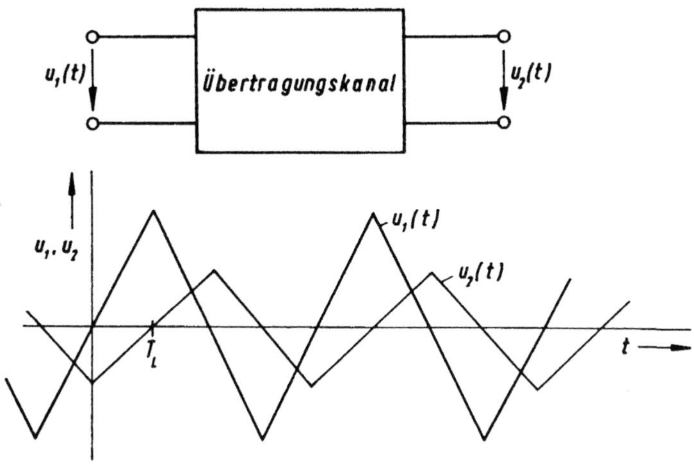

Bild 10.11

Dabei ist T_L die Laufzeit und $V > 0$ ein konstanter Verstärkungsfaktor. Bild 10.11 zeigt ein Schema der betrachteten Anordnung und einen nicht sinusförmig angenommenen Kurvenverlauf der Wechselspannungen $u_1(t)$ und $u_2(t)$. Die Spannungen werden als Fourier-Reihen geschrieben

$$u_1(t) = \frac{\sqrt{2}}{2} \sum_{\nu=-\infty}^{+\infty} \tilde{U}_{1\nu}\, e^{j\nu\omega t} \ .$$

Wegen der Forderung (3) muß gelten

$$u_2(t) = \frac{\sqrt{2}}{2} \sum_{\nu=-\infty}^{+\infty} \tilde{U}_{2\nu}\, e^{j\nu\omega t} = \frac{\sqrt{2}}{2} \sum_{\nu=-\infty}^{+\infty} V\,\tilde{U}_{1\nu}\, e^{j\nu\omega(t-T_L)} \ .$$

Daraus folgt durch Koeffizientenvergleich

$$\tilde{U}_{2\nu} = V\,\tilde{U}_{1\nu}\, e^{-j\nu\omega T_L} = F(j\nu\omega)\tilde{U}_{1\nu} \ .$$

Der Übertragungskanal muß also eine Drehstreckung jedes einzelnen Zeigers des Eingangssignals durch den komplexen Frequenzgang

$$\frac{\tilde{U}_{2\nu}}{\tilde{U}_{1\nu}} = F(j\nu\omega) = V\,e^{-j\nu\omega T_L}$$

bewirken, um die gewünschten Übertragungseigenschaften aufzuweisen. Wegen

$$|F| = V = \text{const}$$

und

$$\arg(F) = \varphi(\nu\omega) = -\nu\omega T_L$$

muß die Übertragung eines jeden Frequenzanteils also mit der gleichen Verstärkung und einer linear mit der Frequenz ansteigenden Phasennacheilung erfolgen.

Eine unverzerrte verzögerte Übertragung ist durch einen mit konzentrierten Schaltelementen aufgebauten Übertragungskanal nur angenähert realisierbar.

10.5. Leistung und Effektivwert bei nicht sinusförmigen periodischen Vorgängen

10.5.1. Erweiterte Definition des Effektivwertes

Ein beliebiger Verbraucher werde gemäß Bild 10.12 mit der Spannung u(t) gespeist; dabei fließt der Strom i(t). Die dem Verbraucher zugeführte Leistung ist

$$p(t) = u(t)\, i(t)\,.$$

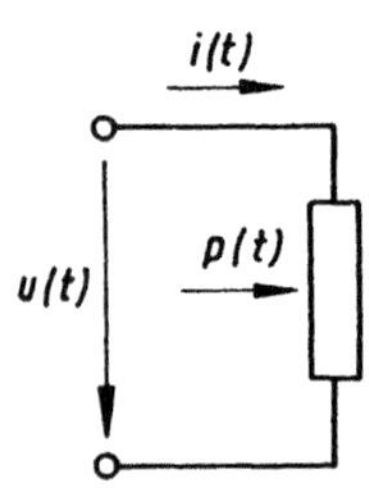

Bild 10.12

Falls u(t) und i(t) mit der Periode T periodisch sind, kann man für den Mittelwert der Leistung (Wirkleistung) schreiben

$$P_w = \frac{1}{T}\int_0^T p(t)\,dt = \frac{1}{T}\int_0^T ui\,dt\,.$$

Wenn der Verbraucher ein Ohmwiderstand ist, gilt mit $i = u/R$ die Beziehung

$$P_w = \frac{1}{T} \int_0^T \frac{u^2(t)}{R} \, dt \; .$$

Um einen verallgemeinerten Effektivwert U der Spannung $u(t)$ zu erhalten, wird andererseits

$$P_w = \frac{U^2}{R}$$

definiert. Daraus folgt

$$U = \sqrt{\frac{1}{T} \int_0^T u^2(t) \, dt} \; .$$

Diese Definition gilt für einen beliebigen periodischen Verlauf von $u(t)$; die bisher verwendeten Definitionen für Gleichspannung ($U = u$) und sinusförmige Wechselspannung ($U = \hat{u}/\sqrt{2}$) sind als Sonderfälle enthalten.

In entsprechender Weise definiert man für einen beliebigen periodischen Stromverlauf $i(t)$ einen verallgemeinerten Effektivwert

$$I = \sqrt{\frac{1}{T} \int_0^T i^2(t) \, dt} \; .$$

Man bezeichnet die Effektivwerte auch als quadratische Mittelwerte. Diese Definition hat den Vorzug, daß bei einem Ohmwiderstand den Beziehungen zwischen den Augenblickswerten $u(t)$, $i(t)$, $p(t)$ entsprechende Beziehungen zwischen den Mittelwerten U, I und P_w gegenüberstehen.

$$i(t) = \frac{u(t)}{R} \qquad\qquad I = \frac{U}{R}$$

$$p(t) = u(t)\,i(t) = \frac{u^2(t)}{R} = R\,i^2(t) \qquad\qquad P_w = UI = \frac{U^2}{R} = R\,I^2 \; .$$

Diese Analogie ist allerdings auf Spannung und Strom eines Ohmwiderstandes beschränkt.

10.5.2. Berechnung des Effektivwertes aus dem Frequenzspektrum

Wenn es sich bei dem in Bild 10.12 dargestellten Verbraucher um einen linearen Zweipol handelt, der von der periodischen Spannung u(t) angeregt wird, kann man nach Abschnitt 10.2 und 10.3 folgende Fourier-Reihen für u(t) und i(t) schreiben.

$$u(t) = U_0 + \frac{\sqrt{2}}{2} \sum_{\nu=-\infty}^{\infty} \tilde{U}_\nu e^{j\nu\omega t}, \qquad i(t) = I_0 + \frac{\sqrt{2}}{2} \sum_{\mu=-\infty}^{\infty} \tilde{I}_\mu e^{j\mu\omega t}, \qquad \mu, \nu \text{ ganz}, \neq 0$$

Dabei gilt

$$\tilde{U}_{-\nu} = \overline{\tilde{U}}_\nu \qquad \text{und} \qquad \tilde{I}_{-\mu} = \overline{\tilde{I}}_\mu ;$$

$$T = \frac{2\pi}{\omega}$$

ist die Periode von u(t).

Da der Zweipol linear ist, kommen im Strom nur solche Frequenzen vor, die auch in der Spannung enthalten sind.

Zur Berechnung der Leistung werden die beiden Fourier-Reihen miteinander multipliziert.

$$p(t) = u(t)\, i(t) = U_0 I_0 + U_0 \frac{\sqrt{2}}{2} \sum_{\mu=-\infty}^{+\infty} \tilde{I}_\mu e^{j\mu\omega t} + I_0 \frac{\sqrt{2}}{2} \sum_{\nu=-\infty}^{+\infty} \tilde{U}_\nu e^{j\nu\omega t} + \frac{1}{2} \sum_{\nu=-\infty}^{+\infty} \left(\sum_{\mu=-\infty}^{+\infty} \tilde{U}_\nu \tilde{I}_\mu e^{j(\nu+\mu)\omega t} \right).$$

Die dabei entstehende Doppelsumme bedeutet, daß zu jedem Spannungsanteil $\tilde{U}_\nu e^{j\nu\omega t}$ die Fourier-Reihe des Stromes als Faktor hinzutritt.

Bei der Integration zur Bestimmung der mittleren Leistung entfallen wegen der Periodizität der Funktion $e^{jn\omega t}$ zum Glück alle Anteile mit Ausnahme der Kombination $\mu + \nu = 0$.

$$P_w = \frac{1}{T} \int_0^T p(t)\, dt = U_0 I_0 + \frac{1}{2} \sum_{\nu=1,2\ldots}^{+\infty} \left(\tilde{U}_{-\nu} \tilde{I}_\nu + \tilde{U}_\nu \tilde{I}_{-\nu} \right).$$

Mit der für $\widetilde{U}_{-\nu}, \widetilde{I}_{-\mu}$ getroffenen Vereinbarung folgt daraus

$$P_w = U_0 I_0 + \frac{1}{2} \sum_{\nu=1,2,,,}^{+\infty} \left(\overline{\widetilde{U}}_\nu \widetilde{I}_\nu + \widetilde{U}_\nu \overline{\widetilde{I}}_\nu \right) .$$

Der Ausdruck

$$\frac{1}{2}\left(\overline{\widetilde{U}}_\nu \widetilde{I}_\nu + \widetilde{U}_\nu \overline{\widetilde{I}}_\nu \right) = P_{w\nu}$$

entspricht nach Abschnitt 3.4 der von Strom und Spannung der Frequenz $\nu\omega$ übertragenen Wirkleistung, so daß man auch

$$P_w = U_0 I_0 + \sum_{\nu=1,2,\ldots}^{\infty} P_{w\nu}$$

schreiben kann.

Der Leistungsmittelwert setzt sich also aus den Wirkleistungen der einzelnen Frequenzen (einschließlich $\omega = 0$) zusammen. Produkte von Strömen und Spannungen verschiedener Frequenzen liefern zwar Wechselanteile, tragen aber nichts zum Mittelwert der Leistung bei.

Handelt es sich bei dem Verbraucher wieder um einen Ohmwiderstand, so gilt wegen

$$i = \frac{u}{R} \quad \text{auch} \quad i_\nu(t) = \frac{u_\nu(t)}{R} \qquad \text{und} \qquad I_\nu = \frac{U_\nu}{R} .$$

Damit wird

$$P_w = U_0 I_0 + \sum_{\nu=1,2,\ldots}^{\infty} U_\nu I_\nu = \sum_{\nu=0,1,2\ldots}^{\infty} \frac{U_\nu^2}{R} = \sum_{\nu=0,1,2\ldots}^{\infty} R I_\nu^2 .$$

Daraus folgt eine alternative Schreibweise für den in Abschnitt 10.5.1 definierten verallgemeinerten Effektivwert

$$U = \sqrt{\frac{1}{T} \int_0^T u^2(t)\, dt} = \sqrt{\sum_{\nu=0,1,\ldots}^{\infty} U_\nu^2} .$$

Entsprechend gilt

$$I = \sqrt{\frac{1}{T} \int_0^T i^2(t)\, dt} = \sqrt{\sum_{\nu=0,1,\ldots}^{\infty} I_\nu^2} .$$

U_ν, I_ν stellen die Frequenzspektren von u(t), i(t), d.h. die Effektivwerte der enthaltenen Teilschwingungen dar. Der Effektivwert einer nicht sinusförmigen periodischen Größe setzt sich also quadratisch aus den Effektivwerten der einzelnen Teilschwingungen zusammen. Eine einzelne kleine Oberschwingung beeinflußt den Effektivwert deshalb nur geringfügig.

Für die Berechnung des Effektivwertes kann man somit entweder den Verlauf des Augenblickswertes oder das Frequenzspektrum heranziehen.

Beispiel:

Der Effektivwert der in Bild 10.4 gezeichneten Rechteckschwingung ist

$$U = \sqrt{\frac{1}{T}\int_0^T u^2\,dt} = E\,.$$

Mit dem in Abschnitt 10.2 berechneten Frequenzspektrum gilt andererseits

$$U = \sqrt{\sum_{\nu=0,1,\ldots}^{\infty} U_\nu^2} = \sqrt{\frac{8}{\pi^2}\sum_{\nu=1,3,\ldots}^{\infty}\frac{1}{\nu^2}}\cdot E = E\,.$$

Beide Rechnungen führen zum gleichen Ergebnis.
Der zweite Rechnungsweg setzt voraus, daß das Frequenzspektrum bekannt ist und eine Summenformel existiert. Er bietet jedoch Vorteile, wenn nur einige wenige Frequenzen zu berücksichtigen sind.

10.5.3. Klirrfaktor

Da Oberschwingungen in den meisten Fällen unerwünscht sind, ist es notwendig, den Oberschwingungsgehalt einer Wechselgröße x(t) auf einfache Weise kennzeichnen zu können.
Man verwendet hierfür den sogenannten Klirrfaktor

$$K = \frac{X_{(\nu>1)}}{X_{(\nu\geq 1)}} = \sqrt{\frac{\sum\limits_{\nu=2,3,\ldots}^{\infty} X_\nu^2}{\sum\limits_{\nu=1,2,3,\ldots}^{\infty} X_\nu^2}}\,,$$

der das Verhältnis des Effektivwertes aller Oberschwingungen zum gesamten Effektivwert darstellt.

Bei Verstärkern mit sinusförmiger Ausgangsspannung und Oszillatoren schreibt man manchmal einen maximalen Klirrfaktor $K \leqslant 0{,}05$ vor. Dies entspricht dann z.B. einer einzelnen Oberschwingung mit einer Amplitude von etwa 5 % der Grundschwingung. Ähnliche Vorschriften gelten bei elektrischen Maschinen.

Der Klirrfaktor ist durch Mittelwerte definiert; er sagt also nichts über die Art der Oberschwingungen oder die Kurvenform der Wechselgröße aus.

10.6. Symmetrisches Drehstromsystem mit Oberschwingungen

10.6.1. Ableitung

In Abschnitt 9.1.1 wurde erläutert, wie bei einem Drehstromgenerator durch Rotation des Polrades die Spannungen

$$u_1(t), \qquad u_2(t) = u_1\left(t - \frac{T}{3}\right), \qquad u_3(t) = u_1\left(t - \frac{2T}{3}\right)$$

in den gleichartigen, aber versetzt angeordneten Wicklungen induziert werden. Falls die vom Polrad erzeugte magnetische Induktion über dem Umfang sinusförmig verteilt ist, haben die drei Spannungen einen sinusförmigen Verlauf. In Abschnitt 9 wurde von dieser vereinfachenden Annahme ausgegangen.

Im allgemeinen wird es jedoch nicht gelingen, ein genau sinusförmig verteiltes Magnetfeld zu erzeugen. In diesem Fall werden die Spannungen, sofern nicht andere Maßnahmen getroffen werden, Oberschwingungen enthalten. Die Spannungen bleiben aber nach wie vor formgleich und gehen durch eine zeitliche Verschiebung auseinander hervor. Bei der angenommenen Art der Erzeugung durch Induktion ist die Gleichkomponente Null.

Die Spannungen können demnach, ähnlich Abschnitt 10.4, durch folgende Fourier-Reihen dargestellt werden.

$$u_1(t) = \frac{\sqrt{2}}{2} \sum_{\nu=1}^{\infty} \left(\tilde{U}_{1\nu}\, e^{j\nu\omega t} + \tilde{\tilde{U}}_{1\nu}\, e^{-j\nu\omega t}\right) .$$

Daraus folgt durch Verschiebung

$$u_2(t) = \frac{\sqrt{2}}{2} \sum_{\nu=1}^{\infty} \left(\tilde{U}_{1\nu}\, e^{j\nu\omega\left(t-\frac{T}{3}\right)} + \tilde{\tilde{U}}_{1\nu}\, e^{-j\nu\omega\left(t-\frac{T}{3}\right)}\right)$$

oder mit

$$\tilde{U}_{1\nu}\, e^{-j\nu \frac{\omega T}{3}} = \tilde{U}_{1\nu}\, e^{-j\nu \frac{2\pi}{3}} = \tilde{U}_{2\nu} \quad \text{und} \quad \tilde{\tilde{U}}_{1\nu}\, e^{j\nu \frac{2\pi}{3}} = \tilde{\tilde{U}}_{2\nu}$$

$$u_2(t) = \frac{\sqrt{2}}{2} \sum_{\nu=1}^{\infty} \left(\tilde{U}_{2\nu}\, e^{j\nu\omega t} + \tilde{\tilde{U}}_{2\nu}\, e^{-j\nu\omega t} \right) \quad ;$$

entsprechend wird mit

$$\tilde{U}_{1\nu}\, e^{-j\nu \frac{2\omega T}{3}} = \tilde{U}_{1\nu}\, e^{-j\nu \frac{4\pi}{3}} = \tilde{U}_{3\nu} \qquad \text{und} \qquad \tilde{\tilde{U}}_{1\nu}\, e^{j\nu \frac{4\pi}{3}} = \tilde{\tilde{U}}_{3\nu}$$

die dritte Spannung

$$u_3(t) = \frac{\sqrt{2}}{2} \sum_{\nu=1}^{\infty} \left(\tilde{U}_{3\nu}\, e^{j\nu\omega t} + \tilde{\tilde{U}}_{3\nu}\, e^{-j\nu\omega t} \right) \quad .$$

Man erkennt aus der Definition der Zeiger $\tilde{U}_{1\nu}$, $\tilde{U}_{2\nu}$, $\tilde{U}_{3\nu}$, daß es verschiedene Gruppen von Oberschwingungen gibt.

a) $\nu = 3g$, wobei $g = 1, 2, 3, \ldots$.

In diesem Fall ist

$$\tilde{U}_{1\nu} = \tilde{U}_{2\nu} = \tilde{U}_{3\nu} \,,$$

d.h. die Zeiger gleichfrequenter Teilspannungen in den drei Phasen sind identisch (Bild 10.13).

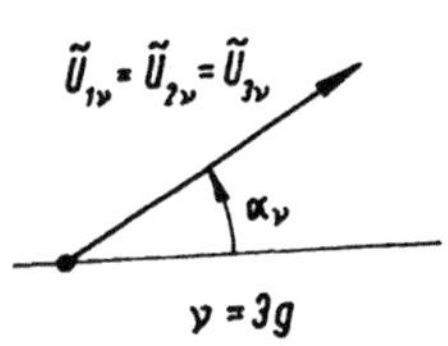

Bild 10.13

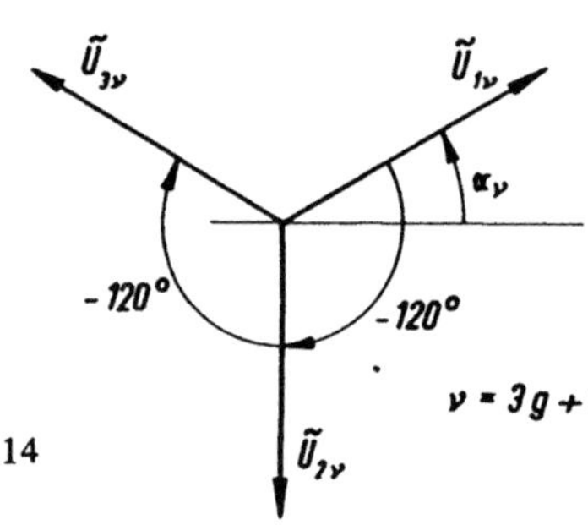

Bild 10.14

b) Außerdem gibt es Oberschwingungen, bei denen $\nu/3$ bruchzahlig ist. Hier sind zwei Untergruppen zu unterscheiden

b1) $\nu = 3g + 1$, d.h. $\nu = 1, 4, 7, 10, \ldots$.

Durch Einsetzen folgt

$$\widetilde{U}_{2\nu} = \widetilde{U}_{1\nu}\, e^{-j\frac{2\pi}{3}}$$

$$\widetilde{U}_{3\nu} = \widetilde{U}_{1\nu}\, e^{-j\frac{4\pi}{3}}$$

Die Oberschwingungen gleicher Frequenz in den drei Phasen bilden also ein symmetrisches und sinusförmiges Drehspannungssystem (Bild 10.14). Die Phasenfolge 1–2–3 stimmt mit der der Grundschwingung überein (die ja Bestandteil dieser Gruppe ist). Diese Teilspannungssysteme werden deshalb als Mitsysteme bezeichnet.

b2) $\nu = 3g - 1$, d.h. $\nu = 2, 5, 8, 11, \dots$.
Hier ist

$$\widetilde{U}_{2\nu} = \widetilde{U}_{1\nu}\, e^{j\frac{2\pi}{3}}$$

$$\widetilde{U}_{3\nu} = \widetilde{U}_{1\nu}\, e^{j\frac{4\pi}{3}} \quad .$$

Auch hier bildet sich ein symmetrisches sinusförmiges Drehspannungssystem; jedoch ist die Phasenfolge 1–3–2, d.h. umgekehrt wie bei der Grundschwingung (Bild 10.15). Man bezeichnet ein derartiges Drehspannungssystem deshalb auch als Gegensystem.

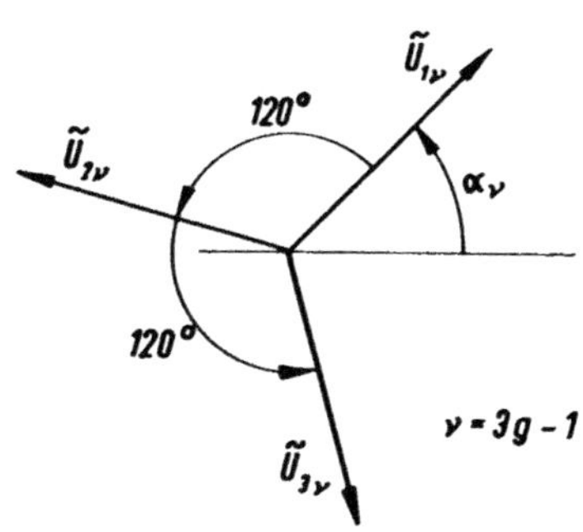

Bild 10.15

10.6.2. Anwendung

Aus diesen Erkenntnissen folgen einige interessante Eigenschaften von symmetrischen Drehstromsystemen mit Oberschwingungen.

a) Falls die in Abschnitt 10.6.1 analysierten Spannungen u_1, u_2, u_3 mit den Phasenspannungen u_{10}, u_{20}, u_{30} eines in Stern geschalteten Drehstromgenerators (Bild 9.1) identisch sind, enthalten die verketteten Spannungen

$$u_{12} = u_{10} - u_{20} \quad \text{usw.}$$

keine Oberschwingungen der Gruppe $\nu = 3g$, da sich diese Spannungen gerade aufheben. Ist der Sternpunkt des Verbrauchers nicht mit dem des Generators verbunden, dann fehlen diese Oberschwingungen beim Verbraucher vollständig.

b) Ist andererseits der Sternpunkt eines symmetrischen Verbrauchers mit dem Sternpunkt des Generators verbunden, dann fließen im Null-Leiter nur Ströme der Frequenzen $\nu = 3g$. Die Stromanteile dieser Frequenzen summieren sich im Null-Leiter, während sich die von sinusförmigen symmetrischen Teilspannungssystemen herrührenden Ströme, gleich welcher Frequenz, gerade aufheben.

c) Schaltet man drei Wicklungen, in denen die nicht sinusförmigen Spannungen $u_1(t)$, $u_2(t)$ und $u_3(t)$ induziert werden, zu einer offenen Dreieckswicklung zusammen (Bild 10.16), so enthält die Summenspannung

$$u = u_1 + u_2 + u_3$$

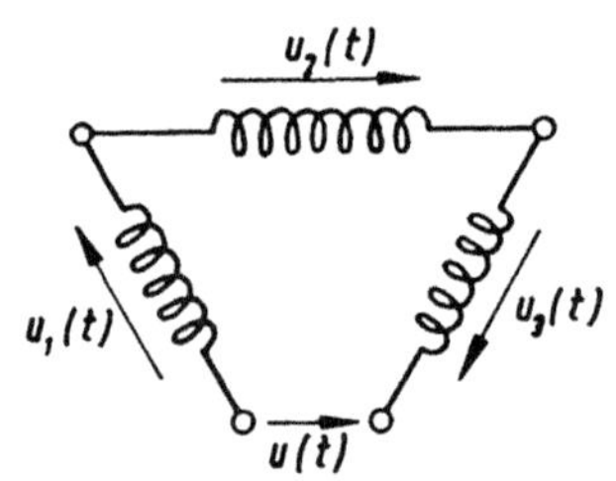

Bild 10.16

nur Anteile der Frequenzen $\nu = 3g$. Falls durch zusätzliche Maßnahmen dafür gesorgt wird, daß keine geradzahligen Oberschwingungen vorkommen, setzt sich $u(t)$ nur aus Spannungen der Ordnungszahl $\nu = 3, 9, 15$ zusammen, d.h. man erhält eine Spannung dreifacher Frequenz mit ihren ungeradzahligen Oberschwingungen. Dieses Prinzip wurde früher in verschiedener Form für magnetische Frequenz-Vervielfacher verwendet. Die Innen-Impedanz der so entstehenden Spannungsquelle dreifacher Frequenz ist allerdings ziemlich groß.

Aus der vorherigen Überlegung folgt sofort, daß es im allgemeinen unzulässig ist, die Wicklungen eines Generators oder Drehstrom-Transformators, in denen Spannungen der Ordnungszahlen $\nu = 3g$ entstehen, in Dreieck zu schalten. Es würden sich Kreisströme dieser Frequenzen ausbilden, die zwar nach außen nicht in Erscheinung treten, jedoch Leistungsverluste bewirken und die Wicklung zusätzlich erwärmen.

11. Darstellung komplexer Funktionen durch Ortskurven

Komplexe Funktionen sind aus der Mathematik bekannt. Aus diesem Grunde genügen hier eine kurze Zusammenfassung und Hinweise auf Besonderheiten bei der Anwendung in der Elektrotechnik.

11.1. Komplexe Funktion einer reellen Veränderlichen

Komplexe Funktionen wurden zur Verknüpfung der komplexen Zeiger eingeführt. Z.B. gilt für die in Bild 11.1 gezeigte Schaltung

$$\tilde{U} = z\,\tilde{I} \qquad \text{oder} \qquad z = \frac{\tilde{U}}{\tilde{I}} = R_s\, e^{j\varphi_{iu}}\,.$$

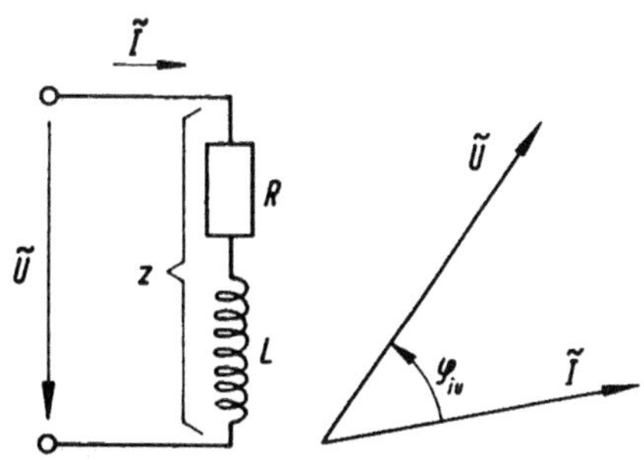

Bild 11.1

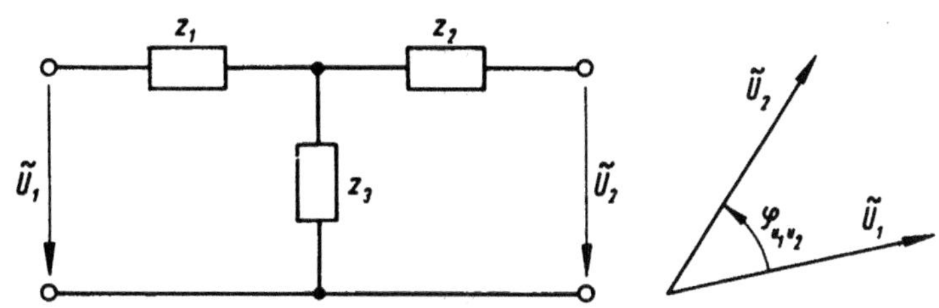

Bild 11.2

Der komplexe Faktor z bewirkt also eine Drehstreckung des Zeigers $\tilde{I}$ in Richtung zum Zeiger $\tilde{U}$. z ist eine Funktion der im Zweipol enthaltenen Schaltelemente und der Frequenz, z.B. $z = R + j\omega L$. Dabei können im allgemeinen Fall alle reellen Größen R, L, ω variiert werden. Die komplexe Rechnung setzt natürlich voraus, daß jeweils nach der Änderung eines Parameters wieder der eingeschwungene Zustand abgewartet wird.

Die Dimension der komplexen Funktion ist beliebig; Bild 11.2 zeigt das Beispiel eines Vierpols im Leerlauf. Hier kann z.B. der dimensionslose Frequenzgang

$$\frac{\tilde{U}_2}{\tilde{U}_1} = F = |F|\, e^{j\varphi_{u_1 u_2}}$$

als komplexe Funktion der Schaltelemente interessieren.

Die komplexe Funktion F einer reellen Veränderlichen x

$$F(x) = u(x) + jv(x) = |F|\, e^{j\varphi(x)}$$

kann durch ein reelles Kurvenpaar, z.B. u(x) und v(x) oder |F(x)| und $\varphi(x)$ dargestellt werden. Eine andere Möglichkeit besteht darin, den Punkt F(x) als Punkt einer komplexen F-Ebene zu deuten. Bei einer eindeutigen Funktion entspricht jedem Punkt der reellen x-Achse ein bestimmter Bildpunkt in der F-Ebene. Bei den uns interessierenden Funktionen führen benachbarte Punkte der x-Achse, von einzelnen singulären Stellen abgesehen, auf benachbarte Punkte der F-Ebene, d.h. die x-Achse wird in eine Kurve in der F-Ebene abgebildet; diese sogenannte Ortskurve in der F-Ebene ist also das Bild der x-Achse (Bild 11.3).

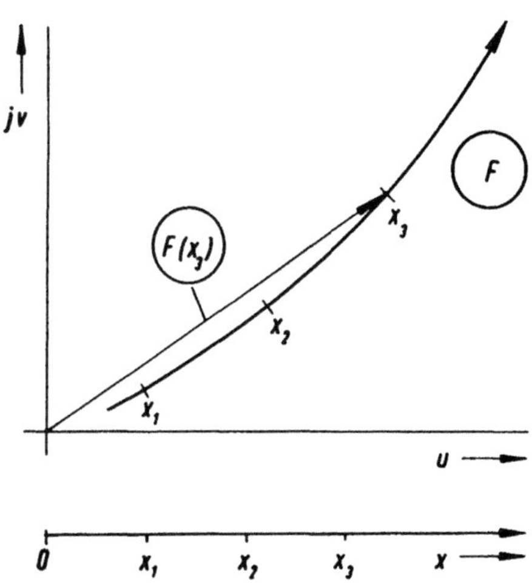

Bild 11.3

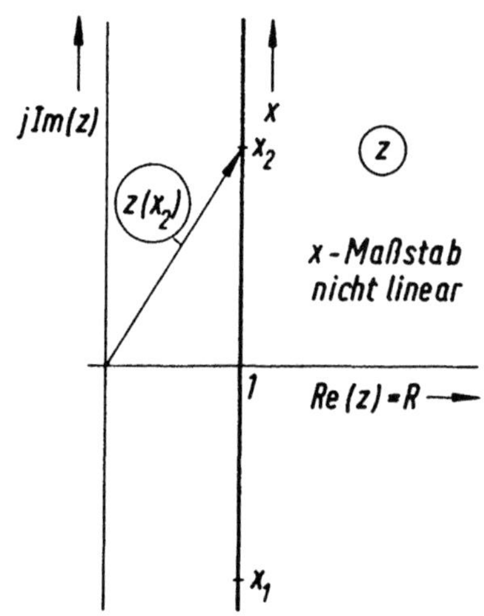

Bild 11.4

Die Korrespondenz bestimmter Punktepaare läßt sich z.B. durch Bezifferung der Ortskurve mit den zugehörigen x-Werten kennzeichnen. Häufig genügt es, die Richtung zunehmender x durch einen Pfeil an der Ortskurve zu markieren. Der x-Maßstab auf der Ortskurve ist meistens nichtlinear.

Beispiel:
Ortskurve der Impedanz eines Reihenschwingkreises als Funktion der Frequenz

$$z = R + j\left(\omega L - \frac{1}{\omega C}\right) = R + j\omega_0 L\left(\frac{\omega}{\omega_0} - \frac{\omega_0}{\omega}\right) \quad , \qquad \frac{\omega}{\omega_0} \equiv x \ .$$

Die Ortskurve ist in Bild 11.4 gezeichnet. Sie trägt einen nichtlinearen Frequenzmaßstab.

11.2. Komplexe Funktion einer komplexen Veränderlichen

Es ist naheliegend, x als Realteil einer komplexen Variablen

$$w = x + jy$$

zu definieren, ohne damit sofort eine physikalische Bedeutung zu verbinden. Die vorher verwendete x-Achse ist dann die reelle Achse einer komplexen w-Ebene.

Ersetzt man in der komplexen Funktion F(x) die Variable x durch w, so entsteht eine komplexe Funktion einer komplexen Variablen

$$F(w) = u(x, y) + jv(x, y) \ .$$

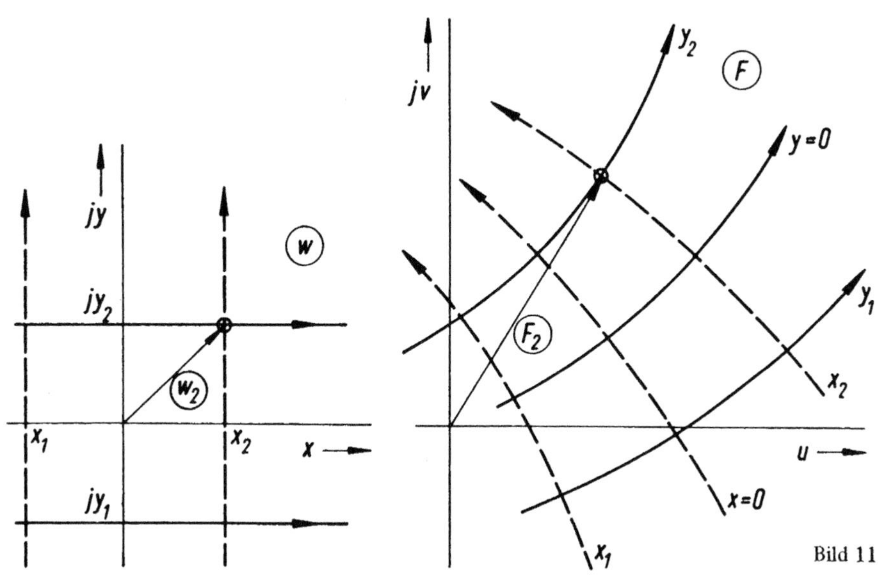

Bild 11.5

Zu jedem Punkt (x, y) der w-Ebene gehört nun ein Punkt (u, v) der F-Ebene, und eine Kurve in der w-Ebene ergibt eine Bildkurve (Ortskurve) in der F-Ebene. Als Spezialfall wird die reelle Achse (x, 0) der w-Ebene in die vorher beschriebene Ortskurve (F(x, 0)) abgebildet (Bild 11.5). Damit wird die w-Ebene insgesamt auf die F-Ebene abgebildet. Diese Abbildung muß nicht eindeutig sein.

Die in der Elektrotechnik vorkommenden Funktionen gehören zu den sogenannten analytischen Funktionen. Sie sind, abgesehen von einzelnen singulären Punkten, überall stetig und differenzierbar. Durch analytische Funktionen werden kleine Bereiche der w-Ebene in kleine geometrisch ähnliche Bereiche der F-Ebene abgebildet. Daraus folgt z.B., daß der Winkel zwischen zwei sich schneidenden Kurven in der w-Ebene auch im Schnittpunkt der Bildkurven in der F-Ebene auftritt (Bild 11.6).

Abbildungen durch analytische Funktionen werden auch konforme Abbildungen genannt.

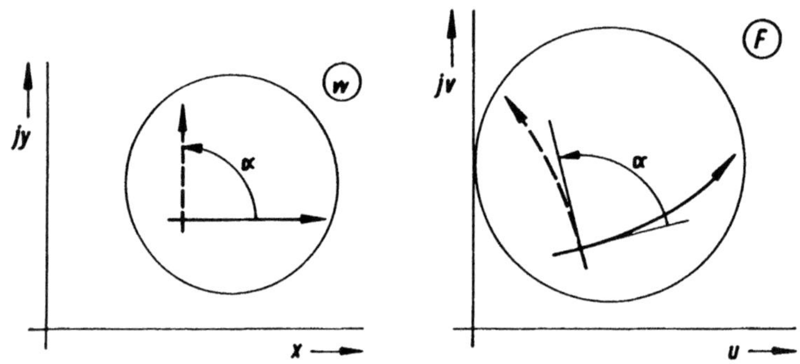

Bild 11.6

11.3. Die Abbildung durch die Funktion $F = \frac{1}{w}$

Diese Funktion kommt in der Netzwerkstheorie häufig vor; sie soll deshalb näher betrachtet werden.

Wegen

$$w = r\,e^{j\varphi}\ , \qquad F = \frac{1}{w} = \frac{1}{r}\,e^{-j\varphi}$$

wird das Innere des Einheitskreises der w-Ebene auf das Äußere des Einheitskreises der F-Ebene abgebildet und umgekehrt („Spiegelung am Einheitskreis"); dabei geht der Ursprung der w-Ebene in den Punkt Unendlich der F-Ebene über und umgekehrt.

Außerdem wird durch $F = 1/w$ die Gesamtheit aller Geraden und Kreise der w-Ebene in die der F-Ebene abgebildet. Dies wird anhand von Beispielen gezeigt.

a) Kreise um den Ursprung

Der Punkt $w = r_0 e^{j\varphi}$ beschreibt für r_0 = const. und veränderlichen Winkel, $-\pi < \varphi < \pi$, einen Kreis um den Ursprung der w-Ebene. Der zugehörige Bildpunkt

$$F = \frac{1}{r_0} e^{-j\varphi}$$

durchläuft dann einen Kreis mit dem Radius $1/r_0$ in umgekehrter Richtung (Bild 11.7). Der Einheitskreis wird auf sich selbst abgebildet, jedoch gehen wegen des entgegengesetzten Umlaufsinnes nur die Punkte ± 1 ineinander über.

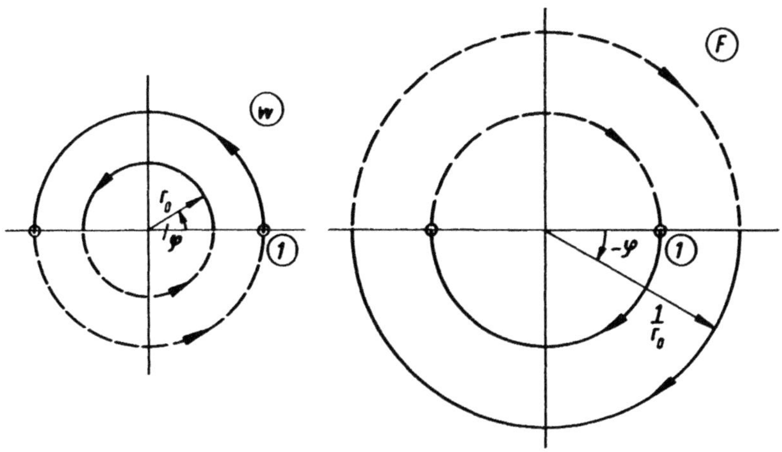

Bild 11.7

b) Gerade durch den Ursprung

$w = a\,e^{j\varphi_0}$ kennzeichnet für φ_0 = const. und den im Bereich $-\infty < a < +\infty$ veränderlichen reellen Parameter a eine Ursprungsgerade in der w-Ebene, die unter dem Winkel φ_0 gegen die reelle Achse geneigt ist. Die zugehörige Bildkurve

$$F = \frac{1}{a} e^{-j\varphi_0}$$

ist die an der reellen Achse gespiegelte Ursprungsgerade. Die beiden Halbgeraden ($a \lessgtr 0$) sind jedoch, da der Nullpunkt in den unendlich fernen Punkt abgebildet ist, in umgekehrter Weise aneinander gefügt (Bild 11.8).

c) Allgemeine Gerade

$w = w_0(1 + ja)$ stellt für w_0 = const. und den im Bereich $-\infty < a < +\infty$ veränderlichen reellen Parameter a eine allgemeine Gerade dar; $w = w_0$ ist der Fußpunkt der Normalen durch den Ursprung (Bild 11.9).

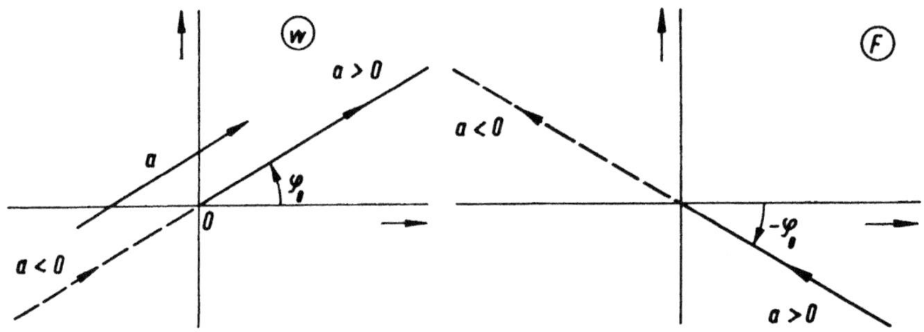

Bild 11.8

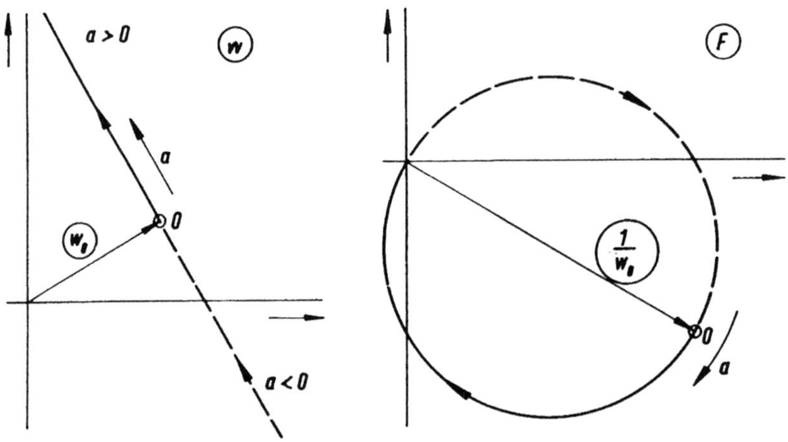

Bild 11.9

Nach einer Zwischenrechnung findet man

$$F = \frac{1}{2w_0}\left(1 + e^{-j\,2\arctan a}\right),$$

d.h. einen Kreis mit dem Radius $|1/2w_0|$ um den Mittelpunkt $1/2w_0$.

Der Kreis läuft durch den Ursprung, da die Gerade in der w-Ebene den Punkt Unendlich enthält. Der dem Ursprung nächste Punkt der Geraden in der w-Ebene ($w = w_0$) wird in den dem Ursprung fernsten Punkt

$$F = \frac{1}{w_0}$$

in der F-Ebene abgebildet.

d) Allgemeiner Kreis

$w = w_0(1 + b_0 e^{j\varphi})$ beschreibt für w_0 = const., den reellen Parameter b_0 = const. $\neq 1$ und den im Bereich $-\pi < \varphi < \pi$ veränderlichen Winkel φ einen Kreis in der w-Ebene mit dem Radius $|b_0 w_0|$ um den Mittelpunkt w_0.

Die zugehörige Bildkurve folgt nach einer Zwischenrechnung aus

$$F = \frac{1}{w} = \frac{1}{w_0(1-b_0^2)} \left(1 - b_0 e^{j\psi(b_0,\varphi)}\right) .$$

Dies entspricht einem allgemeinen Kreis in der F-Ebene (Bild 11.10).

Da alle diese Abbildungen umkehrbar sind, ist damit anschaulich gezeigt, daß die Funktion F = 1/w die Gesamtheit aller Kreise und Geraden der w-Ebene in die Gesamtheit aller Kreise und Geraden der F-Ebene abbildet.

Deutet man eine Gerade als Kreis mit dem Radius Unendlich, so kann man diese Eigenschaft als „Kreisverwandtschaft" bezeichnen.

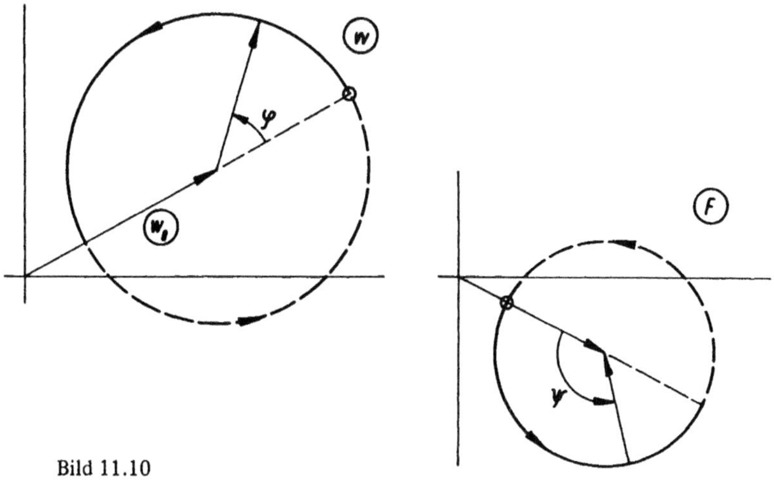

Bild 11.10

11.4. Abbildung durch eine allgemeine lineare Funktion

Eine allgemeine lineare Funktion

$$F = \frac{aw + b}{cw + d} , \qquad \text{mit } a, b, c, d = \text{const.}, \quad ad - bc \neq 0 ,$$

erhält durch Erweiterung und Abspaltung die Form

$$F = \frac{a}{c} + b\frac{1 - \frac{ad}{bc}}{cw + d}$$

oder mit entsprechenden Abkürzungen für die neuen Koeffizienten

$$F = a_1 + \frac{b_1}{cw + d} .$$

Man erhält die zugehörige Abbildung durch mehrere Zwischenabbildungen.

$F_1 = cw$	Drehstreckung
$F_2 = F_1 + d$	Verschiebung
$F_3 = \frac{1}{F_2}$	Spiegelung am Einheitskreis
$F_4 = b_1 F_3$	Drehstreckung
$F_5 = a_1 + F_4$	Verschiebung .

Da die Kurven bei Verschiebungen und Drehstreckungen ihre Form nicht ändern, vermittelt auch die allgemeine lineare Funktion eine kreisverwandte Abbildung.

11.5. Anwendung zur Berechnung von Ortskurven

11.5.1. Reihenschaltung R – L

Die Impedanz der in Bild 11.11 gezeichneten Schaltung ist

$$w \equiv z = R + j\omega L .$$

Wirkwiderstand R und Blindwiderstand $j\omega L$ sind die rechtwinkligen Koordinaten der Impedanz. Für konstante Induktivität ist der Blindwiderstand der Frequenz proportional. Nur Werte im ersten Quadranten der z-Ebene sind mit der vorgegebenen Schaltung realisierbar.
Bei Speisung der Schaltung mit einem eingeprägten Strom $\tilde{I} = I$ entspricht die Spitze des $\tilde{U}$-Zeigers in einem passenden Maßstab dem komplexen Wert z.

Die entsprechenden Ortskurven der Admittanz

$$F \equiv y = \frac{1}{z}$$

sind aufgrund der vorher besprochenen Abbildungseigenschaften Scharen von orthogonalen Kreisen, die durch den Ursprung der y-Ebene gehen. Die Achsen der z- und y-Ebenen werden in sich, allerdings nicht kongruent, abgebildet.

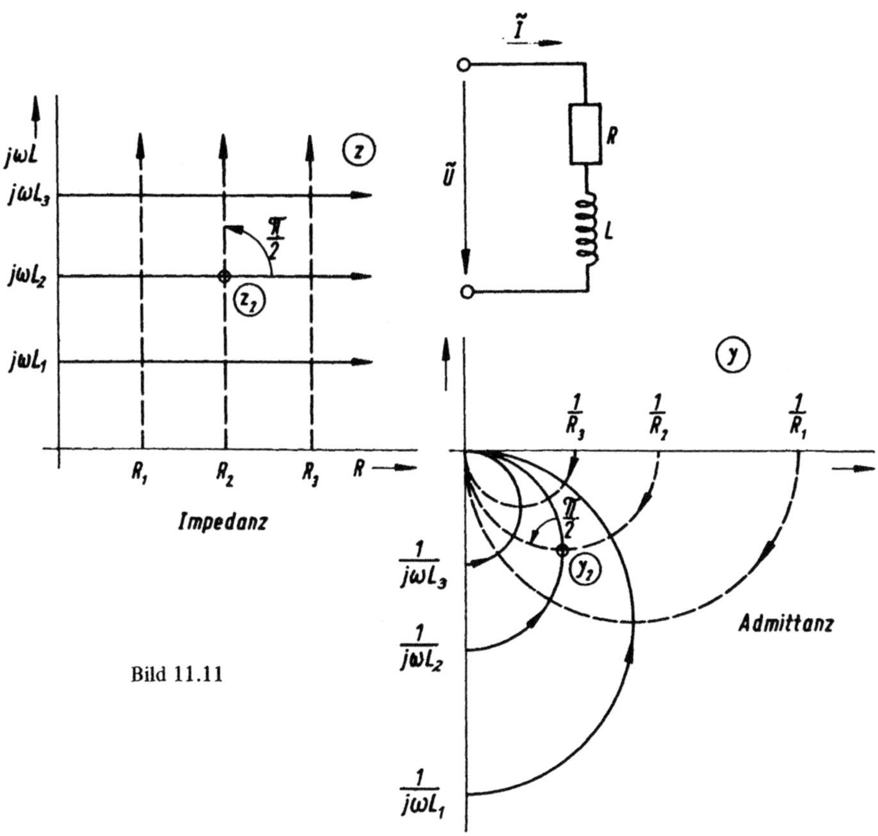

Bild 11.11

11.5.2. Parallelschwingkreis

Der in Bild 11.12 dargestellte Parallelschwingkreis hat die Admittanz

$$y = G + j\left(\omega C - \frac{1}{\omega L}\right) .$$

Für G, C, L = const. und veränderliche Frequenz erhält man als Ortskurve eine Gerade parallel zur imaginären Achse. Die beiden Grenzkreisfrequenzen ω_1 und ω_2 gehören zu den unter 45° liegenden Punkten. Je schwächer der Schwingkreis gedämpft ist, desto dichter liegt die Gerade an der imaginären Achse und desto näher liegen die Grenzfrequenzen an der Resonanzfrequenz.

Die zugehörige Ortskurve der Impedanz

$$z = \frac{1}{y}$$

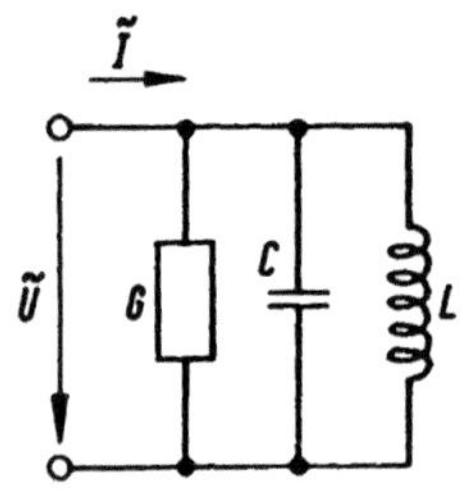

Bild 11.12

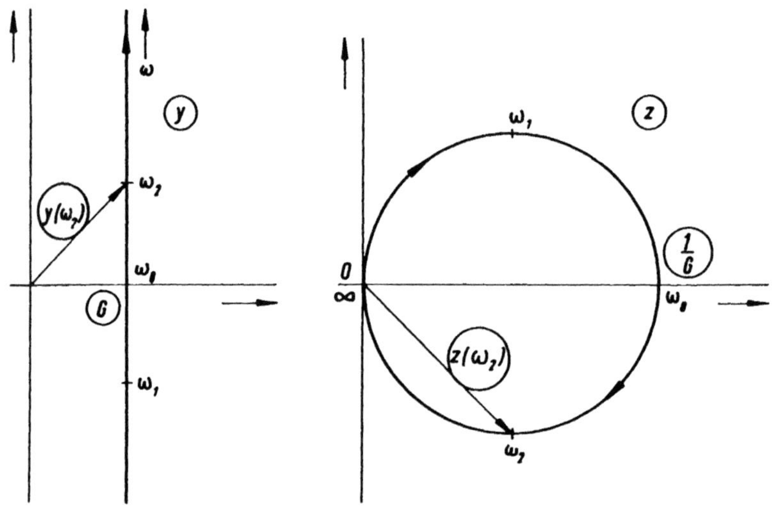

ist wieder ein Kreis durch den Ursprung. Sein Durchmesser ist $R = 1/G$. Der Scheinwiderstand durchläuft bei der Resonanzfrequenz ein Maximum, die Grenzfrequenzen gehören zu den Scheitelpunkten des Kreises.

11.5.3. Frequenzgang eines RC-Vierpols im Leerlauf

Das Leerlauf-Spannungsverhältnis der in Bild 11.13 gezeichneten Schaltung ist

$$F \equiv \frac{\widetilde{U}_2}{\widetilde{U}_1} = \frac{\frac{1}{j\omega C}}{R + \frac{1}{j\omega C}} = \frac{R}{R + \frac{1}{j\omega C}} = \frac{1 - j\omega CR}{1 + j\omega CR} = e^{-j2\arctan\omega CR} .$$

Für veränderliche Frequenz $(0 \leqslant \omega < \infty)$ entsteht als Ortskurve ein Halbkreis um den Ursprung.

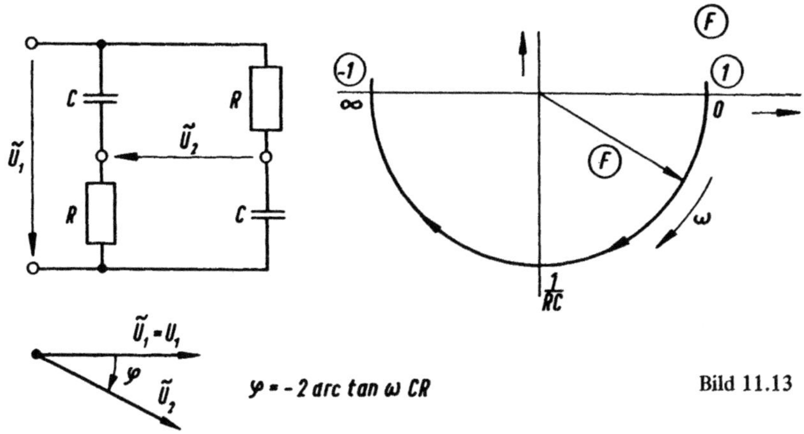

Bild 11.13

Man kann die Ortskurve wieder als geometrischen Ort der Zeigerspitze von $\tilde{U}_2$ betrachten, wenn der Vierpol mit konstanter Spannung veränderlicher Frequenz gespeist wird ($\tilde{U}_1 = U_1$). Die gezeichnete Schaltung ist das einfachste Beispiel eines sogenannten Allpaß-Vierpols, der eine Phasendrehung bewirkt, ohne den Betrag zu beeinflussen.

11.5.4. Frequenzgang eines LC-Tiefpasses

Um den Eindruck zu vermeiden, die Ortskurven bei Schaltungsaufgaben seien stets Gerade oder Kreise, soll noch ein Beispiel betrachtet werden, bei dem dies nicht der Fall ist. Bild 11.14 zeigt eine z.B. zur Unterdrückung der Wechselkomponenten bei Gleichspannungs-Netzgeräten viel verwendete Schaltung. Sie stellt im Leerlauf einen Reihenschwingkreis dar, dessen Kondensatorspannung abgenommen wird. Das Leerlauf-Spannungsverhältnis ist

$$F \equiv \frac{\tilde{U}_2}{\tilde{U}_1} = \frac{\frac{1}{j\omega C}}{R + j\omega L + \frac{1}{j\omega C}} = \frac{1}{1 - \omega^2 LC + j\omega CR} \quad .$$

Es interessiert die Ortskurve $F(\omega)$ für veränderliche Frequenz. Die Beurteilung ihres Verlaufs wird vereinfacht, wenn man zunächst die inverse Ortskurve

$$\frac{1}{F} = 1 - \omega^2 LC + j\omega CR$$

betrachtet. Setzt man

$$\frac{1}{F} = u + jv \, ,$$

so gilt

$$u(\omega) = 1 - \omega^2 LC \, , \qquad v(\omega) = \omega CR \, ,$$

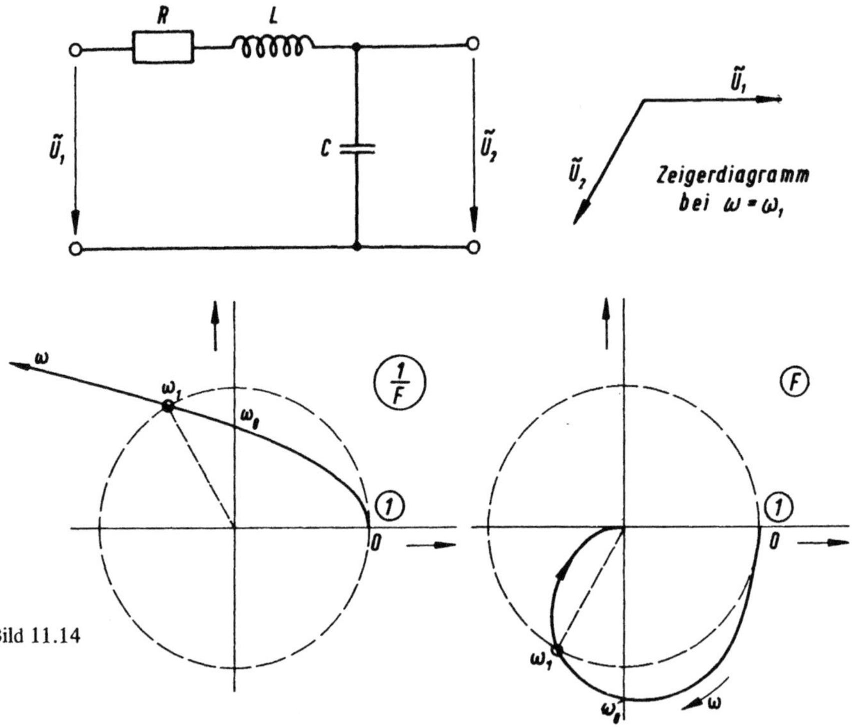

Bild 11.14

die Parameterform einer Parabel mit dem Scheitelpunkt $u = 1$, $v = 0$ (Bild 11.14). Bei der Resonanzfrequenz schneidet sie die imaginäre Achse im Abstand

$$\omega_0 C R = \frac{R}{Z_0} = 2D$$

vom Ursprung.

Mit der Kenntnis der Abbildungseigenschaften der Funktion $F = 1/w$ ist es nun einfach, wenigstens den prinzipiellen Verlauf der Ortskurve $F(\omega)$ zu skizzieren. Die Kurve tritt nach einer Resonanzüberhöhung im Bereich $0 < \omega < \omega_1$ in den Einheitskreis ein und mündet längs der negativen reellen Achse in den Ursprung. Der asymptotische Verlauf der Ortskurve läßt sich der Gleichung für $F(\omega)$ unmittelbar entnehmen.

$$\omega \to \infty : F(\omega) \to \frac{1}{-\omega^2 LC} .$$

Bei komplizierteren Netzwerken können die Ortskurven einen sehr verwickelten Verlauf haben. Abgesehen von Symmetrieeigenschaften und Asymptoten, die man meist schnell erkennt, ist man dann auf punktweise Berechnung angewiesen.

12. Berechnung nichtstationärer Vorgänge in linearen Netzwerken mit Hilfe der Differentialgleichung

12.1. Energiespeicher

Den bisherigen Überlegungen lag die Annahme zugrunde, daß die eingeprägten Spannungen und Ströme in dem zu untersuchenden Netzwerk schon längere Zeit wirksam waren, so daß sämtliche Größen ihren jeweiligen stationären Zustand erreicht haben. Bei Anregung durch zeitlich konstante Größen bedeutet dies, daß alle Ströme und Spannungen zeitlich konstant sind; bei Anregung durch sinusförmige Größen, daß alle Ströme und Spannungen mit der Frequenz der Anregung sinusförmig verlaufen. Der Grund, weshalb dieser Zustand unmittelbar nach dem Einschalten der Anregungsgröße noch nicht besteht, liegt in den Energiespeichern des Netzwerkes.

Die einem idealen, d.h. induktivitäts- und kapazitätsfreien Widerstand zugeführte elektrische Leistung

$$p = u \cdot i$$

wird dort sofort als Wärmeleistung wirksam. Diese Umwandlung ist irreversibel, die umgewandelte Leistung ist für das elektrische Netzwerk verloren.
Anders ist es bei einem Kondensator und bei einer Spule (Bild 1.4, 1.5).

Wegen

$$i = C \frac{du}{dt}$$

ist die zugeführte Leistung

$$p = ui = Cu \frac{du}{dt} .$$

Die dem widerstandsfreien Kondensator bei der Aufladung von $u = 0$ auf u_1 zugeführte Energie ist somit

$$w_1 = \int_0^{t_1} p\,dt = C \int_0^{u_1} u\,du = \frac{1}{2} C u_1^2 .$$

Diese Energie ist im elektrischen Felde des Kondensators gespeichert. Sie ist für das Netzwerk nicht verloren, sondern sie kann jederzeit reaktiviert und an eine andere Stelle des Netzwerkes übertragen werden. Natürlich geht in Wirklichkeit weder die Speicherung noch die Rückübertragung völlig verlustfrei vor sich.

Bei einer verlustfreien Spule sind die Verhältnisse analog. Wegen

$$u = L\frac{di}{dt} \qquad \text{ist} \qquad p = ui = Li\frac{di}{dt}\ .$$

Die im Magnetfeld der Spule gespeicherte Energie ist somit

$$w_1 = \int_0^{t_1} p\,dt = L\int_0^{i_1} i\,di = \frac{1}{2}Li_1^2\ ,$$

oder wegen $\Phi_1 = \frac{Li_1}{N}$

$$w_1 = \frac{1}{2}\frac{(N\Phi_1)^2}{L}\ .$$

Bei einer linearen Spule mit einer einzigen Wicklung sind Strom und magnetischer Fluß einander proportional.

Auch die magnetische Energie kann, abzüglich der unvermeidlichen Verluste, in das übrige Netzwerk zurückgespeist werden. Diese Erscheinung wurde bereits im Zusammenhang mit der Blindleistung in Wechselstromschaltungen erörtert.

Die elektrischen Schaltelemente Spule und Kondensator sind den mechanischen Energiespeichern Masse und Feder analog.

Man bezeichnet die Speichergrößen (u_c, i_L) auch als Zustandsgrößen eines Netzwerkes. Sie kennzeichnen ja dessen energetischen Zustand in jedem Zeitpunkt.

Die Energiespeicher L und C liefern wichtige Kontinuitätsbedingungen für die Berechnung von Einschwingvorgängen. Sofern nämlich die in einem Netzwerk auftretenden Spannungen und Ströme endlich sind, was immer der Fall ist, bleibt auch die irgendeinem Teil des Netzwerkes zugeführte Leistung endlich; daraus folgt, daß sich die Energieinhalte irgendwelcher Speicherelemente und die den Energieinhalt bestimmenden Größen (u_c, i_L) nur mit endlicher Geschwindigkeit ändern können, d.h. daß sie stetig sind. Diese Tatsache ist bei der Berechnung aller nichtstationären Vorgänge zu beachten. Angenommene Schaltvorgänge, bei denen diese Bedingungen verletzt werden, führen zu unzulässigen Betriebszuständen und gehen im übrigen an der Wirklichkeit vorbei.

An einem einfachen Beispiel sei dies erläutert. Der in Bild 12.1 gezeichnete Stromkreis R–L werde von einem stationären Gleichstrom $i = U_0/R$ durchflossen. Zur Zeit $t = 0$ soll der Schalter S geöffnet werden, so daß der Strom i plötzlich zu Null wird.

Dieser Schaltvorgang hätte zur Folge, daß sich die Energie der Spule augenblicklich vom Anfangswert

$$\frac{1}{2}L\left(\frac{U_0}{R}\right)^2$$

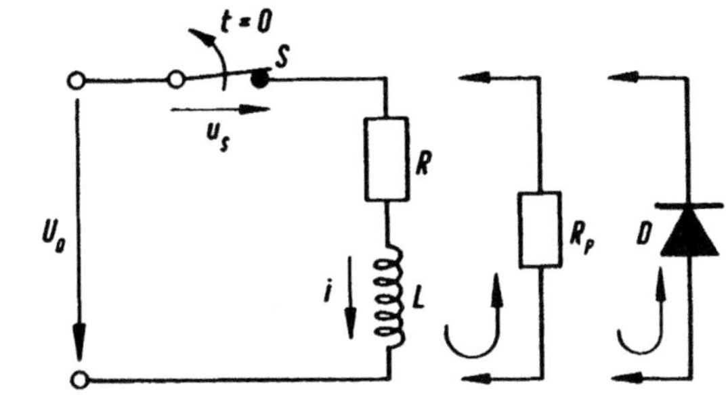

Bild 12.1

auf Null reduzieren müßte, was eine unendlich große Leistungsabgabe, d.h. eine unendlich hohe induzierte Spannung an der Spule und am sich öffnenden Schalter zur Folge hätte. Der Schaltvorgang wird in Wirklichkeit also anders ablaufen. Infolge der beim Stromabbau in der Spule induzierten Spannung wird ein Lichtbogen zwischen den sich öffnenden Kontakten entstehen, so daß der Stromkreis für eine endliche Zeit geschlossen bleibt und der Strom kontinuierlich abklingen kann. Falls die induzierte Spannung eine entsprechende Größe erreicht, kann sich die gespeicherte Energie auch in Form eines Durchschlages der Wicklungsisolation entladen; außerdem sind noch die hier vernachlässigten Wicklungskapazitäten der Spule und der endliche elektrische Leitwert des Eisenkernes zu nennen, die einen Teil der Energie vorübergehend übernehmen bzw. in Wärme umwandeln können.

Um den Schaltvorgang in definierter Weise ablaufen zu lassen, ist es notwendig, die gespeicherte Energie in geordnete Bahnen zu lenken. Diesem Zweck dient z.B. ein Parallelwiderstand R_p oder eine Diode D parallel zur Spule. Beim Öffnen des Schalters kann sich nun der im ersten Augenblick unverändert weiterfließende Strom der Induktivität über den Nebenzweig schließen und allmählich abklingen. Die gespeicherte Energie wird dann in den Widerständen in Wärme umgewandelt und es besteht keine Zwangssituation mehr. Der Parallelwiderstand hat den Nachteil, daß er im geschlossenen Zustand des Schalters Leistung verbraucht; dies wird bei Verwendung einer Diode vermieden, die allerdings nur bei Gleichspannung brauchbar ist.

Ähnliche Vorgänge, wie eben beschrieben, treten auch bei unzulässig angesetzten Schaltvorgängen mit Kondensatoren auf.

12.2. Ansatz der Differentialgleichung

Die Berechnung der Zweigströme und -spannungen eines Netzwerkes im nichtstationären Zustand erfolgt im Prinzip ebenso wie die Berechnung des eingeschwungenen Zustandes. Man kann also z.B. Kreisströme ansetzen, mit Knotenpunktsspannungen arbeiten oder den Überlagerungssatz verwenden. Anstelle der komplexen Zeiger werden jedoch überall Augenblickswerte geschrieben; außerdem werden überall die Differentialzusammenhänge

$$i_c = C\frac{du_c}{dt}\;, \qquad u_L = L\frac{di_L}{dt}$$

eingesetzt. Dabei ist es vorteilhaft, die Gleichungen so zu schreiben, daß als Variable die Speichergrößen vorkommen. Unbestimmte Integrale, wie z.B.

$$u_c = \frac{1}{C}\int i\,dt$$

werden durch Differentiation der entsprechenden Gleichung in Differentialausdrücke umgewandelt.

Bei linearen Netzwerken mit konstanten Schaltelementen erhält man dadurch eine hinreichende Anzahl von linearen Differentialgleichungen, aus denen alle Variablen bis auf eine eliminiert werden. Auf diese Weise entsteht eine lineare Differentialgleichung n-ter Ordnung für die Unbekannte $x(t)$. Als Anregungen erscheinen alle eingeprägten Spannungen und Ströme, $y_i(t)$, sowie deren Ableitungen.

$$a_n \cdot x^{(n)} + \ldots + a_1 x' + a_0 x = \sum_{i=1}^{k} \left(b_{mi} y_i^{(m)} + \ldots + b_{1i} y_i' + b_{0i}\, y_i \right) \;.$$

Die Koeffizienten a_ν, $b_{\mu i}$ sind reelle Konstante. Bei passiven Netzwerken ist $m \leqslant n$.

Die entstehende Differentialgleichung ist die allgemeingültige Beschreibung der Schaltung. Sie gilt für jeden Betriebszustand; der mit der komplexen Rechnung behandelte sinusförmige eingeschwungene Zustand ist als Sonderfall in ihr enthalten.

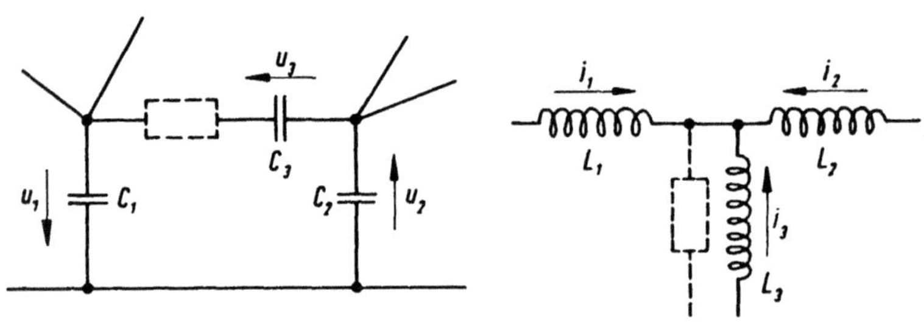

Bild 12.2

Die Zahl n entspricht der Anzahl der im Netzwerk enthaltenen unabhängigen Energiespeicher. Bild 12.2 zeigt zwei Beispiele für abhängige Energiespeicher; wegen $u_1 + u_2 + u_3 = 0$ im ersten und $i_1 + i_2 + i_3 = 0$ im zweiten Fall sind nur je zwei der drei Speichergrößen frei wählbar, d.h. für diese Teilschaltungen gilt $n = 2$. Durch Einfügen der gestrichelten Widerstände wird die Unabhängigkeit hergestellt.

Der Anfangszustand der n unabhängigen Energiespeicher wird bei der Lösung der Differentialgleichung durch n Anfangsbedingungen berücksichtigt.

Beispiele:

a) RC-Tiefpaß (Bild 12.3)

$u_1(t)$ sei eine eingeprägte Spannung (Anregungsfunktion), $u_2(t)$ ist die unbekannte Ausgangsspannung.

Knotenpunkt: $$i_1 = i_2 + i_c = \frac{u_2}{R_2} + C\frac{du_2}{dt} .$$

Masche: $$u_1 = u_2 + R_1 i_1 .$$

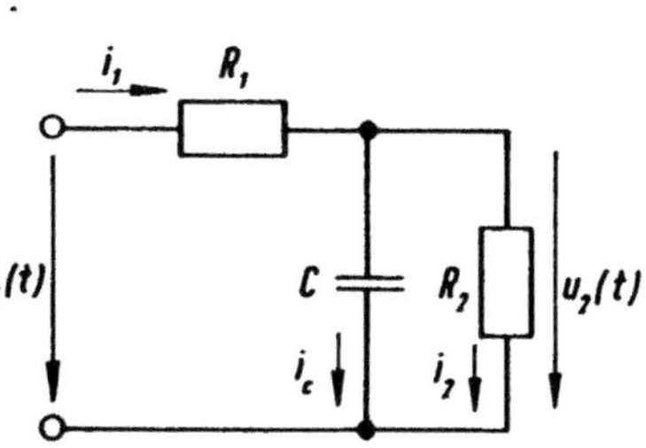

Bild 12.3

Durch Elimination von i_1 folgt

$$u_1 = u_2 + \frac{R_1}{R_2} u_2 + R_1 C \frac{du_2}{dt}$$

oder in Normalform ($a_0 = 1$)

$$\underbrace{\frac{R_1 R_2}{R_1 + R_2} C}_{T} \frac{du_2}{dt} + u_2 = \frac{R_2}{R_1 + R_2} u_1 .$$

Der homogene Teil der Differentialgleichung enthält die Zeitkonstante

$$T = \frac{R_1 R_2}{R_1 + R_2} C .$$

Dieser Wert hat seine Ursache darin, daß für $u_1 = 0$ beide Widerstände parallel an den Klemmen des Kondensators liegen.

Für den Fall sinusförmiger Anregung,

$$u_1 = \frac{\sqrt{2}}{2}\left(\tilde{U}_1 e^{j\omega t} + \overline{\tilde{U}}_1 e^{-j\omega t}\right),$$

liefert die Differentialgleichung z.B. den Sonderfall des stationären sinusförmigen Zustandes

$$u_2 = \frac{\sqrt{2}}{2}\left(\tilde{U}_2 e^{j\omega t} + \overline{\tilde{U}}_2 e^{-j\omega t}\right),$$

wobei

$$\tilde{U}_2 = \frac{R_2}{R_1 + R_2} \cdot \frac{1}{1 + j\omega T} \tilde{U}_1$$

ist.

Bild 12.4

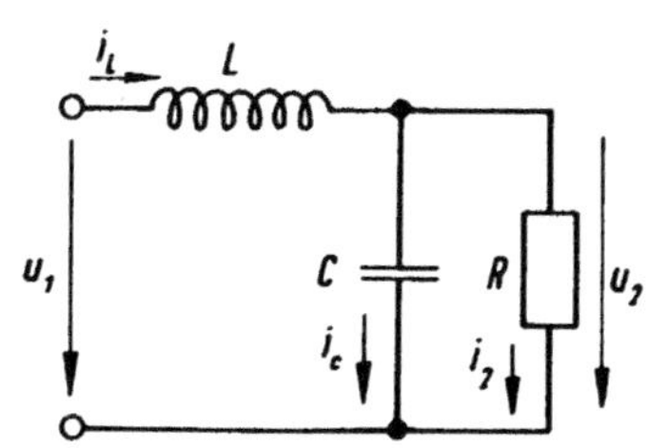

b) LC-Tiefpaß (Bild 12.4)

Knotenpunkt: $$i_L = \frac{u_2}{R} + C\frac{du_2}{dt} \quad (1)$$

Masche: $$u_1 = L\frac{di_L}{dt} + u_2 \quad . \quad (2)$$

Die Elimination von i_L erfolgt durch Differentiation von Gl. (1) und Einsetzen in Gl. (2)

$$LC\frac{d^2u_2}{dt^2} + \frac{L}{R}\frac{du_2}{dt} + u_2 = u_1(t) \quad .$$

Eliminiert man stattdessen u_2, so gilt

$$LC\frac{d^2i_L}{dt} + \frac{L}{R}\frac{di_L}{dt} + i_L = C\frac{du_1}{dt} + \frac{u_1}{R} \quad .$$

Die Koeffizienten der homogenen Differentialgleichung sind unverändert, da sie durch die passive Schaltung ohne Anregung, d.h. die Wahl der Schaltelemente und ihre Verknüpfung bestimmt sind.

Die Lösung dieser Differentialgleichungen erfolgt nach Verfahren, die aus der Mathematik bekannt sind. Dies wird anhand von Beispielen erläutert.

12.3. Vorgänge beim Einschalten einer Gleichspannung

12.3.1. RC-Tiefpaß

Die in Bild 12.3 gezeigte einfache Schaltung soll im entladenen Zustand an eine Gleichspannung U_0 gelegt werden. Bild 12.5 beschreibt dieses Gedankenexperiment. Dabei wird angenommen, daß der Schalter im Zeitpunkt $t = 0$ unterbrechungsfrei umschaltet.

Die Eingangsspannung $u_1(t)$ ist dann zunächst Null; bei $t = 0$ springt sie auf den Wert $u_1 = U_0$.

Man kennzeichnet diesen häufig vorkommenden Verlauf durch die Schalt- oder Sprungfunktion $s(t)$

$$s(t < 0) = 0 \,, \qquad s(t \geq 0) = 1 \quad .$$

Mit dieser Definition ist

$$u_1(t) = U_0 s(t) \,.$$

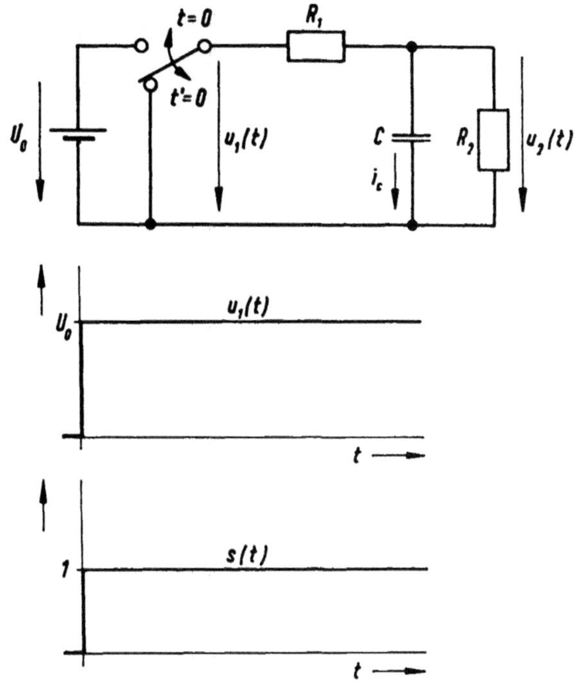

Bild 12.5

Die bereits in Abschnitt 12.2a abgeleitete Differentialgleichung lautet dann

$$T\frac{du_2}{dt}+u_2=\frac{R_2}{R_1+R_2}\,U_0 s(t)\,,\qquad T=\frac{R_1R_2}{R_1+R_2}\,C\ .$$

Zunächst wird die Lösung der homogenen Differentialgleichung gesucht

$$T\frac{du_2}{dt}+u_2=0\ .$$

Der Ansatz

$$u_2=K\,e^{pt}$$

liefert die charakteristische Gleichung

$$Tp+1=0$$

mit der Lösung

$$p=-\frac{1}{T}\ .$$

Die allgemeine Lösung der homogenen Differentialgleichung ist somit

$$u_{2h}=K\,e^{-\frac{t}{T}}\ .$$

Als partikuläre Lösung wird der stationäre Zustand für $t \to \infty$ herangezogen. Der Kondensator ist dann auf seine Endspannung geladen. Aus der Differentialgleichung folgt mit

$$\frac{du_2}{dt} = 0$$

der Endwert $\quad u_{2s} = \frac{R_2}{R_1 + R_2} U_0 .$

Die allgemeine Lösung der inhomogenen Differentialgleichung entsteht durch Überlagerung beider Lösungsanteile

$$u_2 = u_{2s} + u_{2h} = \frac{R_2}{R_1 + R_2} U_0 + K e^{-\frac{t}{T}} .$$

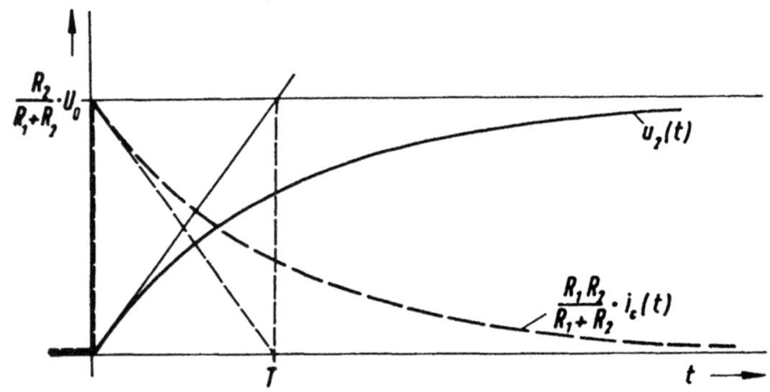

Bild 12.6

Die Konstante K ist aus der Anfangsbedingung zu ermitteln. Im Einschaltaugenblick war $u_2(-0) = 0$; da der Kondensator seine Energie, d.h. seine Spannung, nicht sprungartig ändern kann, gilt auch $u_2(+0) = u_2(-0) = 0$. Daraus folgt

$$K = \frac{-R_2}{R_1 + R_2} U_0 ,$$

und die dem Problem angepaßte gesamte Lösung lautet

$$u_2 = \frac{R_2}{R_1 + R_2} \left(1 - e^{-\frac{t}{T}}\right) U_0 .$$

Der Verlauf dieses Einschwingvorganges ist in Bild 12.6 gezeichnet. Wegen des Widerstandes R_1 wird dem Kondensator endliche Leistung zugeführt; die Aufladung erfolgt deshalb verzögert. Mit zunehmender Ladung des Kondensators verringert sich die Spannung an R_1, und damit auch der Ladestrom. Durch Differentation folgt

$$i_c = C \frac{du_2}{dt} = \frac{R_2}{R_1 + R_2} C \frac{U_0}{T} e^{-\frac{t}{T}} = \frac{U_0}{R_1} e^{-\frac{t}{T}} .$$

Dieser Kurvenverlauf ist in Bild 12.6 ebenfalls enthalten.

Nachdem der Kondensator seine Endspannung erreicht hat, was theoretisch erst nach unendlich langer Zeit der Fall ist, werde der Schalter in Bild 12.5 wieder umgelegt. Definiert man diesen Schaltaugenblick als Beginn einer neuen Zeitskala, $t' = 0$, so ist die Anregung $u_1(t') = U_0(1 - s(t'))$. Damit erhält die Differentialgleichung die Form

$$T \frac{du_2}{dt} + u_2 = \frac{R_2}{R_1 + R_2} \left(1 - s(t')\right) U_0 \ .$$

Die Lösung geschieht in gleicher Weise wie vorher.

Der stationäre Endwert ist nun $u_{2s} = 0$, und als Anfangsbedingung ist einzusetzen

$$u_2(t' = 0) = \frac{R_2}{R_1 + R_2} U_0 \ .$$

Als Lösung findet man

$$u_2(t') = \frac{R_2}{R_1 + R_2} U_0 \, e^{-\frac{t'}{T}} \ ,$$

und

$$i_c(t') = -\frac{U_0}{R_1} e^{-\frac{t'}{T}} \ .$$

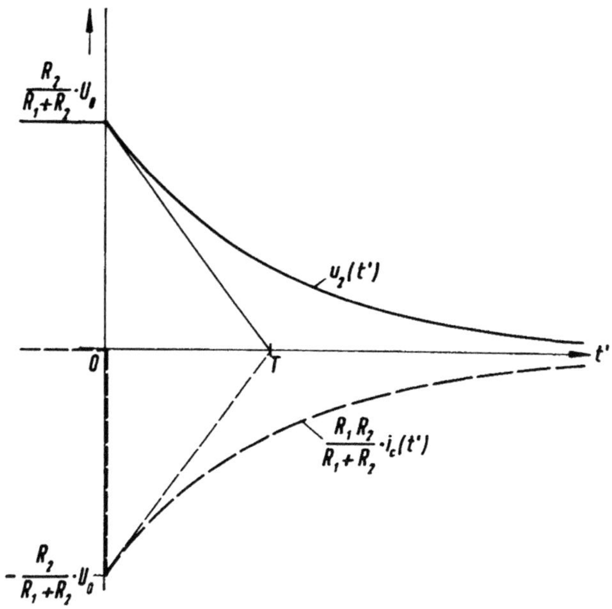

Bild 12.7

Bild 12.7 zeigt die allmähliche Entladung des Kondensators über die Widerstände. Mit abnehmender Spannung u_2 reduziert sich auch der Entladestrom, d.h. die Entladegeschwindigkeit des Kondensators. Vorgänge des kontinuierlichen Wachsens oder Abnehmens in der Natur haben häufig die Form von Exponentialfunktionen.

12.3.2. Induktiver Stromkreis (Bild 12.8)

Bei geschlossenem Schalter liegt der Widerstand R_2 unmittelbar an der Spannungsquelle. Dieser Zweig kann daher bei der Berechnung von i_1 unberücksichtigt bleiben.

Die Differentialgleichung bei geschlossenem Schalter ist

$$\frac{L}{R_1}\frac{di_1}{dt} + i_1 = \frac{U_0}{R_1} \quad .$$

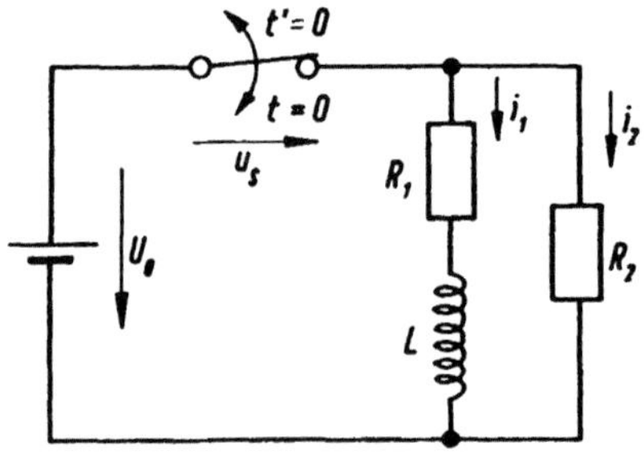

Bild 12.8

Die Lösung erfolgt in gleicher Weise wie vorher. Mit der Anfangsbedingung $i_1(0) = 0$ und der Abkürzung $L/R_1 = T_1$ findet man

$$i_1(t) = \frac{U_0}{R_1}\left(1 - e^{-\frac{t}{T_1}}\right) \quad .$$

Der Stromanstieg wird durch die Induktivität verzögert.

Sobald der Strom seinen Endwert annähernd erreicht hat, soll der Schalter wieder geöffnet werden ($t' = 0$). Der Schalter wird beim Öffnen sofort stromlos und aus der Knotenpunktsregel folgt

$$i_2 = - i_1 \; ,$$

d.h. der einen Energieinhalt verkörpernde Strom durch die Induktivität fließt nun über den Widerstand R_2. Die Differentialgleichung in diesem Zeitabschnitt ($t' \geqslant 0$) ist

$$(R_1 + R_2)\, i_1 + L\frac{di_1}{dt'} = 0 \qquad \text{oder mit} \qquad \frac{L}{R_1 + R_2} = T_{12}$$

$$T_{12}\frac{di_1}{dt'} + i_1 = 0 \quad .$$

Mit der Anfangsbedingung

$$i_1(t' = 0) = \frac{U_0}{R_1}$$

gilt die Lösung

$$i_1 = - i_2 = \frac{U_0}{R_1}\, e^{-\frac{t'}{T_{12}}} \quad .$$

Bild 12.9 zeigt die zugehörigen Kurven.

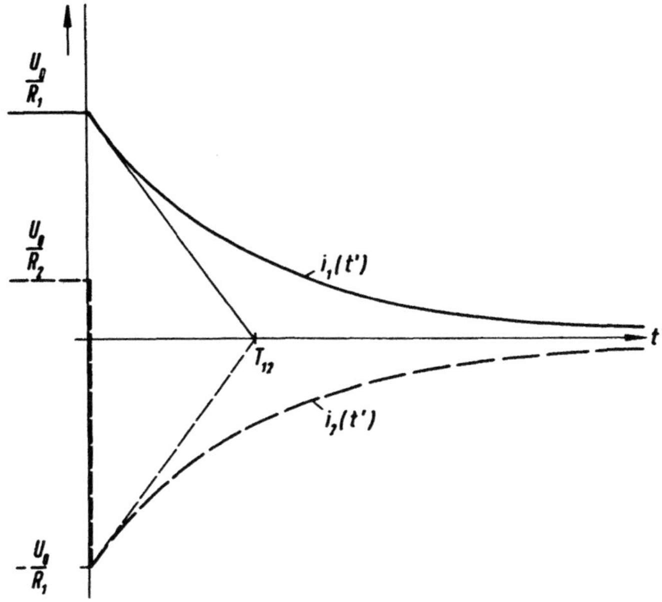

Bild 12.9

Die Änderung des Stromes i_2 und des Stromes durch den Schalter bei $t' = 0$ erfolgt wegen der stets vorhandenen magnetischen Felder der Strombahnen in Wirklichkeit nicht unstetig, doch sind diese kleinen Streuinduktivitäten in den meisten Fällen gegenüber L vernachlässigbar.

Man erkennt, daß die homogenen Differentialgleichungen bei geschlossenem und geöffnetem Schalter wegen $T_{12} < T_1$ unterschiedlich sind. Der Grund hierfür liegt in der Tatsache, daß ein Zweig der Schaltung einmal über die widerstandsfreie Spannungsquelle geschlossen, im anderen Fall unterbrochen ist. Bei der in Bild 12.5 verwendeten Schaltung würde dieser Unterschied nicht auftreten.

Mit der Lösung für $i_2(t')$ läßt sich auch die am geöffneten Schalter liegende Spannung berechnen. Ansatz der Maschengleichung ergibt

$$u_s(t') = U_0 + R_2 i_1(t') = \left(1 + \frac{R_2}{R_1} e^{-\frac{t'}{T_{12}}}\right) U_0 \ .$$

Dieser Verlauf ist in Bild 12.10 aufgetragen. Der Maximalwert der Spannung ist bei $t' = 0$, d.h. unmittelbar nach dem Abschalten, zu beobachten

$$u_{s\max} = \left(1 + \frac{R_2}{R_1}\right) U_0 = \frac{T_1}{T_{12}} U_0 \ .$$

Mit zunehmendem Widerstand R_2 wird die Spule schneller entladen, um so größer ist aber auch die Überspannung am geöffneten Schalter. Bei Verwendung einer Diode anstelle des Widerstandes R_2 (Bild 12.1) hat die Schalterspannung den gestrichelten Verlauf, d.h. die Schaltüberspannung wird vollständig vermieden.

Der Strom i_1 schließt sich nach dem Abschalten über die Diode und klingt wegen des vernachlässigbaren Durchlaßwiderstandes der Diode mit der Zeitkonstante T_1 ab.

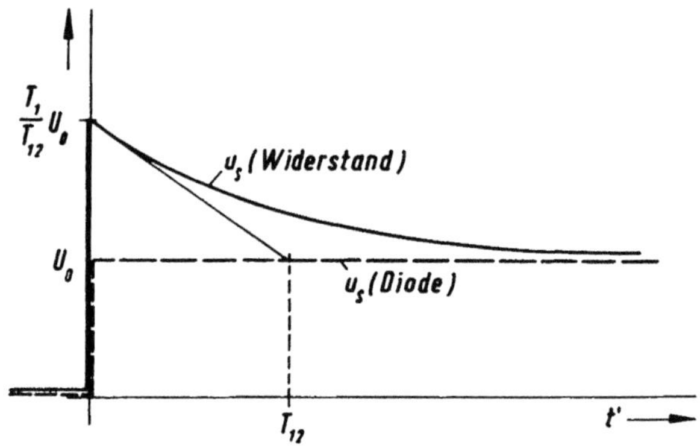

Bild 12.10

12.3.3. Einschaltvorgang eines Reihenschwingkreises

Die Maschengleichung für die in Bild 12.11 gezeichnete Schaltung lautet

$$Ri + L\frac{di}{dt} + u_c = u_1 = U_0 s(t)$$

oder mit

$$i = C\frac{du_c}{dt},$$

$$LC\frac{d^2u_c}{dt^2} + RC\frac{du_c}{dt} + u_c = U_0 s(t) \; .$$

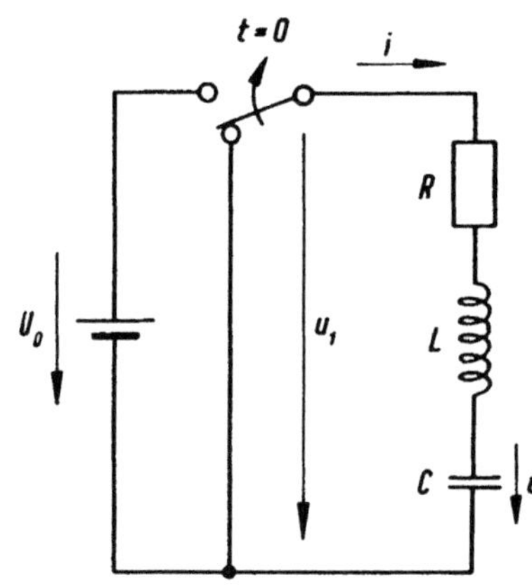

Bild 12.11

Der Ansatz $u_{ch} = K\,e^{pt}$ für die homogene Differentialgleichung liefert die charakteristische Gleichung

$$LC\,p^2 + RC\,p + 1 = 0 \; .$$

Mit den Abkürzungen

$$\omega_0^2 = \frac{1}{LC}, \qquad z_0 = \sqrt{\frac{L}{C}}, \qquad D = \frac{R}{2z_0}$$

folgen daraus die Eigenwerte

$$p_{1,2} = \omega_0\left(-D \pm \sqrt{D^2 - 1}\right).$$

$D > 1$ entspricht dem aperiodischen, $0 < D < 1$ dem periodischen Fall. Dazwischen liegt der aperiodische Grenzfall ($D = 1$). Hier wird nur der periodische Fall betrachtet. Der Rechnungsgang für den aperiodischen Fall ist entsprechend.

$$p_{1,2} = \omega_0 \left(-D \pm j\sqrt{1-D^2}\right) = \sigma_1 \pm j\omega_1 \ .$$

Die Eigenwerte sind konjugiert komplex; sie liegen unter dem Winkel $\pm \vartheta$ gegen die negative reelle Achse (Bild 12.12). Dabei gilt $\cos\vartheta = D$.

Die allgemeine Lösung der homogenen Differentialgleichung lautet mit der komplexen Konstanten $K = |K|\, e^{j\alpha}$

$$u_{ch} = |K|\, e^{\sigma_1 t}\left(e^{j\alpha} e^{j\omega_1 t} + e^{-j\alpha} e^{-j\omega_1 t}\right)$$

$$= 2\,|K|\, e^{\sigma_1 t} \cos(\omega_1 t + \alpha) \ .$$

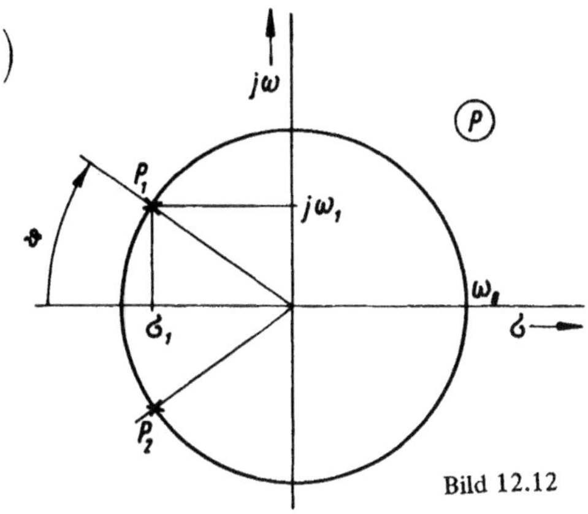

Bild 12.12

Mit der partikulären Lösung

$$u_{cs} = U_0$$

und den Anfangsbedingungen

$$u_c(0) = 0\,, \qquad i(0) = C\frac{du_c}{dt}(0) = 0$$

folgt nach einigen Umrechnungen die vollständige Lösung der Gleichung

$$u_c(t) = \left(1 - \frac{e^{-D\omega_0 t}}{\sqrt{1-D^2}} \sin\left(\sqrt{1-D^2}\ \omega_0 t + \vartheta\right)\right) U_0 \ .$$

Der Einschaltvorgang geht also in Form einer gedämpften Schwingung vor sich (Bild 12.13).

Durch Differentiation und Umformung findet man die andere Speichergröße

$$i(t) = C\frac{du_c}{dt} = \frac{\omega_0 C U_0}{\sqrt{1-D^2}}\ e^{-D\omega_0 t} \sin\left(\sqrt{1-D^2}\ \omega_0 t\right) .$$

Wenn der Strom positiv ist, nimmt die Schaltung Leistung aus der Spannungsquelle auf; bei negativem Strom wird Leistung zurückgespeist.

Für $D \to 0$ tritt die maximale Kondensatorspannung auf:

$$u_{c\,max} = 2U_0 \ .$$

Im stationären Zustand liegt die Gleichspannung am Kondensator; der Strom ist Null.

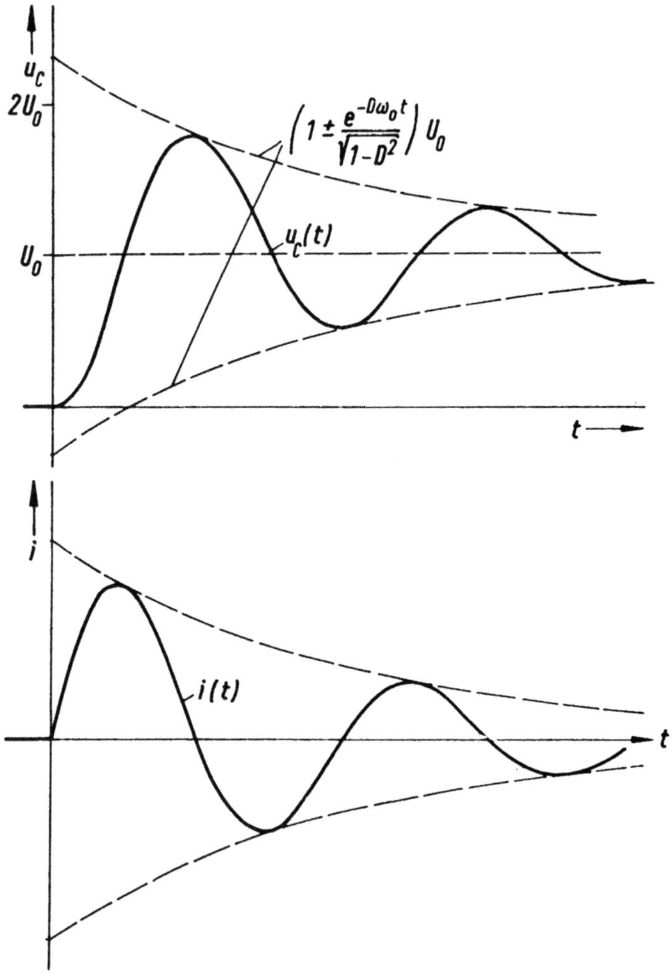

Bild 12.13

12.3.4. Einschaltvorgang eines Impulsübertragers

Bei der Behandlung des Transformators in Abschnitt 5 wurde klar, daß ein stationärer Betrieb nur mit Wechselspannung möglich ist. Dies schließt natürlich nicht aus, daß der Transformator kurzzeitig an eine Gleichspannung geschaltet wird; sofern der Kern anschließend Gelegenheit zur Rückmagnetisierung hat, kann dieser Vorgang auch periodisch wiederholt werden. Diese Betriebsweise kommt in der Nachrichten- und Starkstromtechnik häufig vor, z.B. bei Zündübertragern für Stromrichter zur

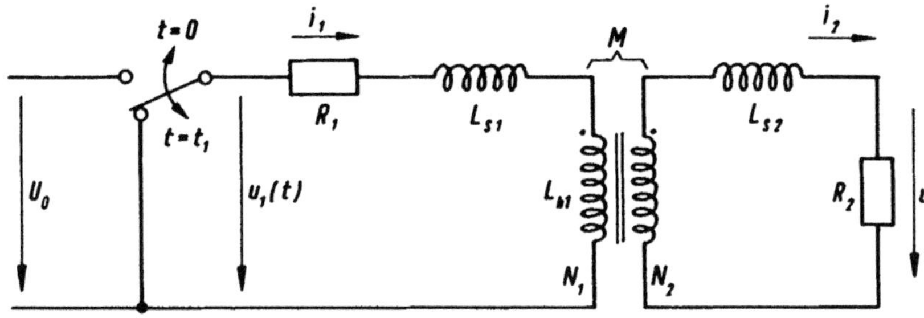

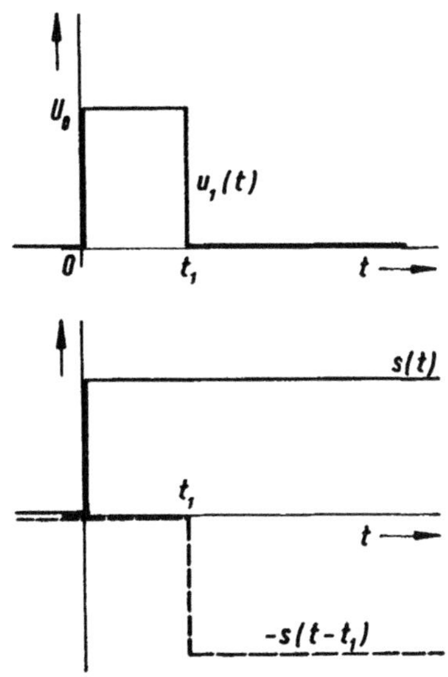

Bild 12.14

galvanischen Trennung von Steuer- und Laststromkreis. Bild 12.14 zeigt die Ersatzschaltung eines Übertragers, der in dieser Weise betrieben wird. Der periodisch betätigte Schalter wird natürlich mit elektronischen Bauteilen, z.B. Transistoren, verwirklicht.

Durch zweimalige Betätigung des Schalters entsteht die gezeichnete Eingangsspannung

$$u_1(t) = (s(t) - s(t - t_1))U_0 \quad .$$

Da der Eingangsstromkreis bei der gewählten Schaltung nicht unterbrochen wird, gilt in beiden Stellungen des Schalters die gleiche homogene Differentialgleichung. Daher können auch die abhängigen Veränderlichen, z.B. i_1, i_2, u_2, durch Überlagerung von zwei gleichen, jedoch zeitlich gegeneinander verschobenen Vorgängen gewonnen werden. Es genügt also, den Einschwingvorgang als Folge von $u_1 = s(t)U_0$

zu berechnen. Die Überlagerung eines verschobenen, sonst aber identischen Einschwingvorganges hat wesentliche Vereinfachungen zur Folge, da bei $t = t_1$ erneute Überlegungen bezüglich der Anfangsbedingungen überflüssig werden.

Die Maschengleichungen der beiden Stromkreise lauten

$$R_1 i_1 + (L_{h1} + L_{s1}) \frac{di_1}{dt} - M \frac{di_2}{dt} = u_1(t) \tag{1}$$

$$R_2 i_2 + (L_{h2} + L_{s2}) \frac{di_2}{dt} - M \frac{di_1}{dt} = 0 \ . \tag{2}$$

Nach Differentiation von Gl. (1) und Gl. (2) kann i_2 eliminiert werden. Nach einigen Umformungen entsteht eine Differentialgleichung 2. Ordnung

$$\frac{L_1 L_2 - M^2}{R_1 R_2} \cdot \frac{d^2 i_1}{dt^2} + \left(\frac{L_1}{R_1} + \frac{L_2}{R_2} \right) \frac{di_1}{dt} + i_1 = \frac{L_2}{R_1 R_2} \frac{du_1}{dt} + \frac{u_1}{R_1} \ .$$

Dabei sind wieder die früher eingeführten Größen

$$L_{h1} + L_{s1} = L_1 \ , \qquad L_{h2} + L_{s2} = L_2$$

verwendet.

Mit den Abkürzungen

$$\frac{L_1}{R_1} = T_1 \ , \qquad \frac{L_2}{R_2} = T_2 \ , \qquad \frac{L_1 L_2 - M^2}{L_1 L_2} = \sigma$$

folgt daraus

$$\sigma T_1 T_2 \frac{d^2 i_1}{dt^2} + (T_1 + T_2) \frac{di_1}{dt} + i_1 = \frac{1}{R_1} \left(T_2 \frac{du_1}{dt} + u_1 \right) \ . \tag{3}$$

Die Differentialgleichung ist von 2. Ordnung, da ein streuungsbehafteter Transformator nur zwei unabhängige Energiespeicher enthält.

Um einen besseren Überblick zu erhalten, wird zunächst der Fall des streuungsfreien Übertragers behandelt.

a) Übertrager ohne Streuung ($\sigma = 0$)

Die Differentialgleichung reduziert sich auf

$$\left(T_1 + T_2 \right) \frac{di_1}{dt} + i_1 = \frac{1}{R_1} \left(T_2 \frac{du_1}{dt} + u_1 \right), \quad T_1 = \frac{L_{h1}}{R_1} \ , \quad T_2 = \frac{L_{h2}}{R_2} \tag{4}$$

und ergibt als Lösung des homogenen Anteils

$$i_{1h} = K \, e^{-\frac{t}{T_1 + T_2}} \ .$$

Der (wegen der vorzeitigen Abschaltung nicht erreichte) stationäre Endwert ist

$$i_{1s} = \frac{U_0}{R_1} \quad .$$

Die Anfangsbedingung folgt aus einer physikalischen Überlegung: Beim streuungsfreien Transformator ist nur der Hauptfluß vorhanden, der beide Wicklungen durchsetzt. Der Hauptfluß ist also auch Träger der magnetischen Energie des Transformators. Ist der Transformator vor dem Einschalten vollständig entregt, dann ist der Hauptfluß vor und unmittelbar nach dem Schalten Null; damit ist aber auch der Magnetisierungsstrom Null.

Aus dem vereinfachten Ersatzschaltbild (Bild 5.6) folgt für $i_{m1} = 0$

$$i_1(+0) = \frac{U_0}{R_1 + R_2'} = \frac{U_0}{R_1} \frac{1}{1 + \frac{R_2'}{R_1}} = \frac{U_0}{R_1} \frac{1}{1 + \frac{T_1}{T_2}} \quad .$$

Die Lösung der vereinfachten Differentialgleichung (4) wird damit

$$i_1(t) = \frac{U_0}{R_1} \left(1 - \frac{T_1}{T_1 + T_2} e^{-\frac{t}{T_1 + T_2}}\right) \quad .$$

Der Sekundärstrom folgt mit $u_1 = U_0 s(t)$ durch Integration aus Gl. (1). Dabei fällt eine Integrationskonstante an, die mit Hilfe des stationären Endwertes $i_2(\infty) = 0$ bestimmt wird.

$$i_2(t) = \frac{N_1}{N_2} \frac{T_2}{T_1 + T_2} \frac{U_0}{R_1} e^{-\frac{t}{T_1 + T_2}} \quad .$$

In Bild 12.15 sind die beiden Ströme i_1, i_2 und der Magnetisierungsstrom

$$i_{m1} = i_1 - \frac{N_2}{N_1} i_2$$

gezeichnet. Die Ströme i_1, i_2 verlaufen im Schaltaugenblick unstetig, jedoch sind ihre Durchflutungen entgegengesetzt gleich, so daß der Magnetisierungsstrom und der Hauptfluß stetig bleiben.

Der berechnete Einschwingvorgang gilt für alle $t > 0$. Bei $t \geqslant t_1$ wird ein zweiter identischer Vorgang überlagert, der als Folge der Ausschaltung hinzukommt. Die Überlagerung ist in Bild 12.15 graphisch durchgeführt. Dieses vereinfachte Verfahren ist, wie vorher festgestellt, nur zulässig, weil der Primärkreis auch nach dem Abschalten geschlossen bleibt. Wird der Primärstromkreis geöffnet, so gilt für $t \geqslant t_1$ eine andere Differentialgleichung, d.h. in diesem Falle eine andere Zeitkonstante.

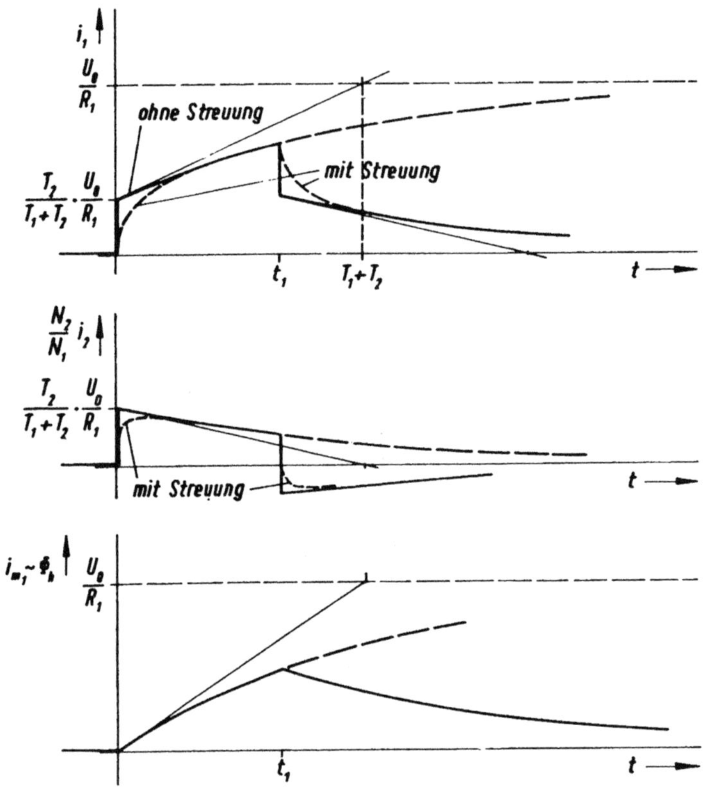

Bild 12.15

Die verwendete Anfangsbedingung läßt sich übrigens auch ganz formal und ohne physikalische Zusatzüberlegungen finden. Integriert man die vereinfachte Differentialgleichung (4) im Intervall $-\epsilon < t < +\epsilon$, so gilt mit

$$u_1(-\epsilon) = 0\,, \qquad i_1(-\epsilon) = 0 \qquad \text{und} \qquad u_1(+\epsilon) = U_0$$

$$(T_1 + T_2)\, i_1(\epsilon) + \int_{-\epsilon}^{+\epsilon} i_1\, dt = T_2 \frac{U_0}{R_1} + \frac{1}{R_1} \int_{-\epsilon}^{+\epsilon} u_1\, dt\ .$$

Da die beiden Integranden im Integrationsintervall endlich sind, gehen für $\epsilon \to 0$ beide Integrale gegen Null. Daraus folgt die gesuchte Anfangsbedingung

$$i_1(\epsilon) = i_1(+0) = \frac{T_2}{T_1 + T_2} \frac{U_0}{R_1}\ .$$

b) Übertrager mit Streuung

Die Unterschiede des Einschwingvorganges beim streuungsbehafteten Übertrager gegenüber dem eben betrachteten einfachen Fall sollen nur in groben Zügen skizziert werden.

Der homogene Teil der Gl. (3) hat die charakteristische Gleichung

$$\sigma T_1 T_2 p^2 + (T_1 + T_2)\, p + 1 = 0$$

mit den reellen Lösungen

$$p_{1,2} = \frac{T_1 + T_2}{2\sigma T_1 T_2}\left(-1 \pm \sqrt{1 - \frac{4\sigma T_1 T_2}{(T_1 + T_2)^2}}\right) .$$

Da R_2 den Wicklungs- und Lastwiderstand, R_1 dagegen nur den Wicklungswiderstand enthält, ist meistens $T_2 \ll T_1$; außerdem gilt bei üblicher Bauart des Übertragers $\sigma \ll 1$. Durch Reihenentwicklung findet man folgende Näherung für die Eigenwerte

$$p_1 \approx -\frac{1}{T_1}, \qquad p_2 \approx -\frac{1}{\sigma T_2} .$$

Die allgemeine Lösung der homogenen Gleichung ist damit näherungsweise

$$i_{1h} \approx K_1\, e^{-\frac{t}{T_1}} + K_2\, e^{-\frac{t}{\sigma T_2}} .$$

Man erhält also einen langsamen (T_1) und einen sehr schnell abklingenden Vorgang (σT_2).

Bei der Bestimmung der Anfangsbedingung ist zu beachten, daß nun $i_1(t)$ und $i_2(t)$ stetig verlaufen müssen, denn sie sind nun mit eigenen Magnetfeldern behaftet (L_{s1}, L_{s2}). Die vorher erörterte Schaltung, bei der der Primärstromkreis bei $t = t_1$ geöffnet wird, würde also hier – im Rahmen der angenommenen Vereinfachungen – eine unzulässige Schalthandlung darstellen, und zu einer unendlich großen Schaltspannung führen.

In Bild 12.15 sind die Einschwingvorgänge bei Berücksichtigung der Streuung gestrichelt eingetragen. An die Stelle von Sprüngen treten stetige Änderungen, die im wesentlichen durch die kleine Streuzeitkonstante σT_2 bestimmt sind.

12.3.5. Speisung eines Netzwerkes durch eine periodische Rechteckspannung

Das in Bild 12.16 gezeichnete einfache RC-Netzwerk werde durch eine Rechteckspannung der Amplitude U_0 und der Periodendauer T_0 gespeist. Der Verlauf der Kondensatorspannung ist zu berechnen. Dabei interessiert vor allem der stationäre periodische Zustand, der einige Zeit nach dem Einschalten erreicht wird.

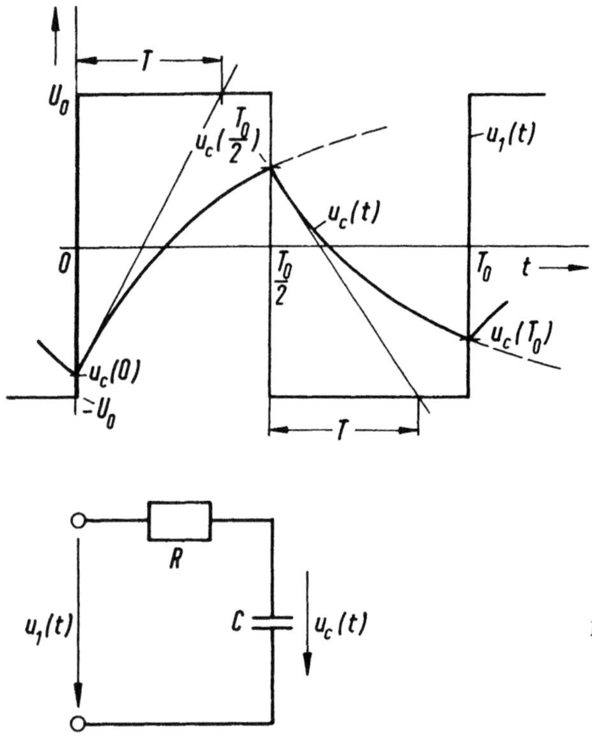

Bild 12.16

Der eingeschwungene Zustand läßt sich zwar im Prinzip als Fourier-Reihe berechnen, doch ist es sehr viel einfacher, die Rechteckspannung als Folge von Schaltvorgängen zu betrachten. Außerdem erhält man dabei auch den Einschwingvorgang bis zum Erreichen des stationären Zustands.

Die Differentialgleichung lautet

$$RC\,\frac{du_c}{dt} + u_c = u_1(t)\,, \qquad RC = T\,.$$

Diese Gleichung wird abschnittweise gelöst, wobei die am Ende jeder Halbperiode erreichte Kondensatorspannung als neue Anfangsbedingung dient.

Beginnt man zum Zeitpunkt $t = 0$ mit der beliebigen Kondensatorspannung $u_c(0)$, so lautet die Lösung im ersten Abschnitt mit $u_1 = U_0$

$$u_c(t) = A_1 + B_1\,e^{-\frac{t}{T}} = U_0 + \left(u_c(0) - U_0\right)e^{-\frac{t}{T}}\,, \qquad 0 \leqslant t \leqslant \frac{T_0}{2}\,.$$

Dieses Ergebnis folgt sofort aus dem Anfangswert $u_c(0)$, dem extrapolierten Endwert U_0 und der Zeitkonstante T.

Der bei $t = T_0/2$ erreichte Wert der Kondensatorspannung ist

$$u_c\left(\frac{T_0}{2}\right) = U_0 + \left(u_c(0) - U_0\right) e^{-\frac{T_0}{2T}} \quad . \qquad (1)$$

Im Abschnitt $T_0/2 < t \leqslant T_0$ ist $u_1 = -U_0$; damit wird die Lösung

$$u_c(t) = -U_0 + \left(u_c\left(\frac{T_0}{2}\right) + U_0\right) e^{-\frac{t - \frac{T_0}{2}}{T}} \quad .$$

Durch Einsetzen von $t = T_0/2$ und $t \to \infty$ erkennt man, daß Anfangsbedingung und Endwert richtig wiedergegeben werden.

Bei $t = T_0$ hat die Kondensatorspannung den Wert

$$u_c(T_0) = -U_0 + \left(u_c\left(\frac{T_0}{2}\right) + U_0\right) e^{-\frac{T_0}{2T}}$$

oder mit Gl. (1)

$$u_c(T_0) = -\left(1 - e^{-\frac{T_0}{2T}}\right)^2 U_0 + u_c(0)\, e^{-\frac{T_0}{T}} \quad .$$

Auf diese Weise könnte man $u_c(\nu T_0)$ für $\nu = 1, 2, \ldots$, d.h. die Minima der Kondensatorspannung, rekursiv berechnen. Eine Untersuchung dieses Vorganges zeigt, daß es sich dabei um eine geometrische Reihe handelt, die gegen einen stationären Endwert konvergiert. Die Minima und in entsprechender Weise auch die Maxima liegen dabei auf umhüllenden Exponentialfunktionen mit der Zeitkonstante T.

Der stationäre periodische Zustand ist erreicht, wenn zwei aufeinanderfolgende gleichsinnige Extremwerte übereinstimmen, d.h.

$$u_{c\,min}(\infty) = -\left(1 - e^{-\frac{T_0}{2T}}\right)^2 U_0 + u_{c\,min}(\infty)\, e^{-\frac{T_0}{T}} \quad .$$

Daraus folgt das stationäre Minimum

$$u_{c\,min}(\infty) = -\frac{\left(1 - e^{-\frac{T_0}{2T}}\right)^2}{1 - e^{-\frac{T_0}{T}}} U_0 = -\frac{1 - e^{-\frac{T_0}{2T}}}{1 + e^{-\frac{T_0}{2T}}} U_0 \quad .$$

Im stationären Zustand ist der Verlauf von $u_c(t)$ symmetrisch, d.h. es gilt

$$u_{c\,max}(\infty) = -u_{c\,min}(\infty) \, .$$

Zwischen den Extremwerten verläuft die Kondensatorspannung nach den berechneten Exponentialfunktionen.

12.4. Vorgänge beim Einschalten einer Wechselspannung

Die Berechnung der Einschwingvorgänge beim Einschalten einer Wechselgröße verläuft im Prinzip ebenso wie beim Einschalten einer Gleichspannung. Der einzige Unterschied besteht in der stationären Lösung, die jetzt eine Wechselgröße ist und z.B. mit Hilfe der komplexen Rechnung ermittelt werden kann.

Die in Bild 12.17 gezeichnete Schaltung werde im entladenen Zustand des Kondensators zum Zeitpunkt $t = 0$ an eine Wechselspannung

$$u_0(t) = \sqrt{2}\ U_0 \cos(\omega t + \alpha)$$

gelegt; also

$$u_1(t) = u_0(t)\, s(t)\ .$$

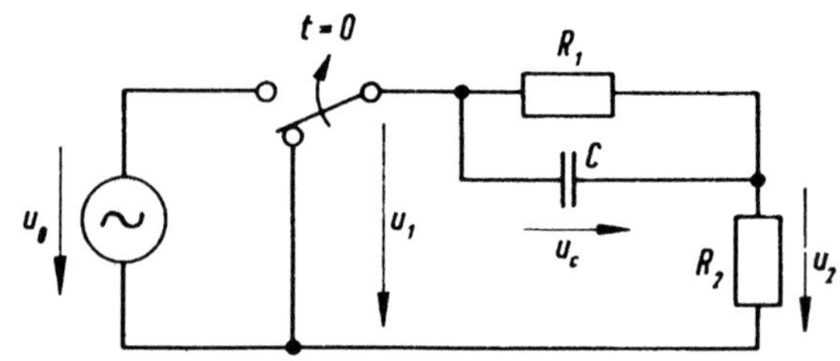

Bild 12.17

Es vereinfacht die Rechnung, die Differentialgleichung für die Speichergröße u_c zu lösen und daraus die gesuchte Spannung $u_2 = u_1 - u_c$ zu berechnen.

Die Differentialgleichung lautet nach Abschnitt 12.3.1

$$T \frac{du_c}{dt} + u_c = \frac{R_1}{R_1 + R_2} \sqrt{2}\ U_0 \cos(\omega t + \alpha) \cdot s(t)\ ,$$

wobei

$$T = \frac{R_1 R_2}{R_1 + R_2}\ C\ .$$

Die Lösung der homogenen Gleichung ist wieder

$$u_{ch}(t) = K\, e^{-\frac{t}{T}}\ ;$$

die stationäre Lösung $u_{cs}(t)$ wird mit der komplexen Rechnung bestimmt.

Es gilt

$$u_0(t) = \frac{\sqrt{2}}{2} \left(\tilde{U}_0\, e^{j\omega t} + \tilde{\tilde{U}}_0\, e^{-j\omega t} \right),$$

wobei $\tilde{U}_0 = U_0\, e^{ja}$ ist.

Einsetzen in die Differentialgleichung liefert mit dem Ansatz

$$u_{cs}(t) = \frac{\sqrt{2}}{2} \left(\tilde{U}_c\, e^{j\omega t} + \tilde{\tilde{U}}_c\, e^{-j\omega t} \right)$$

die stationäre Lösung

$$\tilde{U}_c = \frac{R_1}{R_1 + R_2} \frac{1}{1 + j\omega T} \tilde{U}_0 = \frac{R_1}{R_1 + R_2} \cdot \frac{1}{\sqrt{1 + (\omega T)^2}} e^{-j \arctan \omega T} \tilde{U}_0 .$$

In reeller Schreibweise ist

$$u_{cs}(t) = \sqrt{2}\, U_0 \frac{R_1}{R_1 + R_2} \cdot \frac{1}{\sqrt{1 + (\omega T)^2}} \cos(\omega t + \alpha - \arctan \omega T) .$$

Die allgemeine Lösung lautet somit $u_c(t) = u_{ch}(t) + u_{cs}(t)$.

Die Festlegung der Integrationskonstanten erfolgt mit Hilfe der Anfangsbedingung

$$u_c(0) = 0$$

des ungeladenen Kondensators.

Daraus folgt schließlich die angepaßte Lösung

$$u_c(t) = \sqrt{2}\, U_0 \frac{R_1}{R_1 + R_2} \frac{1}{\sqrt{1 + (\omega T)^2}} \left[\cos(\omega t + \alpha - \arctan \omega T) - e^{-\frac{t}{T}} \cos(\alpha - \arctan \omega T) \right] .$$

Zur Probe:

$t = 0$: $\quad u_c = 0$

$t \to \infty$: $\quad u_c = u_{cs}$.

Die zugehörigen Kurven sind in Bild 12.18 für $\omega T = 1$ skizziert. Die Wirkung von $u_{ch}(t)$ ist dabei besonders deutlich; sie erfüllt die Anfangsbedingung und überführt die Kondensatorspannung in den stationären Verlauf.

Die Ausgangsspannung ist die Differenz zwischen u_1 und u_c. Nach einigen Umformungen findet man

$$u_2(t) = u_1(t) - u_c(t) = \sqrt{2}\, U_0 \frac{R_2}{R_1 + R_2} \frac{1}{\sqrt{1 + (\omega T)^2}} \left[\sqrt{1 + (\omega T_1)^2} \cos(\omega t + \alpha + \arctan \omega T_1 - \arctan \omega T) + \frac{R_1}{R_2} e^{-\frac{t}{T}} \cos(\alpha - \arctan \omega T) \right] .$$

Dabei ist $R_1 C = T_1$ gesetzt.

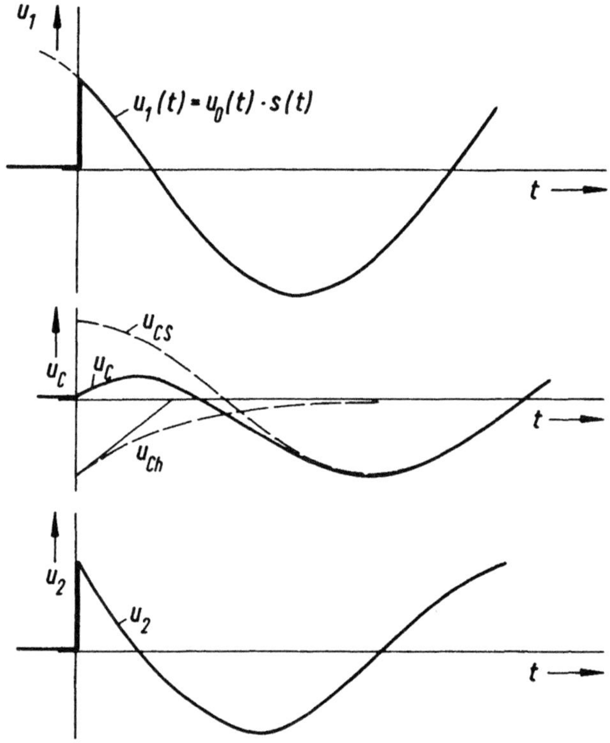

Bild 12.18

Der stationäre Anteil $u_{2s}(t)$ kann auch unmittelbar mit der komplexen Rechnung bestimmt werden. Wegen $u_C(0) = 0$ gilt $u_2(0) = u_1(0)$; der ungeladene Kondensator wirkt also im ersten Augenblick wie ein Kurzschluß.

Bei einer bestimmten Einschaltphase

$$\alpha - \arctan \omega T = \frac{\pi}{2}, \frac{3\pi}{2}$$

verschwindet der Anteil der homogenen Gleichung und alle Größen beginnen mit ihren stationären Werten. Dieser Fall liegt vor, wenn gerade im Nulldurchgang der stationären Kondensatorspannung geschaltet wird.

13. Zeitbereich und Frequenzbereich

Die stationären Schwingungen eines linearen Netzwerkes mit sinusförmiger Anregung und die nichtstationären Einschaltvorgänge erscheinen zunächst als völlig verschiedenartige Dinge. Dennoch besteht ein enger Zusammenhang, da es sich um Lösungen ein und derselben Differentialgleichung handelt, bei der lediglich unterschiedliche Anregungsfunktionen gewählt wurden. Dieser Zusammenhang wird durch die Fourier- und Laplace-Transformation hergestellt. Dadurch eröffnet sich ein alternativer Weg zur Berechnung von Einschwingvorgängen in linearen Netzwerken, der wegen der Verwendung von aus der Wechselstromlehre gewohnten Begriffen besondere Vorteile bietet.

13.1. Allgemeine stationäre Lösung der Differentialgleichung

Eine lineare Schaltung (Bild 13.1) werde durch eine unabhängige Größe $y(t)$ (eingeprägte Spannung oder Strom) angeregt. $x(t)$ sei irgendeine abhängige Ausgangsgröße (Zweigstrom oder Spannung). Die Differentialgleichung lautet dann bei einer Schaltung mit n unabhängigen Energiespeichern gemäß Abschnitt 12.2

$$\sum_{\nu=0}^{n} a_\nu x^{(\nu)}(t) = \sum_{\mu=0}^{m} b_\mu y^{(\mu)}(t)\,, \qquad m \leqslant n \;.$$

Bild 13.1

Für die reelle Störfunktion $y(t)$ wird ein allgemeiner Exponentialansatz versucht

$$y(t) = Y\,e^{pt} + \overline{Y\,e^{pt}} = Y\,e^{pt} + \overline{Y}\,e^{\overline{p}t} \;.$$

Dabei sind Y, p beliebige komplexe Konstante. Der Sonderfall $p = j\omega$ führt mit

$$Y = \frac{\sqrt{2}}{2}\,\tilde{Y}$$

auf die bekannte Schreibweise für sinusförmige Vorgänge.

Die zu $y(t)$ gehörige stationäre Lösung folgt mit einem entsprechenden Ansatz

$$x(t) = X\,e^{pt} + \overline{X}\,e^{\overline{p}t}$$

aus der Differentialgleichung. (Die von der homogenen Differentialgleichung herrührenden Ausgleichsvorgänge tragen zum stationären Zustand nichts mehr bei.) X ist eine von Y und p abhängige komplexe Konstante. Durch Koeffizientenvergleich folgt

$$\left(a_n p^n + \ldots + a_1 p + a_0\right) X = \left(b_m p^m + \ldots + b_1 p + b_0\right) Y$$

oder

$$\frac{X}{Y} = \frac{b_m p^m + \ldots + b_1 p + b_0}{a_n p^n + \ldots + a_1 p + a_0}, \qquad m \leqslant n \; .$$

Man bezeichnet das Verhältnis der komplexen Konstanten

$$F(p) = \frac{X}{Y}$$

als Übertragungsfunktion der Schaltung von der Eingangsgröße y(t) zur Ausgangsgröße x(t). F(p) hat bei Netzwerken mit konzentrierten Energiespeichern die Form einer gebrochenen rationalen Funktion in p.

Als Sonderfall für $p = j\omega$ erhält man den bereits bekannten Frequenzgang

$$F(j\omega) = \frac{\tilde{X}}{\tilde{Y}} \; .$$

Die Übertragungsfunktion kann, ebenso wie der Frequenzgang, beliebige Dimension haben; in Bild 13.2 sind zwei Beispiele gezeigt.

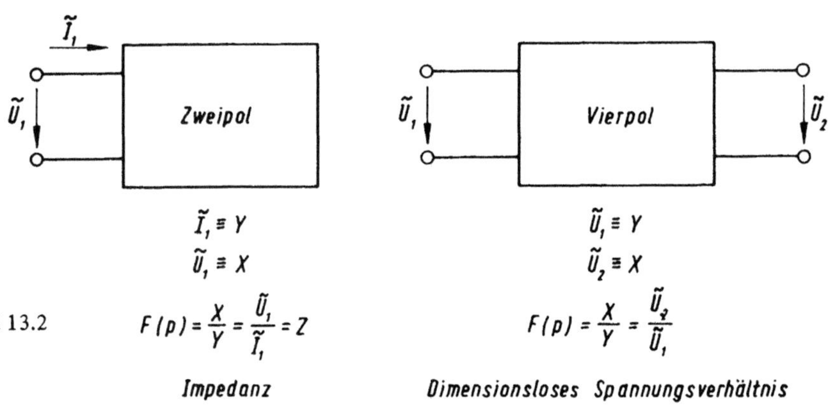

Bild 13.2

Die Übertragungsfunktion kann sich auch aus mehreren Bestandteilen zusammensetzen, die zu rückwirkungsfrei gekoppelten Schaltungsteilen gehören. Von besonderem Interesse ist dabei die Kettenschaltung zweier Teilnetzwerke. Nach Bild 13.3 wird die Ausgangsgröße y_2 des einen Schaltungsteils über einen Trennverstärker einem anderen Schaltungsteil als Eingangsgröße zugeführt. Der Trennverstärker dient nur zur Entkopplung; er belastet das erste Netzwerk mit einer konstanten definierten Impedanz und erzeugt an seinem Ausgang eine mit dem Eingangssignal identische eingeprägte Größe.

Bild 13.3

Die stationäre Anregung y_1 werde durch die Konstanten Y_1 und p beschrieben. Dann gilt

$$Y_2 = F_1(p)Y_1 \qquad \text{und} \qquad Y_3 = F_2(p)Y_2 \ ,$$

oder

$$Y_3 = F_1(p)F_2(p)Y_1 \ .$$

Eine rückwirkungsfreie Kettenschaltung aus zwei Teilnetzen mit den Übertragungsfunktionen F_1 und F_2 hat also die Gesamt-Übertragungsfunktion F_1F_2. Die Reihenfolge der Teilnetzwerke ist für das Übertragungsverhalten ohne Bedeutung.

13.2. Komplexe Frequenz

Der vorher eingeführte Ansatz

$$y(t) = Y\,e^{pt} + \overline{Y}\,e^{\overline{p}t}$$

läßt sich anschaulich deuten. Setzt man nämlich

$$Y = |Y|\,e^{j\alpha} \ , \quad \overline{Y} = |Y|\,e^{-j\alpha}$$

und

$$p = \sigma + j\omega \ , \quad \overline{p} = \sigma - j\omega \ ,$$

so folgt

$$y(t) = 2\,\mathrm{Re}\left(Y\,e^{(\sigma + j\omega)t}\right) = 2\,|Y|\,e^{\sigma t}\cos(\omega t + \alpha) \ .$$

Dieser Ausdruck beschreibt die Projektion einer komplexen logarithmischen Spirale; er stellt für $\sigma < 0$ eine gedämpfte, für $\sigma = 0$ eine ungedämpfte und für $\sigma > 0$ eine angefachte Schwingung dar. Bild 13.4 zeigt den Vorgang für drei verschiedene Werte von p; man bezeichnet ihn auch als Exponentialschwingung [5]. Für $\omega = 0$ ergibt sich der Sonderfall aperiodischer Exponentialfunktionen.

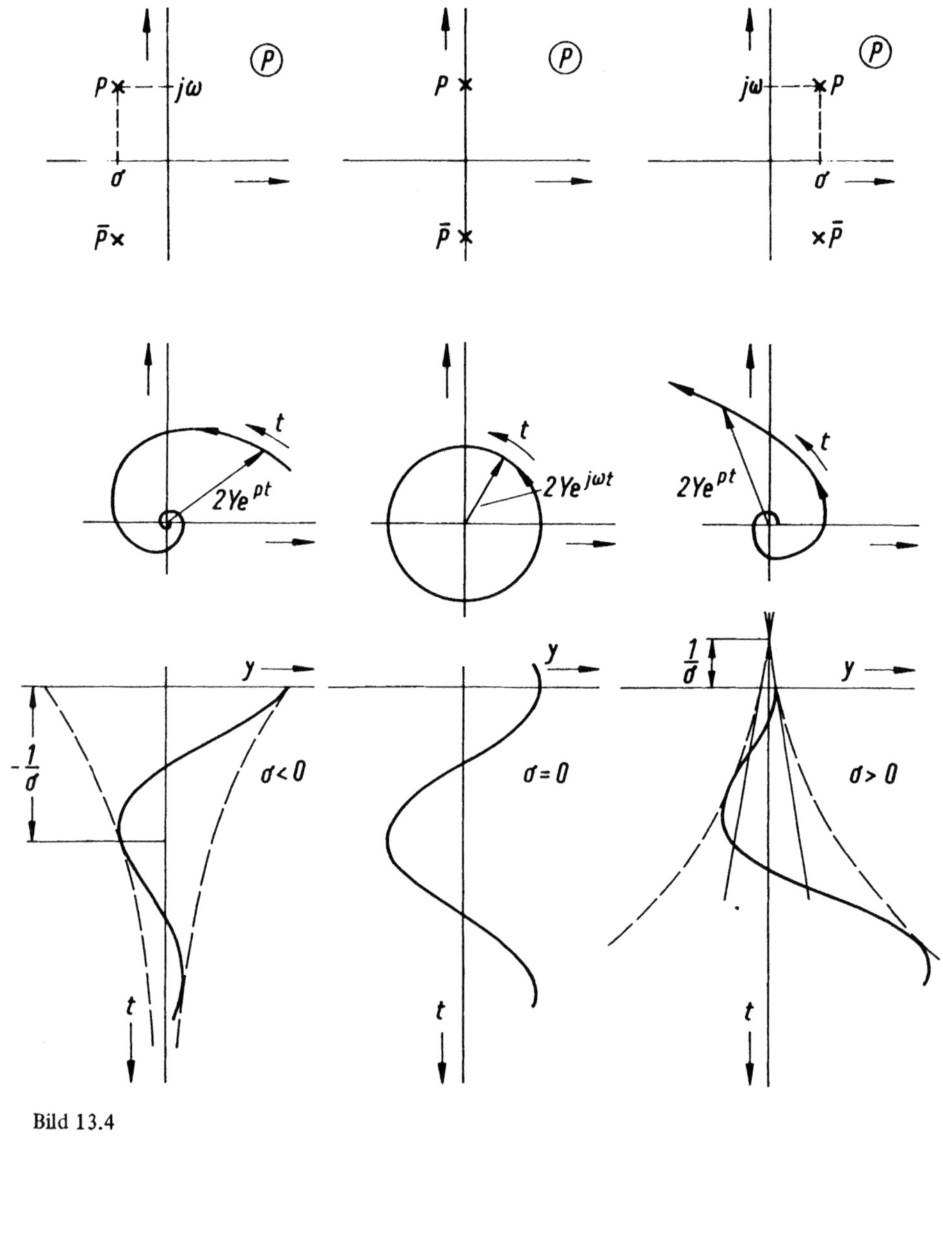

Bild 13.4

Die vorher abgeleitete Beziehung

$$X = F(p)Y$$

gilt für beliebige komplexe p. Es handelt sich bei dem Ansatz für y(t) also lediglich um eine Verallgemeinerung der komplexen Rechnung. Alle Rechenregeln gelten nach der Substitution $j\omega \rightarrow p = \sigma + j\omega$ auch hier.

Die Anregung einer linearen Schaltung durch eine Exponentialschwingung y(t) führt also im stationären Zustand, wenn alle Ausgleichsvorgänge abgeklungen sind, auf eine Ausgangsgröße x(t) gleicher Frequenz und Dämpfung. Um dies wenigstens als Gedankenversuch realisieren zu können, ist vorauszusetzen, daß bei gedämpften Schwingungen entweder die Ausgleichsvorgänge (Lösungen der homogenen Differentialgleichung) schneller abklingen als die Anregungsgröße oder daß der Anfangszustand der Schaltung so gewählt wurde, daß keine Ausgleichsvorgänge entstehen.

Dämpfung und Frequenz der Ausgleichsvorgänge werden durch die Eigenwerte, d.h. die n Lösungen p_1, p_λ, p_n der charakteristischen Gleichung

$$N(p) = a_n p^n + \ldots + a_1 p + a_0 = 0$$

bestimmt. Da die Koeffizienten a_ν reell sind, kommen die p_λ entweder reell oder in konjugiert komplexen Paaren vor.

Aus der Definition der Übertragungsfunktion F(p) ist zu erkennen, daß das charakteristische Polynom N(p) mit dem Nenner der Übertragungsfunktion übereinstimmt. Daraus folgt

$$F(p \rightarrow p_\lambda) \rightarrow \infty \ .$$

F(p) hat also Pole an den Stellen p_λ. Diese Tatsache läßt sich anschaulich deuten: Wegen

$$X = F(p)Y$$

kann für $p = p_\lambda$, d.h. $F \rightarrow \infty$, auch bei fehlender Anregung $(y \rightarrow 0)$ eine endliche Ausgangsgröße X entstehen; das Netzwerk kann also ohne äußere Anregung, lediglich aufgrund der gespeicherten Energie, Ausgangsgrößen erzeugen, deren zeitlicher Verlauf durch die komplexen Frequenzen p_λ beschrieben wird. Dies sind aber gerade die vom homogenen Teil der Differentialgleichung herrührenden Vorgänge (Eigenfunktionen). Passive Netzwerke, die Widerstände enthalten, haben stets gedämpfte Ausgleichsvorgänge, die Eigenwerte p_λ befinden sich also in der linken p-Halbebene. Bei verlustfreien Netzwerken (Reaktanzschaltungen) liegen die Eigenwerte paarweise auf der imaginären Achse.

13.3. Kontinuierliches Spektrum, Fourier- und Laplace-Transformation

13.3.1. Diskretes Frequenzspektrum, Fourier-Reihe

Wie in Abschnitt 10.2 gezeigt, kann eine mit T_0 periodische Funktion y(t) in eine unendliche Summe von Teilschwingungen zerlegt werden (Bild 13.5)

$$y(t) = Y_0 + \sum_{\nu=1,2}^{\infty} \hat{y}_\nu \cos(\nu\omega_0 t + \alpha_\nu) ;$$

dabei ist

$$\omega_0 = \frac{2\pi}{T_0} .$$

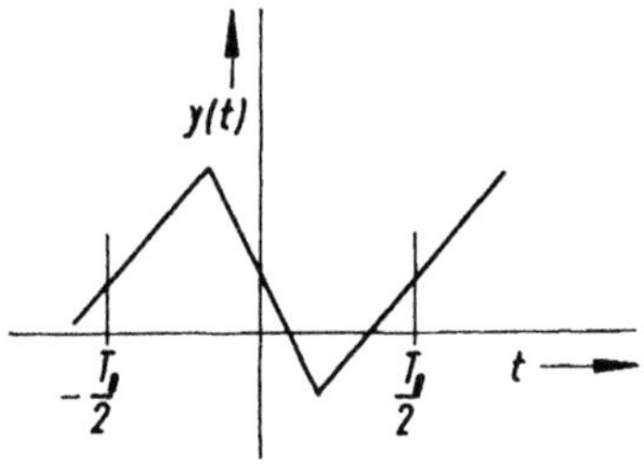

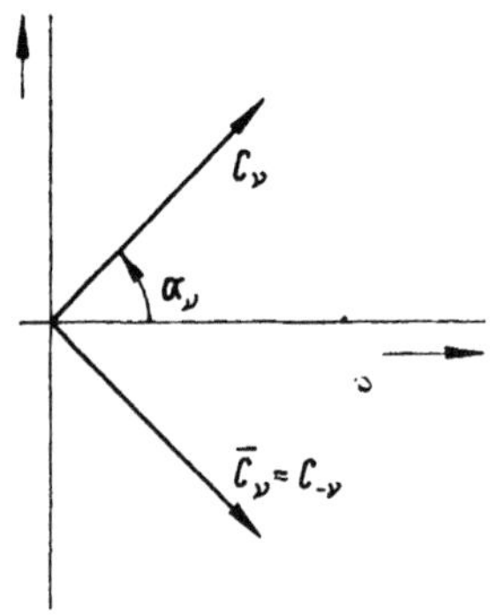

Bild 13.5

Mit den Definitionen

$$Y_0 = c_0$$

und

$$\frac{1}{2}\hat{y}_\nu e^{j\alpha_\nu} = c_\nu , \quad \frac{1}{2}\hat{y}_\nu e^{-j\alpha_\nu} = c_{-\nu} , \quad \nu \neq 0$$

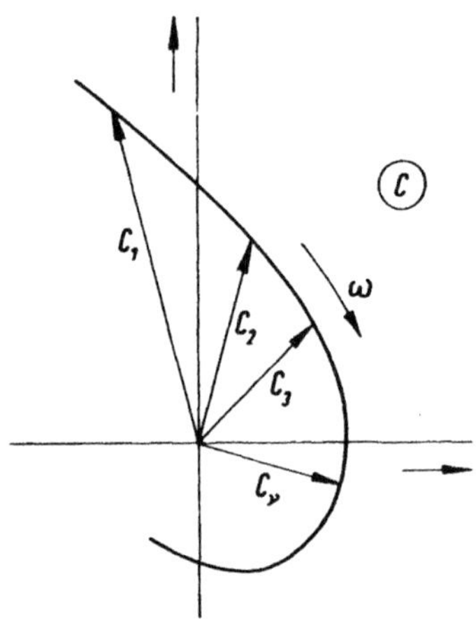

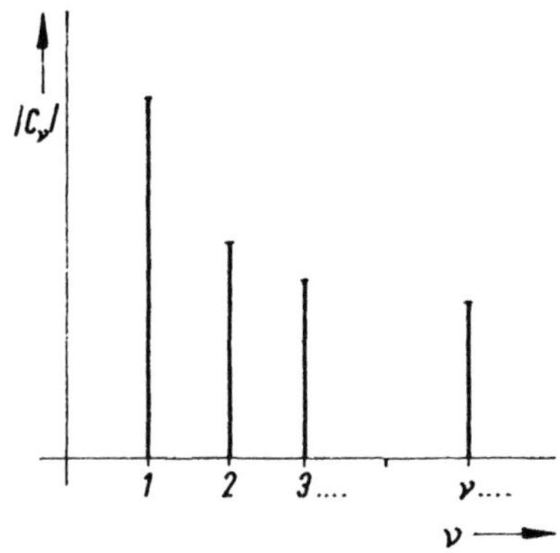

Bild 13.6

kann man dafür schreiben

$$y(t) = \sum_{\nu=-\infty}^{+\infty} c_\nu \, e^{j\nu\omega_0 t} \qquad \text{Fourier-Reihe}. \qquad (1)$$

Die Berechnung der Fourier-Koeffizienten c_ν aus $y(t)$ erfolgt nach dem in Abschnitt 10.2 erläuterten Verfahren. Man findet mit $t_1 = -T_0/2$

$$c_\nu = \frac{1}{T_0} \int_{-\frac{T_0}{2}}^{\frac{T_0}{2}} y(t) \, e^{-j\nu\omega_0 t} \, dt \qquad \text{Fourier-Koeffizienten}. \qquad (2)$$

Die Koeffizienten c_ν stellen ein diskretes Frequenzspektrum dar, weil sie nur für diskrete Frequenzen, nämlich ganzzahlige Vielfache der Grundfrequenz, definiert sind.

Die Darstellung der Koeffizienten kann in der komplexen Ebene erfolgen. Die Punkte c_ν liegen dabei auf einer mit ω bezifferten gedachten Kurve (Bild 13.6).

Eine andere Möglichkeit besteht darin, die Beträge und Winkel der Koeffizienten c_ν über ν aufzutragen.

13.3.2 Kontinuierliches Frequenzspektrum (Fourier-Transformation)

Die Spektraldarstellung läßt sich auch auf nichtperiodische Funktionen erweitern. Angenommen, von der in Bild 13.7 durchgehend gezeichneten aperiodischen Funktion $y(t)$ interessiere nur der Abschnitt im Bereich

$$-\frac{T_0}{2} < t < \frac{T_0}{2} \quad ,$$

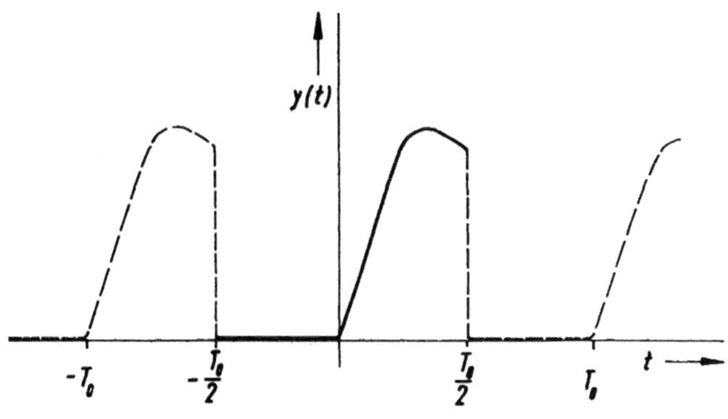

Bild 13.7

dann steht es frei, sich die Funktion nach beiden Seiten periodisch fortgesetzt zu denken. Sie kann dann als Fourier-Reihe mit der Periode T_0 geschrieben werden. Anschließend erfolgt ein Grenzübergang

$$\omega_0 \to d\omega\,, \qquad T_0 = \frac{2\pi}{\omega_0} \to \frac{2\pi}{d\omega}\,,$$

so daß $\nu\omega_0$ und c_ν kontinuierliche Funktionen werden

$$\nu\omega_0 \to \omega\,, \qquad c_\nu = c(\nu\omega) \to c(\omega)\,.$$

Aus Gl. (2) folgt dann

$$\lim_{T_0 \to \infty} (c_\nu T_0) = \int_{-\infty}^{+\infty} y(t)\, e^{-j\omega t}\, dt\,.$$

Definiert man

$$\lim_{T_0 \to \infty} (c_\nu T_0) = 2\pi \frac{c(\omega)}{d\omega} \equiv Y(j\omega)$$

als kontinuierliches Frequenzspektrum der aperiodischen Funktion y(t), so folgt die Fourier-Transformation

$$Y(j\omega) = \int_{-\infty}^{+\infty} y(t)\, e^{-j\omega t}\, dt\,,$$

die als Erweiterung der komplexen Fourier-Koeffizienten anzusehen ist. Bei Einschwingvorgängen ist häufig $y(t < 0) = 0$; damit reduziert sich die Integration auf den positiven Zeitbereich (einseitige Fourier-Transformation).

Man schreibt dafür auch

$$Y(j\omega) = \int_{0}^{\infty} y(t)\, e^{-j\omega t}\, dt \equiv F\big(y(t)\big) \qquad \text{Fourier-Transformation} \quad (3)$$

Das Integral konvergiert nur unter einschränkenden Bedingungen; es muß z.B. gelten $y(t) \to 0$ für $t \to \infty$. Aus diesem Grund ist das Fourier-Integral für die Anwendung nur von begrenztem Wert.

Eine nichtperiodische Zeitfunktion y(t), deren Fourier-Transformierte $Y(j\omega)$ existiert, kann umgekehrt durch ihr kontinuierliches Frequenzspektrum wiedergegeben, d.h. aus unendlich vielen Frequenzanteilen aufgebaut werden. Aus der Fourier-Reihe folgt für $T_0 \to \infty$ das Fourier-Integral

$$y(t) = \int_{-\infty}^{+\infty} \frac{c(\omega)}{d\omega} e^{j\omega t} d\omega .$$

Mit

$$\frac{c(\omega)}{d\omega} = \frac{1}{2\pi} Y(j\omega)$$

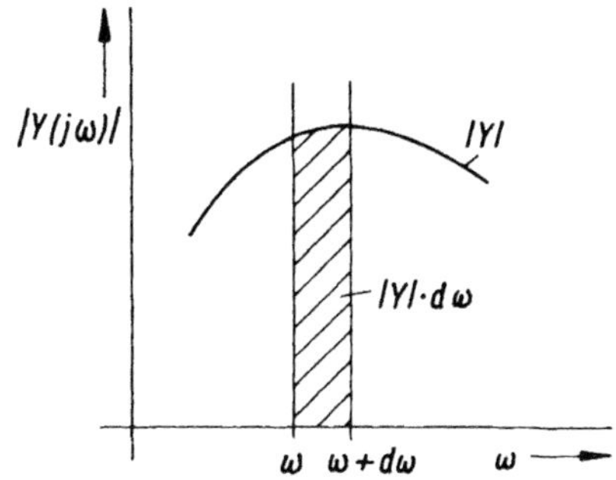

Bild 13.8

wird daraus

$$y(t) = \frac{1}{2\pi j} \int_{-j\infty}^{+j\infty} Y(j\omega) e^{j\omega t} d(j\omega) \qquad \text{Fourier-Integral.} \quad (4)$$

Das Fourier-Integral ist eine Erweiterung der Fourier-Reihe auf nichtperiodische Zeitfunktionen. Die Integration längs der reellen ω-Achse ist dabei durch eine Integration längs der imaginären $j\omega$-Achse ersetzt, was nur eine andere Schreibweise bedeutet.

Das in Bild 13.8 gezeichnete Flächenelement

$$|Y|\, d\omega = 2\pi |c(\omega)|$$

entspricht dem Beitrag des Frequenzintervalles $\omega \div \omega + d\omega$ zum gesamten Vorgang $y(t)$. Für Gl. (4) schreibt man auch abgekürzt

$$y(t) = F^{-1}\left(Y(j\omega)\right) .$$

Dabei bedeutet das Symbol F^{-1} die Umkehrung der Fourier-Transformation, Gl. (3).

13.3.3. Laplace-Transformation

Die Konvergenzprobleme der Fourier-Transformation lassen sich durch Übergang von $p = j\omega$ auf $p = \sigma + j\omega$ für viele praktisch wichtigen Funktionen beheben. Die (einseitige) Laplace-Transformation [1]) ist, in Erweiterung der einseitigen Fourier-

---

[1]) Anstelle der Laplace-Transformation wird manchmal auch die Carson-Transformation verwendet, die einen zusätzlichen Faktor p enthält

$$Y^*(p) = p \int_0^{\infty} y(t)\, e^{-pt} dt , \qquad \text{z.B. [6].}$$

Transformation, definiert durch

$$Y(p) = \int_{t=0}^{\infty} y(t)\, e^{-pt}\, dt = \int_{t=0}^{\infty} y(t)\, e^{-\sigma t}\, e^{-j\omega t}\, dt = L\big(y(t)\big) \quad \text{Laplace-Transformation}\,. \tag{5}$$

Dabei ist wieder $y(t < 0) = 0$ vorausgesetzt.

Die zweiseitige Laplace-Transformation, bei der diese Einschränkung entfällt, wird hier nicht behandelt.

Es ist also

$$L\big(y(t)\big) = F\big(y(t)\, e^{-\sigma t}\big)\,.$$

Durch den Exponentialfaktor kann die Konvergenz des Integrals auch bei solchen Funktionen $y(t)$ herbeigeführt werden, deren Fourier-Transformierte nicht existiert.

In der Mathematik wird gezeigt [7], daß die Laplace-Transformation in einem Bereich $\sigma = \mathrm{Re}(p) > \sigma_0$ konvergiert, d.h. rechts von einer Parallelen zur imaginären Achse der p-Ebene (Bild 13.9). σ_0 wird Konvergenzabszisse genannt, ihr Wert hängt von $y(t)$ ab.

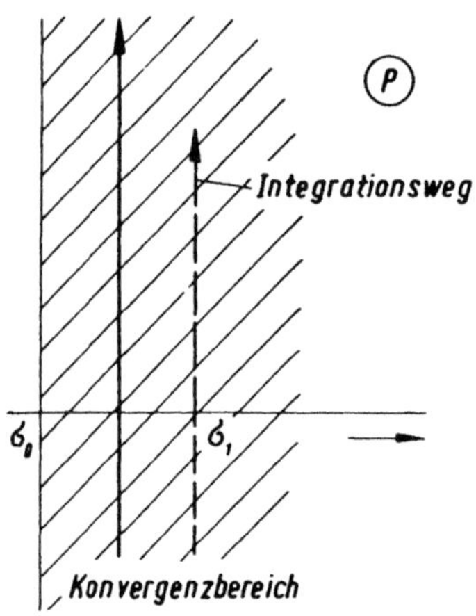

Bild 13.9

Man erkennt, daß die Bedingung $y(t < 0) = 0$ notwendig ist, da die Konvergenz des Integrals anderenfalls durch den Exponentialfaktor behindert würde.

Wenn die Laplace-Transformierte Y(p), d.h. das kontinuierliche Frequenzspektrum unter Einschluß sämtlicher Exponentialschwingungen existiert, dann läßt sich umgekehrt die Zeitfunktion y(t) auch aus Exponentialschwingungen aufbauen. Aus Gl. (4) folgt damit das Laplace-Integral („komplexe Umkehrformel")

$$y(t) = \frac{1}{2\pi j} \int_{\sigma_1 - j\infty}^{\sigma_1 + j\infty} Y(p)\, e^{pt}\, dp = \mathcal{L}^{-1}\big(Y(p)\big) \qquad \text{Laplace-Integral}. \quad (6)$$

Der Integrationsweg verläuft parallel zur imaginären Achse (Bild 13.9); σ_1 ist dabei im Konvergenzbereich passend zu wählen.

Die Laplace-Transformation und das Laplace-Integral stellen den Zusammenhang zwischen einer Zeitfunktion y(t) (Originalfunktion, Oberfunktion) und ihrem komplexen verallgemeinerten Frequenzspektrum dar (Bildfunktion, Unterfunktion). Man bezeichnet einen solchen Zusammenhang zwischen zwei zugeordneten Funktionen als Funktionaltransformation. Der Anlaß für die Einführung der Laplace-Transformation besteht in der Vereinfachung mancher Operationen im Bildbereich. Es kann daher vorteilhaft sein, die Funktionen in den Bildbereich zu übertragen, das Problem dort zu bearbeiten und die Lösung anschließend in den Zeitbereich rückzuübertragen. Die Transformationen lassen sich weitgehend schematisch mit Hilfe von Korrespondenztabellen ausführen.

Die Laplace-Transformation ist auch bei Funktionen anwendbar, deren unabhängige Variable nicht die Zeit, sondern z.B. eine Ortskoordinate ist. Bei den hier zu behandelnden Problemen tritt dieser Fall jedoch nicht auf.

Hinweis auf Dimensionen: Wenn y(t) die Dimension D_y und t die Dimension D_t hat, ist $D_y \cdot D_t$ die Dimension von Y(p). Häufig ist y(t) durch Normierung dimensionslos ($D_y = 1$); sofern t nicht ebenfalls normiert ist, hat Y(p) die Dimension Zeit.

13.4. Berechnung einiger Korrespondenzen der Laplace-Transformation

Zur Demonstration des Berechnungsverfahrens werden einige Korrespondenz-Beziehungen abgeleitet, eine ausführlichere Zusammenstellung findet sich im Anhang. Bei der Anwendung der Laplace-Transformation stützt man sich weitgehend auf derartige Tabellen.

13.4.1. Exponentialfunktion

Bild 13.10 zeigt die Funktion

$$y(t) = K\, e^{-t/T} \cdot s(t)\ .$$

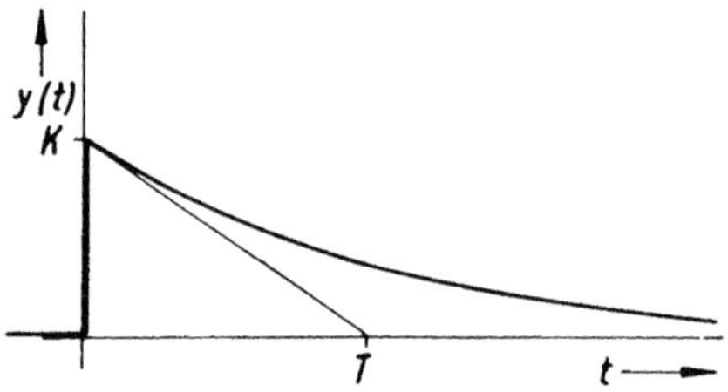

Bild 13.10

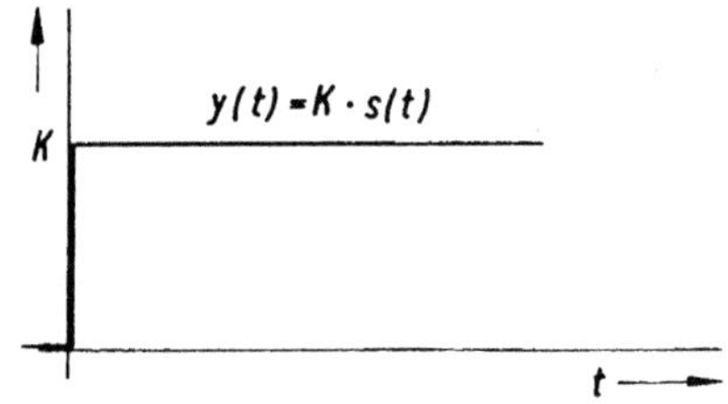

Bild 13.11

Der Faktor s(t) stellt sicher, daß $y(t<0)=0$ wird. Die zugehörige Laplace-Transformierte folgt aus Gl. (5) mit $p=\sigma+j\omega$

$$L\big(y(t)\big) = Y(p) = K\int_0^\infty e^{-(p+\frac{1}{T})t}\,dt = \frac{K}{p+\frac{1}{T}}\, e^{-(\sigma+\frac{1}{T})t}\, e^{-j\omega t}\Big|_\infty^0$$

Das Integral konvergiert für

$$\sigma > \sigma_0 = -\frac{1}{T}$$

und man erhält

$$Y(p) = \frac{K}{p+\frac{1}{T}} = K\,\frac{T}{Tp+1}\;.$$

Man schreibt dafür auch das Korrespondenzsymbol

$$y(t) = K\,e^{-t/T} \;\circ\!\!-\!\!-\!\!-\!\!\bullet\; Y(p) = K\,\frac{T}{Tp+1}\;.$$

Dabei wird immer $y(t<0)=0$ vorausgesetzt, so daß der Faktor s(t) entfallen kann.

Die transzendente Zeitfunktion führt also auf eine rationale Bildfunktion. Da die Transformationsgleichung linear in y(t) ist, wird der konstante Faktor K unverändert auf den Bildbereich übertragen. Anschließend werden zwei Grenzfälle betrachtet.

13.4.2. Schaltfunktion, Sprungfunktion

Mit $T\to\infty$ geht die Exponentialfunktion in die Sprungfunktion über (Bild 13.11)

$$y(t) = K\,s(t)\;.$$

Daraus folgt sofort

$$Y(p) = K\,\frac{1}{p}\;.$$

Also gilt die Korrespondenz

$$s(t) \circ\!\!-\!\!-\!\!-\!\!\bullet \frac{1}{p} \; .$$

Der Konvergenzbereich erstreckt sich nun über die rechte p-Halbebene.
Ergänzender Hinweis: Die in Bild 13.12 gezeichnete periodische Rechteckschwingung hat bekanntlich die reellen Fourier-Koeffizienten (Beispiel in Abschnitt 10.2)

$$y_0 = \frac{1}{2}, \qquad \hat{y}_\nu = \frac{2}{\pi}\frac{1}{\nu} \; .$$

Bei einem Grenzübergang $T_0 \to \infty$ entsteht aus y(t) die Sprungfunktion s(t) und die diskrete Funktion $1/\nu$ geht über in die Spektralfunktion $1/p$.

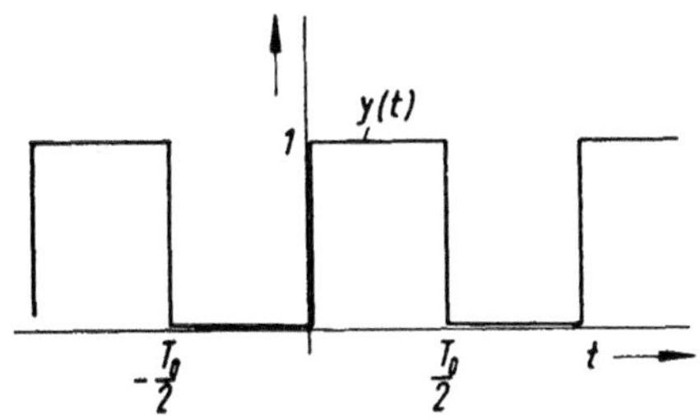

Bild 13.12

13.4.3. Dirac-Impuls

Die vorher betrachtete Funktion

$$y(t) = K\,e^{-t/T}\,s(t)$$

schließt mit der t-Achse die Fläche

$$K\int_0^\infty e^{-t/T}\,dt = KT$$

ein.

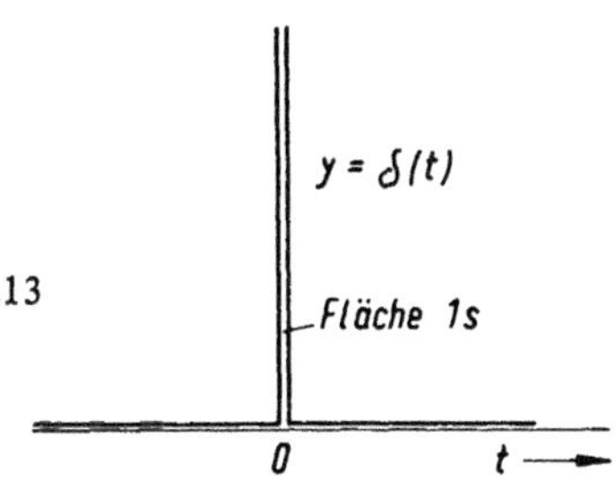

Bild 13.13

Mit $K = 1s/T$ wird die Fläche unter der Exponentialfunktion gerade 1s. Die zugehörige Laplace-Transformierte ist

$$\frac{1s}{T}\,e^{-t/T} \circ\!\!-\!\!-\!\!-\!\!\bullet \frac{1s}{Tp+1} \; .$$

Verändert man in dieser Zeitfunktion den Parameter T, dann ändern sich Amplitude und Zeitkonstante der Exponentialfunktion gleichzeitig so, daß die Fläche konstant gleich 1s bleibt.

Im Grenzfall $T \to 0$ entsteht ein unendlich hoher Nadelimpuls mit der Fläche 1s (Bild 13.13).

Man bezeichnet diese Funktion als Dirac-Impuls

$$\frac{1\mathrm{s}}{T}\, e^{-t/T} \rightarrow \delta(t) \;\text{ für } T \rightarrow 0 \;.$$

Die zugehörige Laplace-Transformierte ist somit

$$\delta(t) \circ\!\!-\!\!\!-\!\!\!-\!\!\bullet\; 1\,\mathrm{s}\,.$$

Häufig wird $L\big(\delta(t)\big) = 1$ gesetzt; dies ist nach vorstehender Ableitung nur richtig, wenn die Fläche des Impulses Eins ist, d.h. wenn z.B. ein normierter Zeitmaßstab verwendet wurde.

13.4.4. Anstiegsfunktion

Manchmal interessiert die Reaktion eines Netzwerkes auf eine zeitlich ansteigende Anregungsgröße (Bild 13.14)

$$y(t) = \frac{t}{1\mathrm{s}}\, s(t) = r(t) \;.$$

Man bezeichnet diesen Verlauf auch als Anstiegs- oder Rampenfunktion. Die zugehörige Laplace-Transformierte lautet

$$L\big(y(t)\big) = Y(p) = \frac{1}{1\mathrm{s}} \int_0^\infty t\, e^{-pt}\, dt \;.$$

Partielle Integration liefert mit

$$t = u\,, \qquad e^{-pt}\, dt = dv$$

$$Y(p) = \frac{1}{1\mathrm{s}} \left(-\frac{t}{p}\, e^{-pt} \Big|_0^\infty + \frac{1}{p} \int_0^\infty e^{-pt}\, dt \right) .$$

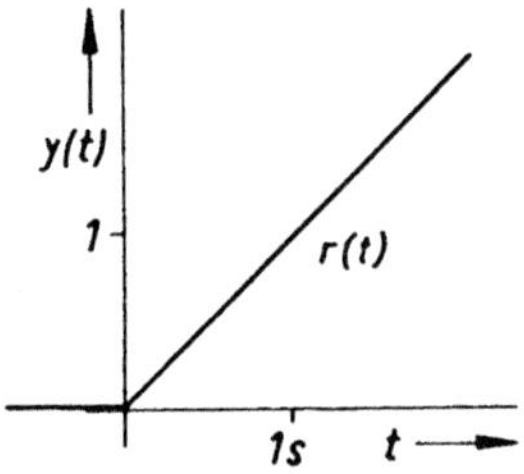

Bild 13.14

Der erste Anteil verschwindet für $\sigma > \sigma_0 = 0$, und man erhält

$$r(t) = \frac{t}{1\mathrm{s}} \circ\!\!-\!\!\!-\!\!\!-\!\!\bullet\; \frac{1}{p^2 \cdot 1\mathrm{s}} \;.$$

13.4.5. Linearität

Wegen der Linearität der Laplace-Transformation gilt

$$K_1 y_1(t) + K_2 y_2(t) \circ\!\!-\!\!\!-\!\!\!-\!\!\bullet\; K_1 Y_1(p) + K_2 Y_2(p) \;.$$

13.5. Laplace-Transformation und Übertragungsfunktion

Wird das in Bild 13.1 angedeutete lineare Netzwerk mit einer periodischen Größe, z.B.

$$y(t) = \frac{\sqrt{2}}{2} \sum_{\nu=-\infty}^{+\infty} \widetilde{Y}_\nu \, e^{j\nu\omega_0 t}$$

angeregt, dann lautet die stationäre „Antwortfunktion"

$$x(t) = \frac{\sqrt{2}}{2} \sum_{\nu=-\infty}^{+\infty} \widetilde{X}_\nu \, e^{j\nu\omega_0 t} \quad .$$

Dabei wird jede Frequenzkomponente mit Hilfe der komplexen Rechnung für sich bestimmt, d.h. es gilt

$$\widetilde{X}_\nu = F(j\nu\omega_0)\,\widetilde{Y}_\nu \quad .$$

$F(j\nu\omega_0)$ ist der Frequenzgang der Schaltung bei der Kreisfrequenz $\nu\omega_0$.

Der in den vorigen Abschnitten beschriebene Grenzübergang zu aperiodischen Vorgängen ($T_0 \to \infty$) und die Verallgemeinerung $j\omega \to p = \sigma + j\omega$ werden nun bei Eingangs- und Ausgangsgröße der Schaltung in gleicher Weise vorgenommen; $F(p)$ ist ja auch bei Exponentialschwingungen gültig.

Somit ist

$$L\big(x(t)\big) \equiv X(p) = F(p)\,Y(p) \equiv F(p)\,L\big(y(t)\big) \; .$$

Daraus folgt die wichtige Beziehung

$$F(p) = \frac{X(p)}{Y(p)} = \frac{L(x(t))}{L(y(t))}$$

oder

$$x(t) = L^{-1}\big(X(p)\big) = L^{-1}\big(F(p)\,Y(p)\big) \; .$$

Die Übertragungsfunktion ist also gleich dem Verhältnis der Laplace-Transformierten von Ausgangs- und Eingangsgröße.

Wenn die Übertragungsfunktion $F(p)$ und die Laplace-Transformierte $Y(p)$ der Eingangsgröße $y(t)$ bekannt sind, kennt man also auch die Transformierte $X(p)$ der Ausgangsgröße $x(t)$ und kann $x(t)$ durch Rücktransformation in den Zeitbereich gewinnen. Dabei ist von besonderem Vorteil, daß die Übertragungsfunktion eine Verallgemeinerung des Frequenzganges $F(j\omega) = \widetilde{X}/\widetilde{Y}$ darstellt und sich für den Sonderfall $p = j\omega$ mit Hilfe der komplexen Rechnung auf einfache Weise bestimmen läßt. Damit ist eine enge Beziehung zwischen den stationären sinusförmigen Vorgängen und den Einschwingvorgängen offenbar geworden.

Aus den ähnlich aussehenden Gleichungen

$$F(p) = \frac{X(p)}{Y(p)} \quad \text{und} \quad F(j\omega) = \frac{\tilde{X}}{\tilde{Y}}$$

darf übrigens nicht geschlossen werden, daß die komplexen Konstanten $\tilde{Y}$ und $\tilde{X}$ gleichzeitig die Laplace-Transformierten $Y(j\omega)$ und $X(j\omega)$ der stationären sinusförmigen Schwingungen $y(t)$ und $x(t)$ sind. Da eine stationäre Schwingung die Bedingung $y(t < 0) = 0$ nicht erfüllt, existiert keine zugehörige einseitige Laplace-Transformierte.

14. Berechnung von Einschaltvorgängen mit der Laplace-Transformation

14.1. Sprungantwort und Impulsantwort

Das dynamische Verhalten eines Netzwerkes bei Schaltvorgängen wird durch die Differentialgleichung vollständig beschrieben. Einen besseren qualitativen Überblick über die Eigenschaften der Schaltung gibt aber manchmal der Verlauf der Ausgangsgröße $x(t)$ bei typischen Anregungsfunktionen $y(t)$. Um eindeutige Verhältnisse zu schaffen, wird angenommen, daß sich die Schaltung bei $t = 0$ im Ruhezustand befindet, d.h. daß alle Energiespeicher entladen sind.

Die Ausgangsgröße (Antwortfunktion) $x(t)$ des Netzwerkes bei der Anregung $y(t)$ kann dann mit der vorher abgeleiteten Beziehung

$$X(p) = L\left(x(t)\right) = F(p)\,L\left(y(t)\right) = F(p)\,Y(p)$$

oder

$$x(t) = L^{-1}\left(F(p)\,Y(p)\right)$$

berechnet werden. Die Übertragungsfunktion wird mit Hilfe der komplexen Rechnung auf einfache Weise bestimmt.

Die am häufigsten verwendete Anregung ist die Schaltfunktion (Sprungfunktion). Die Impulsfunktion (Dirac-Impuls) ist vor allem für theoretische Überlegungen von Bedeutung.

Sprung- und Impulsfunktion wurden in Abschnitt 13.4.2 und 13.4.3 eingeführt. Es war

$$y(t) = s(t) \qquad\qquad y(t) = \delta(t)$$

$$Y(p) = \frac{1}{p} \qquad\qquad Y(p) = 1\,\mathrm{s}\,.$$

Hieraus folgt

$$X(p) \equiv W(p) = \frac{F(p)}{p} \qquad X(p) \equiv G(p) = F(p) \cdot 1s$$

$$w(t) = L^{-1}\left(W(p)\right) = L^{-1}\left(\frac{F(p)}{p}\right) \qquad g(t) = L^{-1}\left(G(p)\right) = L^{-1}\left(F(p) \cdot 1s\right) .$$

Man bezeichnet w(t) als Sprungantwort (Übergangsfunktion) und g(t) als Impulsantwort (Bild 14.1).

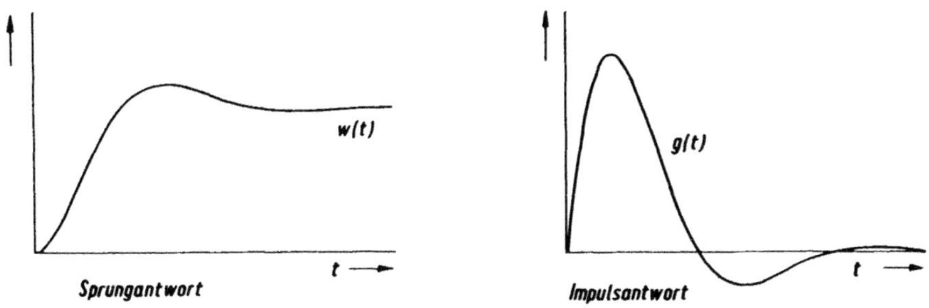

Bild 14.1

Die Übertragungsfunktion ist also, abgesehen von dem Dimensionsfaktor 1s, gleich der Laplace-Transformierten der Impulsantwort.

Außerdem gilt der Zusammenhang

$$W(p) = \frac{1}{p \cdot 1s} G(p) .$$

In einer anderen Vorlesung wird gezeigt, daß aus zeitlich verschobenen Sprung- und Impulsfunktionen verschiedener Amplitude beliebige Anregungsfunktionen aufgebaut werden können. In entsprechender Weise lassen sich die zugehörigen Antwortfunktionen aus Sprung- und Impulsantwort berechnen (Faltungsintegral). Dies ist der Grund für die weitreichende theoretische Bedeutung dieser an sich sehr speziellen Testfunktionen.

14.2. Partialbruchzerlegung

Die Bildfunktion X(p) des gesuchten Vorganges x(t) wird also wesentlich durch die Übertragungsfunktion F(p) bestimmt. Bei einem linearen Netzwerk mit konzentrierten Energiespeichern ist dies eine gebrochene rationale Funktion (Abschnitt 13.1);

nur bei verteilten Energiespeichern kam eine transzendente Funktion (Abschnitt 10.4) vor. Hier wird nur der wichtige Fall konzentrierter Energiespeicher betrachtet.

Die Übertragungsfunktion ist dann

$$F(p) = \frac{b_m p^m + \ldots + b_1 p + b_0}{a_n p^n + \ldots + a_1 p + a_0} = \frac{Z(p)}{N(p)}, \qquad m \leqslant n \ .$$

Da auch die wichtigsten Anregungsfunktionen rationale Bildfunktionen haben, wird die Laplace-Transformierte X(p) des gesuchten Einschwingvorganges x(t)

$$X(p) = F(p)\,Y(p) = \frac{c_{\underline{m}} p^{\underline{m}} + \ldots + c_1 p + c_0}{h_{\underline{n}} p^{\underline{n}} + \ldots + h_1 p + h_0} = \frac{Z_1(p)}{N_1(p)}, \quad c_\mu, h_\nu \text{ reell} \ .$$

Im Falle der Sprungantwort

$$y(t) = s(t), \qquad Y(p) = \frac{1}{p}$$

ist z.B. $Z_1(p) = Z(p)$, d.h. $\underline{m} = m$, $c_\mu = b_\mu$ und $N_1(p) = p\,N(p)$, d.h. $\underline{n} = n + 1$, $h_\nu = a_{\nu-1}$, $h_0 = 0$.

Um die Rücktransformation anhand der Tabelle vornehmen zu können, ist es notwendig, die Bildfunktion in einfache Teilfunktionen (Partialbrüche) zu zerlegen. Wegen der Linearität der Laplace-Transformation kann dann jeder Partialbruch für sich rücktransformiert werden.

Der Nenner von X(p) läßt sich nach dem Fundamentalsatz der Algebra als Produkt von $\underline{n}$ Linearfaktoren schreiben

$$N_1(p) = h_{\underline{n}}(p - p_1)(p - p_2) \ldots (p - p_{\underline{n}}) \ .$$

Die p_λ sind die Nullstellen von $N_1(p)$ oder die Pole von X(p). Wegen der reellen Koeffizienten h_ν können sie reell oder paarweise konjugiert komplex sein. Mehrfach-Pole $p_\lambda = p_{\lambda+1} = \ldots$ sind möglich.

Die Produktschreibweise mit Linearfaktoren erfordert also die Kenntnis der p_λ, d.h. die Lösung einer Gleichung $\underline{n}$-ten Grades

$$N_1(p) = 0 \ .$$

Dies entspricht der Lösung der charakteristischen Gleichung. Diese Aufgabe ist also auch bei Anwendung der Laplace-Transformation nicht zu umgehen. Es werden zwei Fälle unterschieden.

a) Alle p_λ sind verschieden (Einzelpole).

Die Partialbruchreihe lautet dann für $\underline{m} = \underline{n}$

$$X(p) = \sum_{\lambda=1}^{\underline{n}} \frac{R_\lambda}{p - p_\lambda} + K \ .$$

Die Konstante R_λ wird als Residuum von X(p) an der Polstelle p_λ bezeichnet. Die Berechnung z.B. von R_1 erfolgt nach Multiplikation mit $(p - p_1)$

$$X(p)(p-p_1) = R_1 + (p-p_1)\left[\sum_{\lambda=2}^{n} \frac{R_\lambda}{p-p_\lambda} + K\right] ;$$

durch Einsetzen von $p = p_1$ folgt

$$R_1 = X(p)(p-p_1)\Big|_{p=p_1} = \frac{Z_1(p_1)}{h_{\underline{n}}(p_1-p_2)(p_1-p_3)\dots(p_1-p_{\underline{n}})} .$$

Man erhält das Residuum also durch Entfernung des Linearfaktors $p-p_1$ im Nenner und Einsetzen von $p = p_1$. Entsprechend wird bei den anderen Polen verfahren.

Denkt man sich auch den Zähler in Linearfaktoren zerlegt

$$Z_1(p) = c_{\underline{m}}(p-q_1)(p-q_2)\dots(p-q_{\underline{m}}) ,$$

wobei die q_μ reelle oder konjugiert komplexe Nullstellen sind, so läßt sich das Ergebnis für R_1

$$R_1 = \frac{c_{\underline{m}}(p_1-q_1)(p_1-q_2)\dots(p_1-q_{\underline{m}})}{h_{\underline{n}}(p_1-p_2)(p_1-p_3)\dots(p_1-p_{\underline{n}})}$$

auch graphisch anschaulich deuten (Bild 14.2).

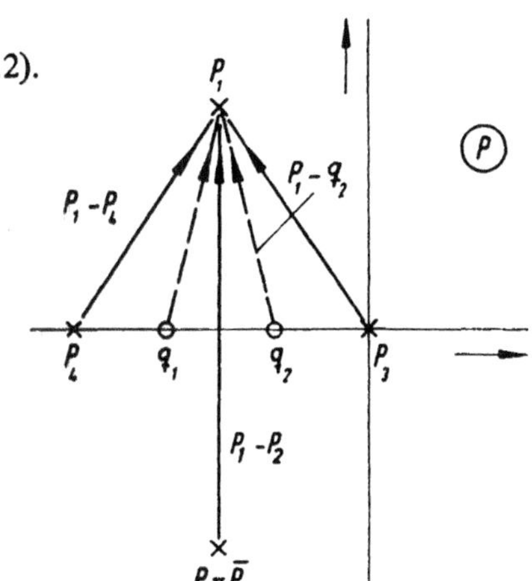

Bild 14.2

Die gestrichelten Strecken zum betrachteten Pol hin stellen die Linearfaktoren im Zähler, die ausgezogenen Strecken die im Nenner dar.

Wegen der reellen oder konjugiert komplexen Pole und Nullstellen ist das Residuum R_λ an einem reellen Pol stets reell.

Die Residuen R_λ, $R_{\lambda+1}$ an zwei konjugiert komplexen Polen p_λ, $p_{\lambda+1} = \bar{p}_\lambda$ sind aus dem gleichen Grunde konjugiert komplex. Beim Übergang zum konjugierten Pol $\bar{p}_\lambda$

wird ja jede Strecke durch ihr konjugiert komplexes Gegenstück ersetzt. Die beiden zugehörigen Partialbrüche lassen sich dann zu einem quadratischen Partialbruch mit reellen Koeffizienten zusammenfassen

$$\frac{R_\lambda}{p-p_\lambda} + \frac{\bar{R}_\lambda}{p-\bar{p}_\lambda} = \frac{(R_\lambda + \bar{R}_\lambda)\,p - (R_\lambda \bar{p}_\lambda + \bar{R}_\lambda p_\lambda)}{p^2-(p_\lambda + \bar{p}_\lambda)\,p + p_\lambda \bar{p}_\lambda} .$$

b) $X(p)$ habe neben Einfachpolen einen i-fachen Pol bei $p_1 = p_2 = \ldots = p_i$.

$$X(p) = \frac{Z_1(p)}{h_{\underline{n}}(p-p_1)^i\,(p-p_{i+1}) \ldots (p-p_{\underline{n}})} .$$

Die Partialbruchreihe lautet für diesen Fall

$$X(p) = \frac{A_{1i}}{(p-p_1)^i} + \frac{A_{1,\,i-1}}{(p-p_1)^{i-1}} + \ldots + \frac{A_{11}}{p-p_1} + \sum_{\lambda=i+1}^{\underline{n}} \frac{R_\lambda}{p-p_\lambda} + K .$$

Die Berechnung der Residuen

$R_{i+1}, \ldots, R_{\underline{n}}$

erfolgt wie vorher beschrieben. Die übrigen Koeffizienten $A_{11}, \ldots, A_{1i}$ erhält man durch mehrfache Differentiation des Ausdrucks

$$H(p) = X(p)(p-p_1)^i = A_{1i} + (p-p_1)A_{1,i-1} + \ldots + (p-p_1)^{i-1}A_{11} + (p-p_1)^i\left(\sum_{\lambda=i+1}^{\underline{n}} \frac{R_\lambda}{p-p_\lambda} + K\right) .$$

Das Ergebnis lautet

$$A_{1i} = H(p)\big|_{p_1}$$

$$A_{1,i-1} = \frac{d}{dp} H(p)\big|_{p_1}$$

$$A_{11} = R_1 = \frac{1}{(i-1)!}\,\frac{d^{(i-1)}H(p)}{dp^{\,i-1}}\Big|_{p_1} .$$

Der Koeffizient A_{11} ist das Residuum von $X(p)$ am Mehrfachpol p_1.

14.3. Rücktransformation durch komplexe Integration

Nachdem die Zerlegung in Partialbrüche erfolgt ist, lassen sich die zugehörigen Zeitfunktionen aufgrund der in Abschnitt 13.4 zunächst für einfache Pole erfolgten Ableitungen angeben. Die Rücktransformation könnte also für die bisher betrachteten Einschaltvorgänge anhand der Korrespondenz

$$R_\lambda \, e^{p_\lambda t} \, s(t) \;\circ\!\!-\!\!\!-\!\!\!-\!\!\bullet\; \frac{R_\lambda}{p - p_\lambda}$$

erfolgen.

Um ein besseres Verständnis der Zusammenhänge zu gewinnen, soll das gleiche Ergebnis durch komplexe Integration des Laplace-Integrals abgeleitet werden. Dabei wird auch die noch fehlende Korrespondenz für Mehrfach-Partialbrüche eingeführt.

Das Laplace-Integral lautet

$$x(t) = \frac{1}{2\pi j} \int\limits_{\sigma_1 - j\infty}^{\sigma_1 + j\infty} X(p) \, e^{pt} \, dp \; .$$

Der Integrationsweg ist im Konvergenzbereich von X(p), d.h. rechts aller singulären Stellen (Pole von X(p)) in der p-Ebene zu wählen (Bild 14.3). Die Integration im Komplexen wird durch Anwendung des Cauchyschen Residuen-Satzes stark vereinfacht. Dieser besagt (Bild 14.4):

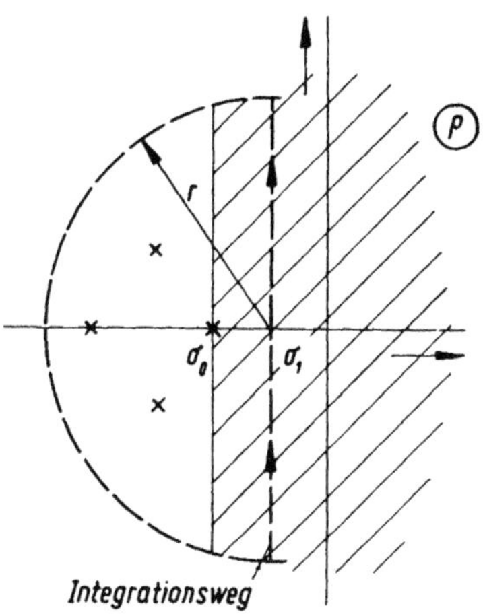

Bild 14.3

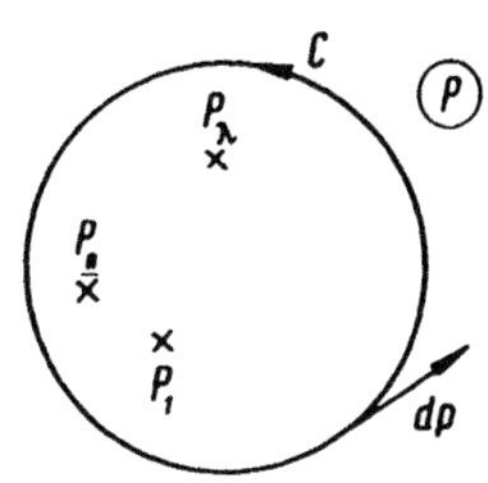

Bild 14.4

Die Funktion f(p) sei in dem von einer beliebigen einfach geschlossenen Kurve C berandeten Gebiet der p-Ebene stetig und differenzierbar, mit Ausnahme von $\underline{n}$ singulären Stellen p_λ, wo einfache und mehrfache Pole mit den Residuen $Res_\lambda(f)$ auftreten. Dann gilt bei einer Integration entlang der Kurve C

$$\oint f(p) \, dp = 2\pi j \sum_{\lambda=1}^{\underline{n}} Res_\lambda(f) \; .$$

Zur Anwendung des Cauchyschen Satzes auf die Berechnung des Laplace-Integrals wird zunächst der von $\sigma_1 - j\infty$ nach $\sigma_1 + j\infty$ reichende Integrationsweg zu einer geschlossenen Kurve ergänzt. Dies geschieht nach Bild 14.3 durch einen großen Halbkreis links. dessen Radius r gegen Unendlich gehen soll. Damit werden bei einer stabilen Lösungsfunktion x(t) alle Pole des Integranden $X(p)\,e^{pt}$ erfaßt.

Das Umlauf-Integral wird in zwei Teile gespalten

$$\oint X(p)\,e^{pt}\,dp = \int_{\curvearrowleft} X(p)\,e^{pt}\,dp + \int_{\sigma_1 - j\infty}^{\sigma_1 + j\infty} X(p)\,e^{pt}\,dp = 2\pi j \sum_{\lambda=1}^{\underline{n}} \mathrm{Res}_\lambda \left(X(p)\,e^{pt}\right) .$$

Wegen $\underline{m} \leqslant \underline{n}$ und $|e^{pt}| = e^{\sigma t}$ verschwindet für $t > 0$ das Integral längs des großen Halbkreises.

Somit bleibt

$$x(t) = \frac{1}{2\pi j} \int_{\sigma_1 - j\infty}^{\sigma_1 + j\infty} X(p)\,e^{pt}\,dp = \sum_{\lambda=1}^{\underline{n}} \mathrm{Res}_\lambda \left(X(p)\,e^{pt}\right) .$$

a) Einfache Pole

Der Residuensatz ist also auf den Integranden $X(p)\,e^{pt}$ anzuwenden. Die Exponentialfunktion ist endlich in der endlichen p-Ebene; sie trägt daher selbst keine Pole bei. Bei der Berechnung der Residuen wird die Exponentialfunktion somit als Faktor hinzugenommen,

$$\mathrm{Res}_\lambda \left(X(p)\,e^{pt}\right) = e^{p_\lambda t}\,\mathrm{Res}_\lambda \left(X(p)\right) = e^{p_\lambda t}\,R_\lambda .$$

R_λ ist dabei das Residuum von X(p) am Pol p_λ.

Durch Überlagerung folgt daraus

$$x(t) = \sum_{\lambda=1}^{\underline{n}} R_\lambda\,e^{p_\lambda t} .$$

Dies bestätigt das frühere Ergebnis.

b) Mehrfacher Pol

Die Ableitung wird der Einfachheit halber für eine Bildfunktion mit einem einzigen Doppelpol (i = 2) durchgeführt. Bei Mehrfachpolen (i > 2) geht die Rechnung analog vor sich. Die mit e^{pt} erweiterte Partialbruchreihe lautet

$$X(p)\,e^{pt} = \frac{A_{12}\,e^{pt}}{(p-p_1)^2} + \frac{R_1\,e^{pt}}{p-p_1} + \sum_{\lambda=3}^{\underline{n}} \frac{R_\lambda\,e^{pt}}{p-p_\lambda} + K e^{pt} .$$

R_1, R_λ sind die Residuen, A_{12} ist der Koeffizient des quadratischen Partialbruches von X(p).

Daraus folgt

$$X(p)\,e^{pt}(p-p_1)^2 = H(p) = \left[A_{12} + (p-p_1)R_1\right]e^{pt} + (p-p_1)^2\left(\sum_{\lambda=3}^{n} \frac{R_\lambda\,e^{pt}}{p-p_\lambda} + K e^{pt}\right) .$$

Differentiation und Einsetzen von $p = p_1$ liefert

$$\mathrm{Res}_1\left(X(p)\,e^{pt}\right) = \frac{d}{dp}\left(H(p)\right)\Big|_{p_1} = (A_{12}t + R_1)\,e^{p_1 t} .$$

Damit ist der Beitrag des Doppelpols bestimmt; die Anteile der Einzelpole werden additiv hinzugefügt.

$$x(t) = (A_{12}t + R_1)\,e^{p_1 t} + \sum_{\lambda=3}^{n} R_\lambda\,e^{p_\lambda t} .$$

Bei einem i-fachen Pol $p_1 = p_2 = \ldots = p_i$ und $(\underline{n} - i)$ Einzelpolen lautet die Zeitfunktion

$$x(t) = (A_{1i}t^{i-1} + \ldots + A_{12}t + R_1)\,e^{p_1 t} + \sum_{\lambda=i+1}^{n} R_\lambda\,e^{p_\lambda t} .$$

Die A sind dabei wieder die Partialbruchkoeffizienten von X(p).

Man erkennt aus dem Aufbau von x(t), daß die p_λ, d.h. die Pole von X(p) = F(p)Y(p) den Verlauf des Einschwingvorganges bestimmen. Falls y(t) für $t > 0$ eine Gleichkomponente oder eine stationäre Schwingung enthält, hat Y(p) einen oder mehrere Pole auf der imaginären Achse. Diese Pole liefern bei der Rücktransformation den stationären Vorgang, die Pole von F(p) den Ausgleichsvorgang. Falls F(p) Pole auf der imaginären p-Achse hat (Reaktanzschaltung), können auch Dauerschwingungen als Einschwingvorgänge auftreten.

Die gesamte Lösung x(t) gilt unter der Bedingung, daß die Energiespeicher des Netzwerkes im Zeitpunkt des Einschaltens völlig entladen waren. Diese Anfangsbedingungen sind im Ergebnis bereits enthalten. Eine Überlagerung verschiedener Anregungen, die an derselben oder an verschiedenen Stellen des Netzwerkes angreifen, ist zulässig, solange durch die Schaltvorgänge die Zweigelemente nicht geändert werden und der homogene Teil der Differentialgleichung unverändert bleibt. Die Schaltungsbeispiele in Bild 14.5 erläutern z.B. den häufigen Fall, daß zwei Schaltvorgänge (Einschalten bei $t = 0$ und Ausschalten bei $t = t_1 > 0$) überlagert werden sollen.

Das Ergebnis stimmt mit der früheren Regel überein, wonach bei Anwendung des Überlagerungsverfahrens eingeprägte Spannungsquellen durch einen Kurzschluß, eingeprägte Stromquellen dagegen durch eine Unterbrechungsstelle zu ersetzen sind.

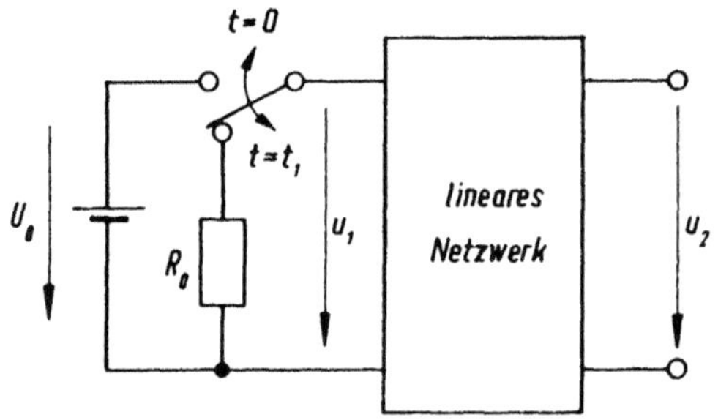

Überlagerung nur für $R_0 = 0$ zulässig

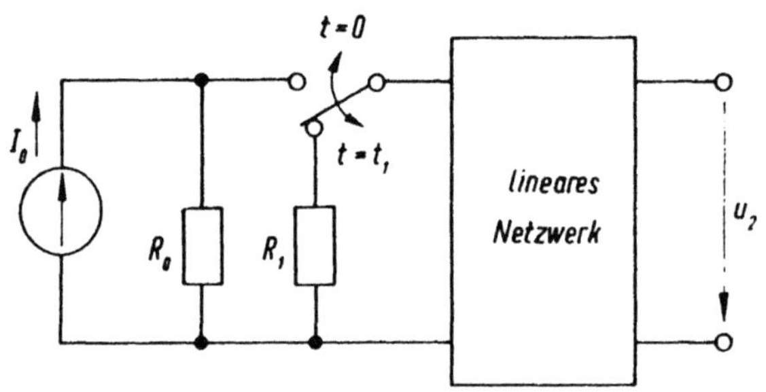

Überlagerung nur für $R_1 = R_0$ zulässig

Bild 14.5

14.4. Beispiele zur Anwendung der Laplace-Transformation auf die Berechnung von Einschaltvorgängen

14.4.1. Einschaltvorgang bei einem RC-Vierpol

Die in Bild 14.6 gezeichnete Schaltung wird bei anfangs ungeladenem Kondensator an die Gleichspannung U_0 gelegt. Die Leerlaufspannung am Ausgang ist zu berechnen ($i_2 = 0$).

Der Frequenzgang von der Anregung (u_1) zur gesuchten Größe (u_2) ist

$$F(j\omega) = \frac{\tilde{U}_2}{\tilde{U}_1} = \frac{R_2 + \frac{1}{j\omega C}}{R_1 + R_2 + \frac{1}{j\omega C}} = \frac{1 + j\omega C R_2}{1 + j\omega C (R_1 + R_2)} \ .$$

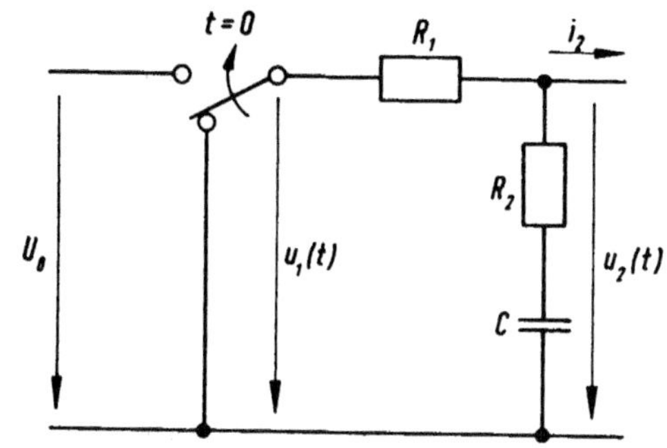

Bild 14.6

Berücksichtigt man, daß der Frequenzgang nur ein Sonderfall der Übertragungsfunktion ist, so erhält man

$$F(p) = \frac{L\left(u_2(t)\right)}{L\left(u_1(t)\right)} = \frac{U_2(p)}{U_1(p)} = \frac{T_2 p + 1}{T_{12} p + 1} \; .$$

Dabei ist die Abkürzung

$$T_2 = R_2 C \, , \qquad T_{12} = (R_1 + R_2)C$$

verwendet.

Die Anregungsfunktion $u_1(t) = U_0 \; s(t)$ hat die Bildfunktion

$$L\left(u_1(t)\right) = U_1(p) = \frac{U_0}{p} \; .$$

Damit folgt

$$U_2(p) = F(p)\,U_1(p) = \frac{T_2 \; p + 1}{T_{12} p + 1} \; \frac{U_0}{p} \; .$$

Für die Rücktransformation ist $U_2(p)$ in eine Partialbruchreihe zu entwickeln. Durch Anwendung des in Abschnitt 14.2 beschriebenen Verfahrens findet man

$$U_2(p) = \frac{U_0}{T_{12}} \left(\frac{T_2 \; p + 1}{p\left(p + \frac{1}{T_{12}}\right)} \right) = U_0 \left(\frac{1}{p} - \frac{T_{12} - T_2}{T_{12}} \; \frac{1}{p + \frac{1}{T_{12}}} \right) \; .$$

Damit lautet die gesuchte Zeitfunktion

$$u_2(t) = L^{-1}\left(U_2(p)\right) = U_0 \left(1 - \frac{R_1}{R_1 + R_2} \; e^{-\frac{t}{T_{12}}} \right) \; .$$

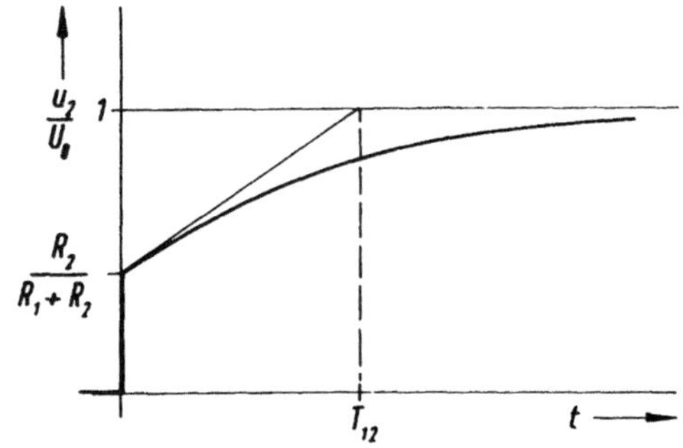

Bild 14.7

In Bild 14.7 ist die normierte Ausgangsspannung (Sprungantwort)

$$\frac{u_2(t)}{U_0} = w(t)$$

aufgetragen.

Dieser Verlauf läßt sich auf folgende Weise erklären:
Bei $t = 0$ ist die Kondensatorspannung Null, also ist $u_2(0) = \frac{R_2}{R_1 + R_2} U_0$; im stationären Zustand ist der Kondensator auf die Gleichspannung U_0 aufgeladen. Der dazwischen liegende Verlauf wird durch eine einzelne Exponentialfunktion beschrieben, da nur ein einziger Energiespeicher vorhanden ist. Die Zeitkonstante folgt aus der homogenen Differentialgleichung, d.h. für $u_1 = 0$. Die dabei entstehende Schaltung enthält C in Reihe mit R_1 und R_2, so daß die Zeitkonstante den Wert $T_{12} = C(R_1 + R_2)$ annimmt.

In diesem einfachen Fall hätte man den Einschaltvorgang also auch ohne Rechnung finden können.

Die vorstehende Rechnung gilt nur für Leerlauf. Wenn der Ausgang belastet wird, entsteht die Ausgangsspannung wieder durch Überlagerung der eingeprägten Spannung $u_1(t)$ und des eingeprägten Stromes $i_2(t)$. Die Bildfunktion für $u_2(t)$ hat dann die Form

$$U_2(p) = \frac{T_2\,p + 1}{T_{12}\,p + 1}\,U_1(p) - R_1\,\frac{T_2\,p + 1}{T_{12}\,p + 1}\,I_2(p) \quad .$$

Anschließend kann auch wieder passive Belastung, z.B.

$$i_2 = \frac{u_2}{R_3} \qquad \text{oder} \qquad I_2(p) = \frac{U_2(p)}{R_3}$$

angenommen werden.

14.4.2. Einschalten eines Gleichstromes auf einen Parallelschwingkreis

Der Gleichstrom I_0 werde nach Bild 14.8 im Augenblick $t = 0$ dem vollständig entladenen Parallelschwingkreis aufgeprägt,

$$i_1(t) = I_0\, s(t) \ .$$

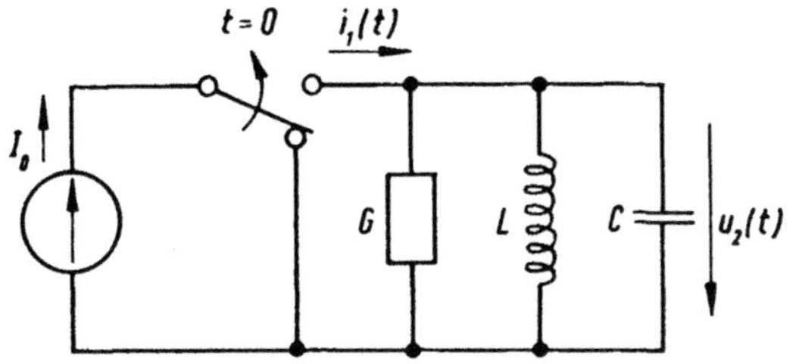

Bild 14.8

Aus der Knotenpunktsregel folgt

$$I_1(p) = \left(G + pC + \frac{1}{pL}\right) U_2(p) \ .$$

Mit der Anregung $I_1(p) = I_0/p$ ist

$$U_2(p) = \frac{I_0}{p\left(G + pC + \frac{1}{pL}\right)} = \frac{LI_0}{LCp^2 + LGp + 1} \ ,$$

oder mit der Abkürzung $LC = 1/\omega_0^2$, $LG = 2D/\omega_0$

$$U_2(p) = \frac{\omega_0^2\, LI_0}{p^2 + 2D\omega_0\, p + \omega_0^2} = \frac{\omega_0^2\, LI_0}{(p - p_1)(p - p_2)} \ .$$

Die Partialbruchzerlegung liefert

$$U_2(p) = \frac{\omega_0^2\, LI_0}{p_1 - p_2} \left(\frac{1}{p - p_1} - \frac{1}{p - p_2}\right) \ .$$

Daraus folgt durch Rücktransformation die zugehörige Zeitfunktion

$$u_2(t) = \frac{\omega_0^2\, LI_0}{p_1 - p_2} \left(e^{p_1 t} - e^{p_2 t}\right) \ .$$

Die Pole der Bildfunktion sind im Fall $D < 1$ konjugiert komplex

$$p_{1,2} = \omega_0 \left(- D \pm j \sqrt{1 - D^2}\right) \ .$$

Durch Einsetzen und Umformung erhält man schließlich

$$u_2(t) = \frac{\omega_0 L}{\sqrt{1 - D^2}}\, I_0\, e^{-D\omega_0 t} \sin\sqrt{1 - D^2} \cdot \omega_0 t \ .$$

Bild 14.9 zeigt den normierten Spannungsverlauf (Sprungantwort).

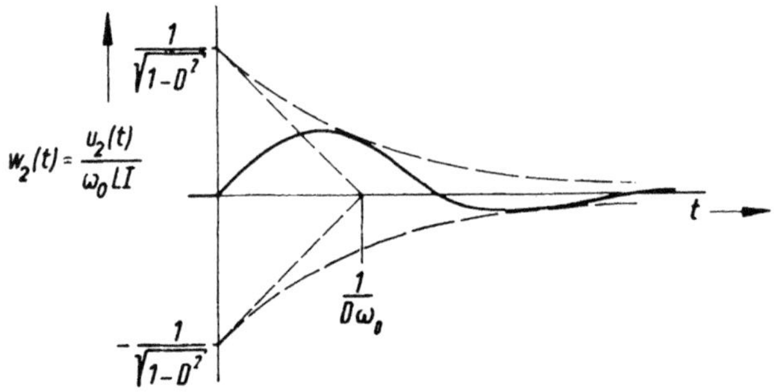

Bild 14.9

Da im ersten Augenblick der ungeladene Kondensator und im stationären Zustand die widerstandsfrei angenommene Spule den vollen Strom übernehmen, ist $u_2(0) = u_2(\infty) = 0$.

Schaltet man nach Erreichen des stationären Zustandes ($t \to \infty$) den eingeprägten Strom wieder ab, $i_1(t') = I_0(1 - s(t'))$, so stellt sich der gleiche Spannungsverlauf mit umgekehrtem Vorzeichen ein.

14.4.3. Impulsanregung eines kritisch gedämpften Schwingkreises

Die Gleichspannung U_0 wird gemäß Bild 14.10 kurzzeitig an einen entladenen Reihenschwingkreis gelegt, so daß die Eingangsspannung $u_1(t)$ den gezeichneten Verlauf hat

$$u_1(t) = U_0\left(s(t) - s(t - \Delta T)\right) .$$

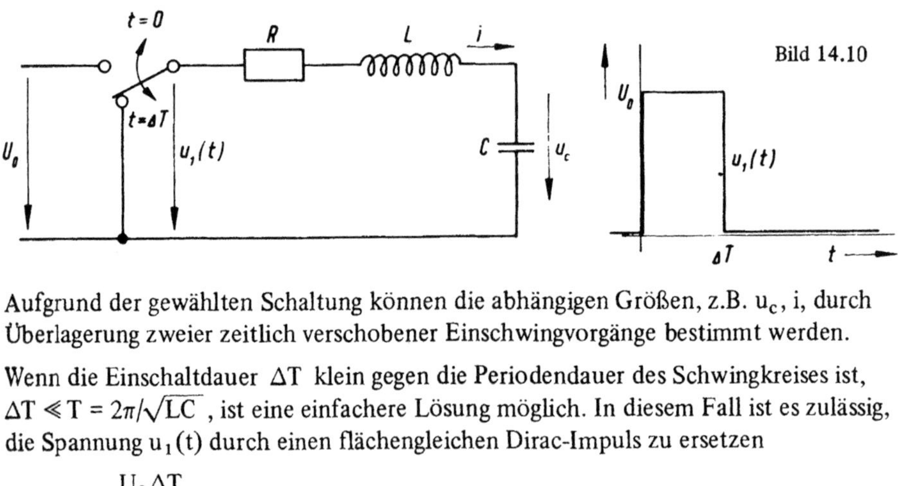

Bild 14.10

Aufgrund der gewählten Schaltung können die abhängigen Größen, z.B. u_c, i, durch Überlagerung zweier zeitlich verschobener Einschwingvorgänge bestimmt werden.

Wenn die Einschaltdauer ΔT klein gegen die Periodendauer des Schwingkreises ist, $\Delta T \ll T = 2\pi/\sqrt{LC}$, ist eine einfachere Lösung möglich. In diesem Fall ist es zulässig, die Spannung $u_1(t)$ durch einen flächengleichen Dirac-Impuls zu ersetzen

$$u_1(t) \approx \frac{U_0 \Delta T}{1\,s}\ \delta(t) .$$

Die gesuchte Größe kann dann näherungsweise als Impulsantwort bestimmt werden. Für die Anregung gilt

$$U_1(p) = L\big(u_1(t)\big) \approx \frac{U_0 \Delta T}{1s} L\big(\delta(t)\big) = U_0 \Delta T \quad .$$

Die Laplace-Transformierte der Kondensatorspannung folgt nach den Regeln der komplexen Rechnung

$$U_c(p) = F(p)\,U_1(p) = \frac{\frac{1}{pC}}{R + pL + \frac{1}{pC}} U_1(p) = \frac{1}{LCp^2 + RCp + 1} U_1(p)$$

oder mit $LC = 1/\omega_0^2$, $RC = 2D/\omega_0$

$$U_c(p) \approx \frac{\omega_0^2 U_0 \Delta T}{p^2 + 2D\omega_0 p + \omega_0^2} = \frac{\omega_0^2 U_0 \Delta T}{(p-p_1)(p-p_2)} \quad .$$

Nimmt man den aperiodischen Grenzfall an, $D = 1$, so entsteht ein Doppelpol bei $p_1 = p_2 = -\omega_0$

$$U_c(p) \approx \frac{\omega_0^2 U_0 \Delta T}{(p+\omega_0)^2} \quad .$$

Die Rücktransformation liefert gemäß Abschnitt 14.3 mit $A_{12} = \omega_0^2 U_0 \Delta T$ und $R_1 = 0$ den gesuchten Einschwingvorgang

$$u_c(t) \approx \omega_0^2 U_0 \Delta T\, t\, e^{-\omega_0 t} \quad .$$

Die normierte Kondensatorspannung (Impulsantwort)

$$g(t) = \frac{u_c(t)}{U_0} = (\omega_0 \Delta T)(\omega_0 t)\, e^{-\omega_0 t}$$

ist in Bild 14.11 aufgetragen.

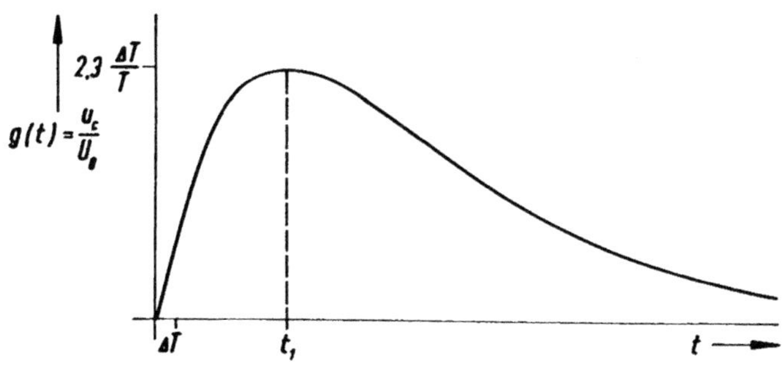

Bild 14.11

Das Maximum tritt bei $t_1 = 1/\omega_0 = \sqrt{LC}$ auf, also lange nach Abschaltung der Anregung. Dies ist die Folge der während der Einschaltdauer in der Spule gespeicherten Energie, die sich zum Teil auf den Kondensator überträgt. Die maximale Spannung ist

$$u_{c\,max} \approx e^{-1}\ \omega_0 \Delta T\, U_0 \approx 2{,}3 \frac{\Delta T}{T}\ U_0 \quad ,$$

sie liegt wegen $\Delta T/T \ll 1$ unterhalb der Gleichspannung U_0 .

14.4.4. Einschaltvorgang eines Transformators

Ein Transformator werde gemäß Bild 14.12 an eine sinusförmige Wechselspannung geschaltet. Der Verlauf des Primärstromes soll berechnet werden.

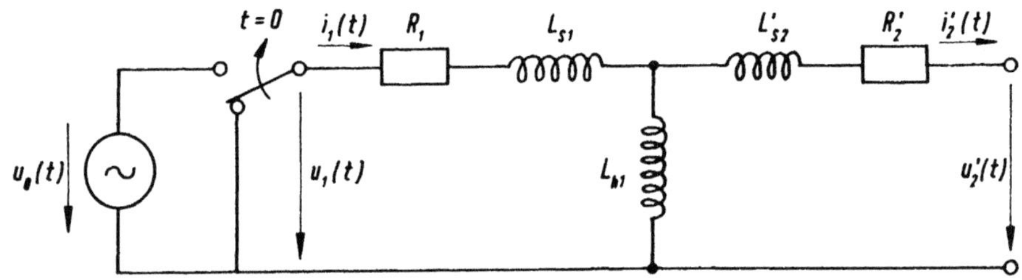

Bild 14.12

Die Bildfunktion des Primärstromes ist nach den Regeln der komplexen Rechnung und mit Anwendung des Überlagerungsprinzips

$$I_1(p) = \frac{1}{R_1 + p(L_{h1} + L_{s1})}\, U_1(p) + \frac{pL_{h1}}{R_1 + p(L_{h1} + L_{s1})}\, I_2'(p) \quad .$$

Für $u_1(t)$ und $i_2(t)$ können unabhängige eingeprägte Größen vorgeschrieben werden. Falls an die Sekundärklemmen ein passiver Zweipol angeschlossen wird, läßt sich dies später ohne Schwierigkeiten durch eine zweite Maschengleichung berücksichtigen.

Der Einfachheit halber wird sekundärer Leerlauf ($i_2' = 0$) angenommen.

Mit

$$u_1(t) = \sqrt{2}\, U_0 \cos(\omega t + \alpha) \cdot s(t)$$

folgt nach der Transformationstabelle

$$U_1(p) = \sqrt{2}\, U_0\, \frac{p \cos\alpha - \omega \sin\alpha}{p^2 + \omega^2} \quad .$$

Damit wird die Bildfunktion des Primärstromes

$$I_1(p) = \sqrt{2}\,\frac{U_0}{R_1}\cdot\frac{1}{T_1 p + 1}\cdot\frac{p\cdot\cos\alpha - \omega\sin\alpha}{(p+j\omega)(p-j\omega)} \quad ;$$

dabei ist wieder

$$\frac{L_{h1} + L_{s1}}{R_1} = \frac{L_1}{R_1} = T_1 \qquad \text{gesetzt.}$$

Die Partialbruchzerlegung ergibt

$$I_1(p) = \frac{\sqrt{2}\,U_0}{R_1}\left[-\frac{\cos\alpha + \omega T_1\sin\alpha}{1+(\omega T_1)^2}\cdot\frac{1}{p+\frac{1}{T_1}} + \frac{\cos\alpha + j\sin\alpha}{2(1+j\omega T_1)}\cdot\frac{1}{p-j\omega} + \right.$$

$$\left. + \frac{\cos\alpha - j\sin\alpha}{2(1-j\omega T_1)}\cdot\frac{1}{p+j\omega}\right] .$$

Durch Rücktransformation in den Zeitbereich folgt nach einer Zwischenrechnung

$$i_1(t) = \frac{\sqrt{2}\,U_0}{\sqrt{R_1^2 + (\omega L_1)^2}}\left[\cos(\omega t + \alpha - \arctan\omega T_1) - e^{-t/T_1}\cos(\alpha - \arctan\omega T_1)\right].$$

Die Lösung enthält den stationären Leerlaufstrom (Magnetisierungsstrom) i_{1s}, dem sich ein aperiodisch abklingender Ausgleichsvorgang i_{1h}, ähnlich wie in Bild 12.18, überlagert. Die Größe des aperiodischen Anteils hängt von der Schaltphase (α) ab, da die Anfangsbedingung $i_1(0) = 0$ erfüllt werden muß.

Der Widerstand R_1 verkörpert meistens nur den Wicklungswiderstand; deshalb ist bei Leistungstransformatoren $\omega T \gg 1$. Damit gilt die Näherung $\arctan\omega T_1 \approx \pi/2$ und folglich

$$i_1(t) \approx \frac{\sqrt{2}\,U_0}{\omega L_1}\left[\sin(\omega t + \alpha) - e^{-t/T_1}\sin\alpha\right] .$$

Der maximale Einschaltstrom tritt für $\alpha = \pm\,\pi/2$, d.h. bei Zuschalten im Nulldurchgang der Spannung auf. Dieser Vorgang ist in Bild 14.13 gezeigt.

Der Strom kann dann den doppelten Wert des stationären Scheitelwertes erreichen. Das gleiche gilt für den magnetischen Hauptfluß, der bei einem linearen Transformator dem Magnetisierungsstrom proportional ist.

Wenn es sich um einen Transformator mit Eisenkern handelt, verläuft der magnetische Fluß ähnlich wie in Bild 14.13 der Strom i(t). Der zum Maximum des Flusses gehörende Magnetisierungsstrom kann wegen der Sättigung dagegen ein Vielfaches des normalen Magnetisierungsstromes betragen.

Anders ist es beim Zuschalten im Spannungsmaximum. Hier beginnen Fluß und Magnetisierungsstrom angenähert mit ihrem stationären Verlauf, so daß der aperiodische Vorgang eine vernachlässigbare Amplitude hat.

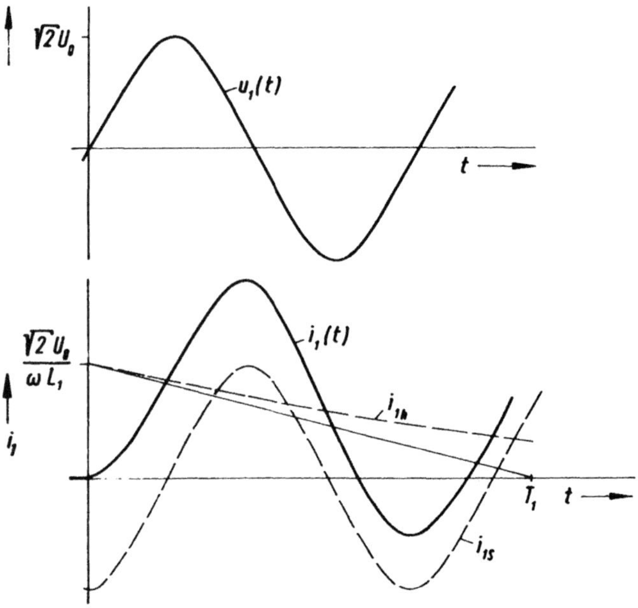

Bild 14.13

14.5. Heavisidesche Formel

Eine modifizierte Laplace-Transformation wurde erstmals von *Heaviside* als sogenannte Operatoren-Rechnung zur Berechnung von Schaltvorgängen in Netzwerken verwendet. *Heaviside* ging im wesentlichen empirisch vor; seine Rechenverfahren wurden erst später bewiesen und erweitert.

Eine der von ihm angegebenen Formeln soll kurz abgeleitet werden, ohne daß damit der allgemeineren Ableitung in Abschnitt 14.3 etwas Neues hinzugefügt wird.

Die Laplace-Transformierte der Antwortfunktion ist

$$X(p) = F(p)\,Y(p) \quad ,$$

wobei

$$F(p) = \frac{Z(p)}{N(p)}$$

die gebrochene rationale Übertragungsfunktion vom Grade n ist.

Für die Berechnung der Sprungantwort ist

$$Y(p) = \frac{1}{p}$$

zu setzen, so daß

$$X(p) = W(p) = \frac{Z(p)}{p \cdot N(p)} = \frac{Z(p)}{N_1(p)} \quad .$$

X(p) ist in eine Partialbruchreihe zu entwickeln. Wenn alle $n+1$ Pole verschieden sind, gilt

$$X(p) = \sum_{\lambda=1}^{n+1} \frac{R_\lambda(X)}{p - p_\lambda} \quad .$$

Dabei ist $p_{n+1} = 0$ gesetzt.

Die Residuen R_λ lassen sich auch auf folgende Weise bestimmen.

Das Nennerpolynom

$$N_1(p) = p\, N(p) = p\, a_n \prod_1^n (p - p_\lambda)$$

wird nach der Kettenregel differenziert

$$\frac{d\,N_1(p)}{dp} = N_1'(p) = N(p) + p\,\frac{d\,N(p)}{dp} = N(p) + p\,N'(p) = \sum_{\lambda=1,2,\ldots}^{n+1} \frac{N_1(p)}{p - p_\lambda} \quad .$$

Unter dem Summenzeichen stehen Polynome, die sich von $N_1(p)$ dadurch unterscheiden, daß jeweils einer der Linearfaktoren fehlt. Beim Einsetzen der p_λ verschwinden somit jeweils alle Polynome mit Ausnahme eines einzigen. Dies entspricht gerade der für die Residuenbestimmung nach Abschnitt 14.2 verwendeten Vorschrift. Man kann also schreiben

$$R_\lambda = \frac{Z(p_\lambda)}{N_1'(p_\lambda)} = \frac{Z(p_\lambda)}{p_\lambda\, N'(p_\lambda)} \quad , \quad \lambda = 1, 2, \ldots, n$$

$$R_{n+1} = \frac{Z(0)}{N_1'(0)} = \frac{Z(0)}{N(0)} = F(0) \quad .$$

Damit folgt die Sprungantwort

$$w(t) = F(0) + \sum_{\lambda=1}^{n} \frac{Z(p_\lambda)}{p_\lambda\, N'(p_\lambda)}\, e^{p_\lambda t} \, , \quad t \geqslant 0 \ .$$

Diese sogenannte Heavisidesche Entwicklungsformel gilt nur für einfache Pole von X(p).

Hinweis: Man entnimmt dieser Gleichung den auch bei Mehrfachpolen gültigen Zusammenhang

$$\lim_{t \to \infty} w(t) = F(0) \; .$$

Außerdem gilt

$$\lim_{t \to +0} w(t) = w(+0) = \lim_{p \to \infty} F(p) \; .$$

Diese Beziehungen folgen aus dem Anfangs- und Endwertsatz der Laplace-Transformation.

15. Berechnung von Einschwingvorgängen durch Transformation der Differentialgleichung

Das bisher beschriebene Verfahren zur Berechnung der Einschwingvorgänge war zunächst für die stationäre Lösung bei periodischer Anregung eingeführt und anschließend auf aperiodische Vorgänge erweitert worden. Dies hatte zur Folge, daß sich das Netzwerk bei $t = 0$ in dem zu $y(t < 0) \equiv 0$ gehörenden stationären Zustand befand, d.h. daß alle Energiespeicher vollständig entladen waren.

Die Rechnung wurde später in zweifacher Hinsicht erweitert. Einmal war es möglich, nicht einen einzelnen Schaltvorgang, sondern eine Folge von Schaltvorgängen an derselben Stelle des Netzwerkes anzunehmen und so den Verlauf der anregenden Größe zu verallgemeinern; zum anderen konnten die Wirkungen von mehreren an verschiedenen Stellen des Netzwerkes angreifenden Anregungen überlagert werden. In beiden Fällen war Voraussetzung, daß die Zweigelemente nicht geändert wurden, so daß die homogene Differentialgleichung unverändert blieb.

Bei einer Folge von Schaltanregungen finden natürlich alle, mit Ausnahme der ersten, ein Netzwerk vor, dessen Energiespeicher nicht entladen sind.

Das allgemeinere Problem, das darin besteht, den Einschwingvorgang bei beliebiger Anfangsladung der Energiespeicher zu berechnen, ließe sich mit diesem Verfahren dennoch nur in Sonderfällen lösen. Man müßte ja für jeden Anfangszustand entsprechende frühere Anregungen ermitteln, die bei $t = 0$ gerade den gewünschten Ladezustand erzeugen, und die Bedingung bezüglich der Zweigelemente erfüllen.

In Abschnitt 12 wurde gezeigt, daß das allgemeine Problem durch Integration der Differentialgleichung im Zeitbereich und entsprechende Vorgabe der Anfangsbedingungen in jedem Fall lösbar ist. Das gleiche Problem wird nun alternativ mit der

Laplace-Transformation behandelt. Dieser Weg ist bei den hier betrachteten einfachen Aufgaben nicht bequemer als die Lösung der Differentialgleichung im Zeitbereich, kann jedoch in komplizierteren Fällen Vorteile bieten.

Die beiden Lösungswege lassen sich durch folgendes Schema kennzeichnen

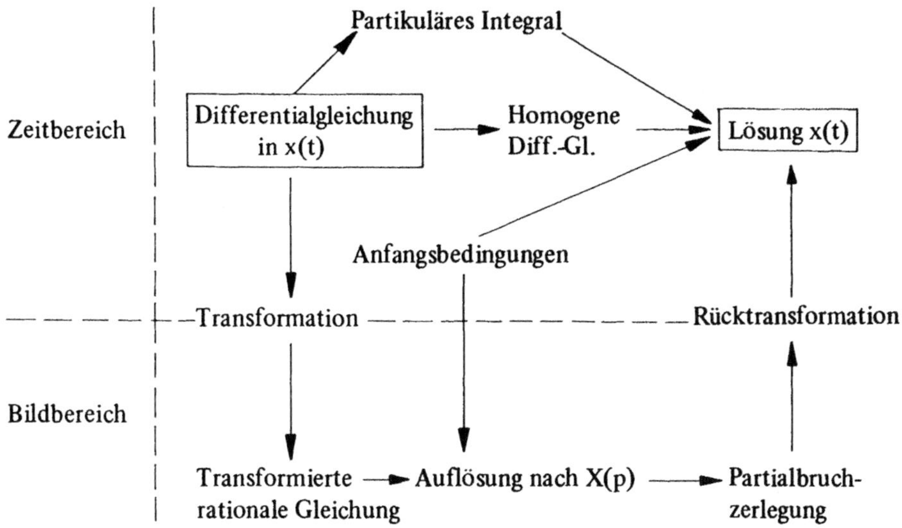

Bei der Lösung der Differentialgleichung mit der Laplace-Transformation wird die Differentialgleichung in den Bildbereich transformiert. Dabei ergibt sich eine lineare algebraische Gleichung, die nach X(p) aufgelöst wird. Rücktransformation und Einsetzen der Anfangsbedingungen liefern die Lösung im Zeitbereich.

Zunächst ist es notwendig, einige weitere Eigenschaften der Laplace-Transformation kennenzulernen.

15.1. Transformation der Differential- und Integral-Operation

15.1.1. Differentiation

Gegeben sei die Zeitfunktion y(t) mit der Bildfunktion $Y(p) = L\big(y(t)\big)$, $y(t < 0) = 0$. Gesucht ist die Bildfunktion des Differentialquotienten

$$L\big(y'(t)\big) = \int_0^\infty y'(t)\, e^{-pt}\, dt \quad .$$

Mit $e^{-pt} = u$, $y'(t)\,dt = dv$ folgt durch partielle Integration

$$L\left(y'(t)\right) = y(t)\,e^{-pt}\Big|_0^\infty + p\int_0^\infty y(t)\,e^{-pt}\,dt = p\,Y(p) - y(+0)\,.$$

$y(+0)$ ist der Anfangswert von y (Bild 15.1). Dieser Zusammenhang kann auch rekursiv verwendet werden

$$L\left(y''(t)\right) = p^2\,Y(p) - p\,y(+0) - y'(+0)\,,\quad \text{usw.}$$

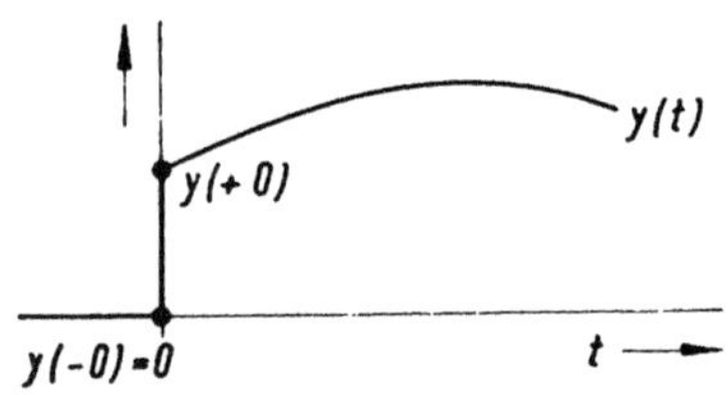

Bild 15.1

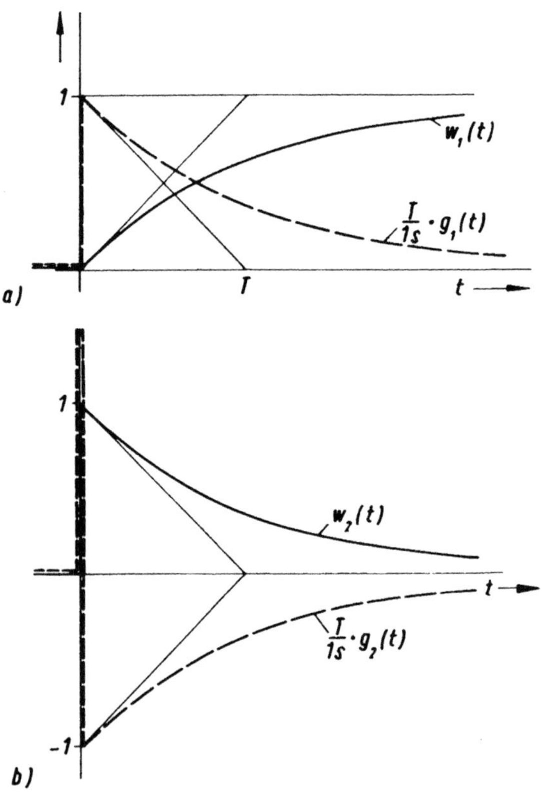

Bild 15.2

Beispiel:
In Abschnitt 14.1 wurde festgestellt, daß zwischen der Sprungantwort w(t) und der Impulsantwort g(t) die Beziehung

$$L\big(g(t)\big) = G(p) = p\ 1s \cdot W(p) = p\ 1s\, L\big(w(t)\big)$$

besteht. Durch Ergänzung folgt

$$G(p) = \big(p\,W(p) - w(+0)\big)\ 1s \quad + w(+0) \cdot 1s\ .$$

Die Rücktransformation mit der eben gefundenen Transformationsregel liefert somit

$$g(t) = 1s \cdot w'(t) + w(+0)\,\delta(t)\ ;$$

falls die Sprungantwort stetig ist, entfällt der Dirac-Impuls und es gilt

$$g(t) = 1s \cdot w'(t)\ .$$

Der Faktor 1s dient dabei zur Wiederherstellung der durch die Differentiation veränderten Dimension.

Bild 15.2 zeigt Sprung- und Impulsantworten für zwei Beispiele.

a) $w_1(t) = 1 - e^{-t/T}\ ; \qquad g_1(t) = \frac{1s}{T}\, e^{-t/T}$

b) $w_2(t) = e^{-t/T}\ ; \qquad g_2(t) = -\frac{1s}{T}\, e^{-t/T} + \delta(t)\ .$

15.1.2. Integration

Gegeben sei wieder die Zeitfunktion y(t) mit der Bildfunktion

$$Y(p) = L\big(y(t)\big)\ , \qquad y(t<0) = 0\ .$$

Gesucht ist die Bildfunktion des Integrals

$$z(t) = \int_0^t y(\tau)\,d\tau\ .$$

Es gilt

$$Z(p) = L\big(z(t)\big) = \int_0^\infty \underbrace{z(t)}_{u} \cdot \underbrace{e^{-pt}\,dt}_{dv}\ .$$

Durch partielle Integration folgt

$$Z(p) = -\frac{1}{p}\,z(t)\,e^{-pt}\Big|_0^\infty + \frac{1}{p}\int_0^\infty z'(t)\,e^{-pt}\,dt\ .$$

Wegen $z(0) = 0$, für endliches $y(+0)$, und $\lim_{t \to \infty} z(t)\, e^{-pt} = 0$ für $\sigma > \sigma_0$ folgt mit $z'(t) = y(t)$

$$Z(p) = L\left(\int_0^t y(\tau)\, d\tau\right) = \frac{1}{p} L\big(y(t)\big) = \frac{1}{p} Y(p) \ .$$

Auch diese Formel kann rekursiv angewendet werden, z.B.

$$L\left(\int_0^t \int_0^\tau y(\sigma)\, d\sigma\, d\tau\right) = \frac{1}{p^2}\, Y(p) \ .$$

Differentiation und Integration im Zeitbereich entsprechen somit einer Division oder Multiplikation mit p im Bildbereich. Weitere Beziehungen zwischen Zeit- und Bildbereich sind in der Tabelle im Anhang enthalten.

Gewöhnliche Differentialgleichungen werden im Bildbereich somit als algebraische Gleichungen abgebildet, die entsprechend einfacher zu behandeln sind. Bei Anwendung der Laplace-Transformation auf partielle Differentialgleichungen entstehen im Bildbereich gewöhnliche Differentialgleichungen. (Anwendung z.B. bei Schaltvorgängen auf Kabeln und Freileitungen und bei Wärmeleitungsproblemen.)

15.2. Lösung durch Transformation der Differentialgleichung

Ein lineares Netzwerk mit n unabhängigen Energiespeichern werde von der Größe $y(t)$ angeregt; die Ausgangsgröße sei $x(t)$. Dann gilt die Differentialgleichung

$$a_n x^{(n)} + \ldots + a_1 x' + a_0 x = b_m y^{(m)} + \ldots + b_1 y' + b_0 y \,, \qquad m \leqslant n \ .$$

Da durch die Anfangsbedingungen der richtige Anschluß an den Abschnitt $t < 0$ gesichert wird, kann man sich die einzelnen Glieder der Differentialgleichung mit $s(t)$ multipliziert denken. Anschließend erfolgt eine gliedweise Transformation in den Bildbereich.

$$\begin{aligned}
& a_n \left[p^n \ X(p) - p^{n-1} x(+0) - p^{n-2} x'(+0) - \ldots - p x^{(n-2)}(+0) - x^{(n-1)}(+0) \right] + \\
+ \ & a_{n-1} \left[p^{n-1} X(p) - p^{n-2} x(+0) - p^{n-3} x'(+0) - \ldots - \ x^{(n-2)}(+0) \right] + \\
& \vdots \\
+ \ & a_1 \left[\ p^1 \ \ X(p) - \ p^0 \cdot x(+0) \right] + \\
+ \ & a_0 \left[\ p^0 \ \ X(p) \right] =
\end{aligned}$$

$$= b_m \left[p^m \quad Y(p) - p^{m-1} y(+0) - p^{m-2} y'(+0) - \ldots - p y^{(m-2)}(+0) - y^{(m-1)}(+0) \right] +$$

$$+ \; b_{m-1} \left[\qquad\qquad \right] + \ldots \text{(wie linke Seite).}$$

Entsprechende Anteile werden zusammengefaßt.

$$\begin{aligned}
&\left(a_n p^n \quad + a_{n-1}\, p^{n-1} + \ldots + a_1 p + a_0\right) X(p) - \\
-\; &\left(a_n p^{n-1} + a_{n-1}\, p^{n-2} + \ldots + a_1\right) x(+0) - \\
-\; &\left(a_n p^{n-2} + a_{n-1}\, p^{n-3} + \ldots + a_2\right) x'(+0) \\
&\vdots \\
-\; &a_n x^{(n-1)}(+0) = \\
=\; &\left(b_m p^m \quad + b_{m-1} p^{m-1} + \ldots + b_1 p + b_0\right) Y(p) - \\
-\; &\left(b_m p^{m-1} + b_{m-1} p^{m-2} + \ldots + b_1\right) y(+0) - \\
-\; &\left(b_m p^{m-2} + b_{m-1} p^{m-3} + \ldots + b_2\right) y'(+0) - \\
&\vdots \\
-\; &b_m y^{(m-1)}(+0) \; .
\end{aligned}$$

Für die auftretenden Polynome werden Abkürzungen eingeführt

$$\begin{aligned}
a_n p^n \quad + a_{n-1} p^{n-1} \quad + \ldots + a_1 p + a_0 &= N(p) \\
\frac{1}{p}\left(N(p) - a_0\right) \qquad &= N_1(p) \\
\frac{1}{p}\left(N_1(p) - a_1\right) \qquad &= N_2(p) \\
\vdots \qquad\qquad & \\
a_n \qquad &= N_n \\
b_m p^m + b_{m-1} p^{m-1} + \ldots + b_1 p + b_0 &= Z(p)
\end{aligned}$$

$$\frac{1}{p}\left(Z(p) - b_0\right) \qquad = Z_1(p)$$

$$\vdots$$

$$b_m \qquad = Z_m$$

Damit gilt

$$N(p)\,X(p) - N_1(p)\,x(+0) - \ldots - N_{n-1}(p)\,x^{(n-2)}(+0) - N_n x^{(n-1)}(+0) =$$

$$= Z(p)\,Y(p) - Z_1(p)\,y(+0) - \ldots - \ldots - Z_m y^{(m-1)}(+0) \ .$$

Die Auflösung liefert die gesuchte Bildfunktion X(p)

$$X(p) = \frac{Z(p)}{N(p)}\,Y(p) +$$

$$+ \frac{1}{N(p)}\left[N_1(p)\,x(+0) + \ldots + N_{n-1}(p)\;x^{(n-2)}(+0) + N_n\;x^{(n-1)}(+0)\right] -$$

$$- \frac{1}{N(p)}\left[Z_1(p)\,y(+0) + \ldots + Z_{m-1}(p)\,y^{(m-2)}(+0) + Z_m\;y^{(m-1)}(+0)\right] .$$

Die Lösung erfordert also die Kenntnis von y(t), einschließlich der $m-1$ ersten Ableitungen $y^{(\mu)}(+0)$ an der Stelle $t = +0$. Da der Verlauf von y(t) als bekannt vorausgesetzt wurde, bedeutet dies keine Schwierigkeit. Es ist jedoch darauf zu achten, daß die Grenzwerte von rechts zu bilden sind. Z.B. ist für $y(t) = s(t)$:

$$y(+0) = 1 \ , \qquad y'(+0) = y''(+0) = \ldots = 0 \ .$$

Weiterhin werden die n Anfangsbedingungen

$$x(+0) \ , \qquad x'(+0) \ , \ldots , x^{(n-1)}(+0)$$

benötigt. Diese Größen sind aus den Kontinuitätsbedingungen für die Energiespeicher abzuleiten. Anschließend kann die rechte Seite in Partialbrüche entwickelt und in den Zeitbereich rücktransformiert werden.

Falls sich das Netzwerk für $t < 0$ mit $y(t<0) \equiv 0$ im eingeschwungenen (Ruhe-) Zustand befand, stellen sich die Anfangsbedingungen selbständig so ein, daß die Summe der eckigen Klammern verschwindet. Die Anfangsbedingungen brauchen dabei nicht sämtlich Null zu sein. Somit bleibt nur die aus Abschnitt 13 bekannte Beziehung

$$X(p) = \frac{Z(p)}{N(p)}\,Y(p) = F(p)\,Y(p)$$

übrig.

Die Berücksichtigung der Anfangsbedingungen verursacht natürlich größeren Rechenaufwand und erfordert zusätzliche physikalische Überlegungen; dafür hat man die Möglichkeit gewonnen, von einem beliebigen Anfangszustand des Netzwerkes auszugehen; die Einschränkungen bezüglich der homogenen Differentialgleichung im vorhergehenden Zeitabschnitt entfallen.

15.3. Schwingkreis mit Anfangsenergie

Bild 15.3 zeigt einen Schwingkreis, dessen Speisespannung zum Zeitpunkt $t = 0$ umgeschaltet wird. Die im Schaltaugenblick gespeicherte Energie ist durch $u_c(0)$ und $i(0)$ bestimmt.

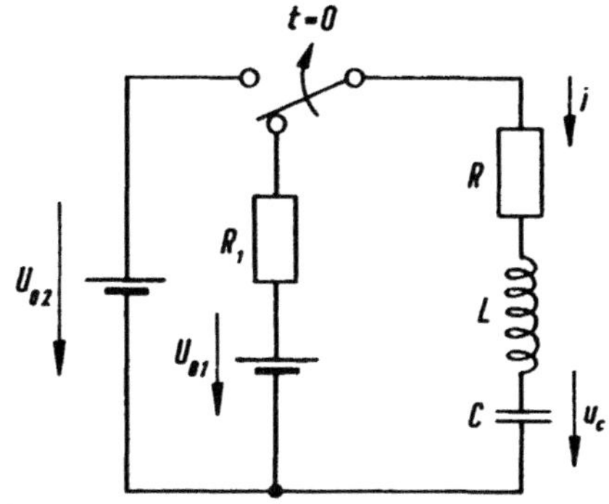

Bild 15.3

Die Differentialgleichung ist vor dem Umschalten

$$LC\,\frac{d^2u_c}{dt^2} + (R + R_1)C\,\frac{du_c}{dt} + u_c = U_{01} \quad (1)$$

und nach dem Umschalten

$$LC\,\frac{d^2u_c}{dt^2} + RC\,\frac{du_c}{dt} + u_c = U_{02}\ . \quad (2)$$

Wegen der in beiden Stellungen des Schalters unterschiedlichen Zweigelemente unterscheiden sich die Koeffizienten der homogenen Differentialgleichung. Eine Überlagerung ist deshalb nicht zulässig.

Sofern die Anfangsbedingungen zum Zeitpunkt $t = 0$ bekannt sind, interessiert für die Berechnung im Bereich $t > 0$ der Verlauf von u_c im Bereich $t < 0$ nicht. Man kann also die Gl. (2) mit s(t) multiplizieren und gliedweise in den Bildbereich transformieren; dabei erhält man eine algebraische Gleichung in $U_c(p) = L\big(u_c(t)\big)$.

$$U_c(p) = \frac{1}{LCp^2 + RCp + 1}\left[\frac{U_{02}}{p} + (LCp + RC)\,u_c(0) + LC\,u_c'(0)\right]$$

$$= \frac{LC\,u_c(0)p^2 + (RC\,u_c(0) + L\,i(0))\,p + U_{02}}{p(LCp^2 + RC\,p + 1)}\ .$$

Mit den Abkürzungen

$$LC = \frac{1}{\omega_0^2}\ , \quad RC = \frac{2D}{\omega_0}\ , \quad \sqrt{\frac{L}{C}} = z_0$$

folgt

$$U_c(p) = \frac{u_c(0)p^2 + (2D\,u_c(0) + z_0\,i(0))\,\omega_0 p + U_{02}\omega_0^2}{p(p^2 + 2D\omega_0 p + \omega_0^2)}\ .$$

Die Partialbruchzerlegung liefert

$$U_c(p) = \frac{U_{02}}{p} + \frac{u_c(0)p_1^2 + (2D\,u_c(0) + z_0 i(0))\,\omega_0 p_1 + U_{02}\omega_0^2}{p_1(p_1 - p_2)(p - p_1)}$$

$$+ \frac{u_c(0)p_2^2 + (2D\,u_c(0) + z_0 i(0))\,\omega_0 p_2 + U_{02}\omega_0^2}{p_2(p_2 - p_1)(p - p_2)}\ .$$

Dabei ist für $D < 1$

$$p_{1,2} = \omega_0\left(-D \pm j\sqrt{1 - D^2}\right) = -\,\omega_0\, e^{\mp j\vartheta}\ , \qquad D = \cos\vartheta,\ \text{(Bild 12.12)}\ .$$

Umformung, Zusammenfassung entsprechender Anteile und Rücktransformation ergeben schließlich

$$u_c(t) = U_{02}\left[1 - \frac{1}{\sqrt{1-D^2}}\, e^{-D\omega_0 t} \cdot \sin\left(\sqrt{1-D^2}\,\omega_0 t + \vartheta\right)\right] +$$

$$+ \frac{u_c(0)}{\sqrt{1-D^2}}\, e^{-D\omega_0 t} \cdot \sin\left(\sqrt{1-D^2}\,\omega_0 t + \vartheta\right) \quad +$$

$$+ \frac{z_0\, i(0)}{\sqrt{1-D^2}}\, e^{-D\omega_0 t} \cdot \sin\left(\sqrt{1-D^2}\,\omega_0 t\right)\ .$$

Der erste Anteil entspricht dem Einschwingvorgang bei anfangs entladenen Energiespeichern (Abschnitt 12.3.3). Die anderen Beiträge rühren von den Anfangsbedingungen her. Eine Nachprüfung bestätigt, daß die Bedingungen für $u_c(0)$ und $i(0) = C\,\frac{du_c}{dt}(0)$ erfüllt sind. Dämpfung und Frequenz aller Ausgleichsvorgänge sind identisch, da sie durch die homogene Differentialgleichung bestimmt sind.

Anhang: Formeln zur Laplace-Transformation

1. Transformationsgleichungen

$$Y(p) = \int_0^{\infty} y(t)\, e^{-pt}\, dt$$

$$y(t) = \frac{1}{2\pi j} \int_{\sigma_1 - j\infty}^{\sigma_1 + j\infty} Y(p)\, e^{pt}\, dp, \quad \sigma_1 > \sigma_0 \ .$$

$$p = \sigma + j\omega$$

Voraussetzung: $y(t < 0) \equiv 0$

2. Rechenoperationen

	y(t)	Y(p)
Addition	$y_1(t) + y_2(t)$	$Y_1(p) + Y_2(p)$
konstanter Faktor	$ay(t)$	$aY(p)$
Differentiation	$y'(t)$	$pY(p) - y(+0)$
	$y''(t)$	$p^2Y(p) - py(+0) - y'(+0)$
Integration	$\int_0^t y(\tau)\, d\tau$	$\frac{1}{p} Y(p)$
Verschiebung	$y(t-T)$	$Y(p)\, e^{-Tp}$
Dämpfung (a ist eine reelle Konstante)	$y(t)\, e^{-at}$	$Y(p+a)$
Ähnlichkeit	$y(at)$	$\frac{1}{a} Y\left(\frac{p}{a}\right)$
Faltung	$\int_0^t y_1(\tau) y_2(t-\tau) d\tau$	$Y_1(p) Y_2(p)$

außerdem gilt

Anfangswert	$y(t = +0)$	$=$	$\lim\limits_{p \to \infty} pY(p)$
Endwert	$y(t \to \infty)$	$=$	$\lim\limits_{p \to 0} pY(p)$

3. Häufig vorkommende Funktionen, $y(t < 0) \equiv 0$.

	y(t)	Y(p)
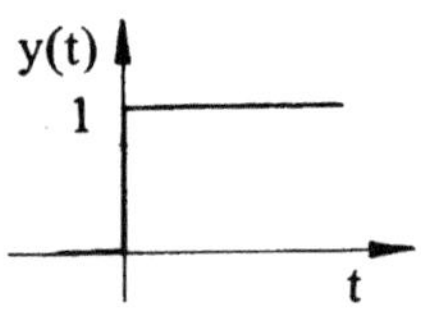	1	$\frac{1}{p}$
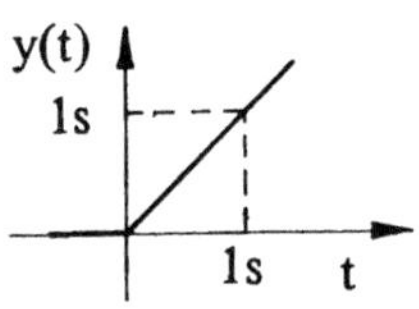	t	$\frac{1}{p^2}$
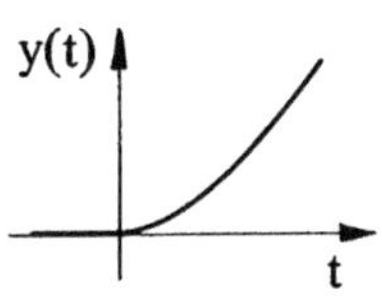	$\frac{t^2}{2}$	$\frac{1}{p^3}$
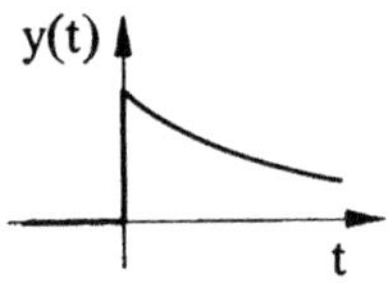	$e^{\sigma_1 t}$	$\frac{1}{p-\sigma_1}$
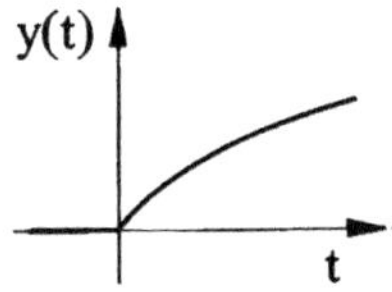	$1 - e^{\sigma_1 t}$	$\frac{-\sigma_1}{p(p-\sigma_1)}$
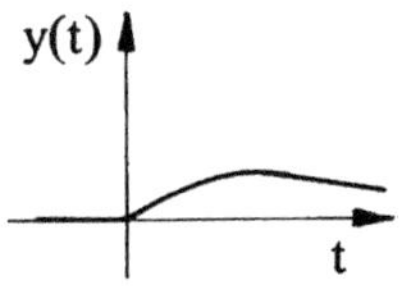	$te^{\sigma_1 t}$	$\frac{1}{(p-\sigma_1)^2}$

	y(t)	Y(p)
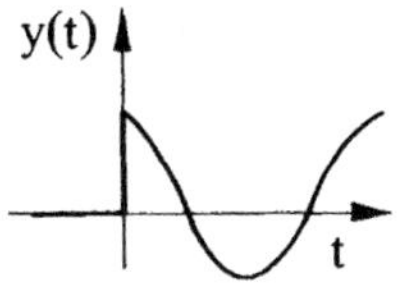	$\cos(\omega_1 t + \varphi)$	$\dfrac{p\cos\varphi - \omega_1 \sin\varphi}{p^2 + \omega_1^2}$
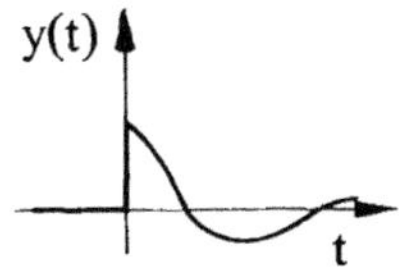	$e^{\sigma_1 t}\cos(\omega_1 t + \varphi)$	$\dfrac{(p - \sigma_1)\cos\varphi - \omega_1 \sin\varphi}{(p - \sigma_1)^2 + \omega_1^2}$

4. Berechnung der Systemantwort bei verschiedenen Anregungsfunktionen

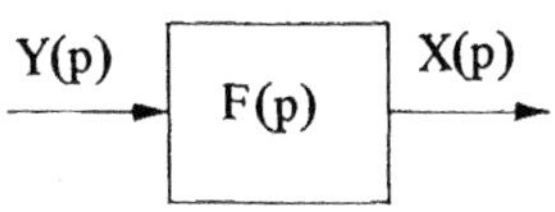

$$X(p) = F(p) \cdot Y(p)$$

	Anregungsfunktion	y(t) ○—● Y(p)	X(p) ●—○ x(t)	Systemantwort
	Diracimpuls (Fläche 1s)	$\delta(t)$ ○—● 1s	$F(p) \cdot 1s$ ●—○ $g(t)$	Impulsantwort
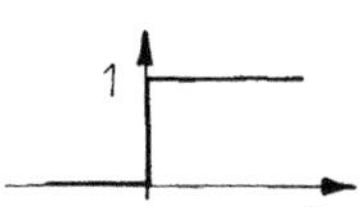	Sprung-funktion	$s(t)$ ○—● $\dfrac{1}{p}$	$\dfrac{F(p)}{p}$ ●—○ $w(t)$	Sprungantwort (Übergangsfunktion)
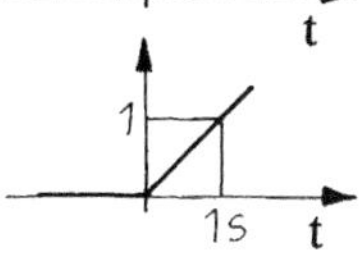	Anstiegs-funktion	$r(t)$ ○—● $\dfrac{1}{p^2} \cdot \dfrac{1}{s}$	$\dfrac{F(p)}{p^2}\dfrac{1}{s}$ ●—○ $v(t)$	Anstiegsantwort

Literatur

[1] *W. Bader,* Einführung in die Elektrotechnik. Verlag Konrad Wittwer, Stuttgart, 1950.

[2] *F. Moeller,* Grundlagen der Elektrotechnik. B. G. Teubner Verlagsgesellschaft, Stuttgart, 1967.

[3] *K. Küpfmüller,* Einführung in die theoretische Elektrotechnik. Springer-Verlag, Berlin, Heidelberg, New York, 1965.

[4] *R. Feldtkeller,* Einführung in die Vierpoltheorie der elektrischen Nachrichtentechnik. S. Hirzel Verlag, Stuttgart, 1962.

[5] *G. Wunsch,* Theorie und Anwendung linearer Netzwerke, Teil I und II. Akademische Verlagsgesellschaft Geest und Portig K.G., Leipzig, 1961, 1964.

[6] *K. W. Wagner,* Operatorenrechnung und Laplacesche Transformation. Johann Ambrosius Barth-Verlag, Leipzig, 1950.

[7] *G. Doetsch,* Einführung in Theorie und Anwendung der Laplace-Transformation. Birkhäuser Verlag, Basel, 1958.

Sachwortverzeichnis

uni—texte

Lehrbücher

G. M. Barrow, Physikalische Chemie I, II, III
W. L. Bontsch-Brujewitsch / I. P. Swaigin / I. W. Karpenko / A. G. Mironow, Aufgabensammlung zur Halbleiterphysik
L. Collatz / J. Albrecht, Aufgaben aus der Angewandten Mathematik I
W. Czech, Übungsaufgaben aus der Experimentalphysik
H. Dallmann / K.-H. Elster, Einführung in die höhere Mathematik
M. Denis-Papin / G. Cullmann, Übungsaufgaben zur Informationstheorie
M. J. S. Dewar, Einführung in die moderne Chemie
N. W. Efimow, Höhere Geometrie I, II
A. P. French, Spezielle Relativitätstheorie
D. Geist, Halbleiterphysik I, II
W. L. Ginsburg / L. M. Levin / S. P. Strelkow, Aufgabensammlung der Physik I
P. Guillery, Werkstoffkunde für Elektroingenieure
E. Hàla / T. Boublik, Einführung in die statistische Thermodynamik
J. G. Holbrook, Laplace-Transformationen
I. E. Irodov, Aufgaben zur Atom- und Kernphysik
S. G. Krein / V. N. Uschakowa, Vorstufe zur höheren Mathematik
H. Lau / W. Hardt, Energieverteilung
R. Ludwig, Methoden der Fehler- und Ausgleichsrechnung
E. Meyer / E.-G. Neumann, Physikalische und technische Akustik
E. Meyer / R. Pottel, Physikalische Grundlagen der Hochfrequenztechnik
E. Poulsen Nautrup, Grundpraktikum der organischen Chemie
L. Prandtl / K. Oswatitsch / K. Wieghardt, Führer durch die Strömungslehre
J. Ruge, Technologie der Werkstoffe
W. Rieder, Plasma und Lichtbogen
H. Seiffert, Einführung in das wissenschaftliche Arbeiten
F. G. Taegen, Einführung in die Theorie der elektrischen Maschinen I, II
W. Tutschke, Grundlagen der Funktionentheorie
W. Tutschke, Grundlagen der reellen Analysis I, II
H.-G. Unger, Elektromagnetische Wellen I, II
H.-G. Unger, Quantenelektronik
H.-G. Unger, Theorie der Leitungen
H.-G. Unger / W. Schultz, Elektronische Bauelemente und Netzwerke I, II
W. Wuest, Strömungsmeßtechnik

Skripten

J. Behne / W. Muschik / M. Päsler,
Ringvorlesung zur Theoretischen Physik, Theorie der Elektrizität
O. Hittmair / G. Adam,
Ringvorlesung zur Theoretischen Physik, Wärmetheorie
H. Jordan / M. Weis, Asynchronmaschinen
H. Jordan / M. Weis, Synchronmaschinen I, II
G. Lamprecht, Einführung in die Programmiersprache FORTRAN IV
E. Macherauch, Praktikum in Werkstoffkunde
W. Schultz, Einführung in die Quantenmechanik
W. Schultz, Dielektrische und magnetische Eigenschaften der Werkstoffe

GPSR Compliance

The European Union's (EU) General Product Safety Regulation (GPSR) is a set of rules that requires consumer products to be safe and our obligations to ensure this.

If you have any concerns about our products, you can contact us on ProductSafety@springernature.com

In case Publisher is established outside the EU, the EU authorized representative is:

Springer Nature Customer Service Center GmbH
Europaplatz 3
69115 Heidelberg, Germany

Batch number: 08567184

Printed by Printforce, the Netherlands